高职高专材料工程技术专业
(陶瓷工艺方向)项目式课程丛书

陶瓷坯釉料制备技术

徐利华　主　编
孙　智　副主编
陆小荣　主　审

中国轻工业出版社

图书在版编目（CIP）数据

陶瓷坯釉料制备技术/徐利华主编. —北京：中国轻工业出版社，2024.12

（高职高专材料工程技术专业（陶瓷工艺方向）项目式课程丛书）

ISBN 978-7-5019-8995-9

Ⅰ.①陶… Ⅱ.①徐… Ⅲ.①陶釉－原料－制备－高等职业教育－教材 Ⅳ.①TQ174.4

中国版本图书馆 CIP 数据核字（2012）第 219226 号

责任编辑：李建华　杜宇芳　　责任终审：劳国强　　封面设计：锋尚设计

版式设计：宋振全　　责任校对：杨　琳　　责任监印：张京华

出版发行：中国轻工业出版社（北京鲁谷东街 5 号，邮编：100040）

印　　刷：北京君升印刷有限公司

经　　销：各地新华书店

版　　次：2024 年12月第 1 版第 6 次印刷

开　　本：787×1092　1/16　　印张：14.25

字　　数：329 千字

书　　号：ISBN 978-7-5019-8995-9　定价：45.00 元

邮购电话：010-85119873

发行电话：010-85119832　　010-85119912

网　　址：http://www.chlip.com.cn

Email：club@chlip.com.cn

242320J2C106ZBW

前　言

近年来，我们通过市场调研与人才需求分析，针对陶瓷企业岗位职业能力的要求，遵循职业教育规律，创新人才培养模式，优化人才培养方案，重新构建了材料工程技术专业（陶瓷工艺方向）的课程体系；参照行业职业标准，组织教学内容，以就业为导向，能力培养为目标，组织教师与企业生产一线的工程技术人员一起，编写了高职高专材料工程技术专业（陶瓷工艺方向）项目式课程丛书。本套丛书包括陶瓷原料分析技术、陶瓷坯釉料制备技术、陶瓷成型技术、陶瓷烧成技术、陶瓷装饰技术、陶瓷生产检测技术等。

《陶瓷坯釉料制备技术》一书针对材料工程技术专业（陶瓷工艺方向）职业岗位中核心典型工作任务；培养学生掌握陶瓷坯釉料生产工艺；能承担原料处理、坯釉料制备以及坯釉料技术调试等核心职业能力这一特点，根据高职高专材料工程技术专业（陶瓷工艺方向）新的课程标准而编写。

本教材充分体现了陶瓷原料加工与坯釉料制备技术工作领域的工作任务的项目课程的设计思想，突出职业能力培养的思路。全书共分八个项目，项目设计按陶瓷坯釉料制备的技术岗位梯度展开，即项目一：陶瓷原料选择；项目二：原料的加工处理技术；项目三：注浆坯料的制备技术；项目四：可塑坯料的制备技术；项目五：压制坯料的制备技术；项目六：坯料配方设计；项目七：釉料制备技术；项目八：釉料配方设计。每个项目都包含了不同的知识点和工作任务。项目中所要学习的工作任务可以是交叉与重复的，比如坯料制备中部分内容要穿插到坯料配方等工作任务中。通过不同知识点的学习以及工作任务的执行，更方便高职学生掌握必备的陶瓷坯釉料制备知识。

本教材可以帮助高职高专毕业生在未来职业生涯中从初始低层次的陶瓷坯釉料操作工向更高层次的陶瓷坯体研发、釉料研发等岗位迁移，对提高材料工程技术专业人才培养质量、提升毕业生就业能力与就业质量具有重要意义。

本书内容中，项目七由四川工商职业技术学院孙智编写，其余由无锡工艺职业技术学院徐利华编写。徐利华任主编，孙智任副主编。无锡工艺职业技术学院陆小荣任主审。编写过程中得到了宜兴精陶集团钱国群、宜兴金帆陶瓷有限公司马协初及教研室全体同仁的大量帮助，在此表示衷心的感谢。

本书主要适用于高等职业技术学院材料工程技术（陶瓷工艺方向）专业，也可作为陶瓷相关企业培训教材及坯釉料生产技术人员的参考用书。

由于陶瓷工业的不断发展，加之编者水平有限，书中难免还有一些缺点和错误，殷切希望广大读者批评指正。

编　者

2012 年 8 月

目　录

项目一　陶瓷原料选择

学习目标

熟悉陶瓷常用原料的种类、性能及作用

知识要求

1. 熟悉常用可塑性原料的种类及性能
2. 熟悉常用瘠性原料的种类及性能
3. 熟悉常用熔剂性原料的种类及性能
4. 熟悉可以实行低温快烧陶瓷原料的种类及性能
5. 熟悉在陶瓷生产中常用化工原料的种类及性能
6. 了解陶瓷原料的技术要求

技能要求

1. 能正确选择使用陶瓷原料
2. 能正确写出陶瓷工业常用原料的化学式
3. 能根据原料化学组成，判断其物理化学性能

陶瓷属于硅酸盐工业，所用原料大部分取之于天然硅酸盐矿物。硅酸盐矿物种类繁多，资源蕴藏丰富，在地壳中分布广泛，占构成地壳总质量的3/4左右。这对陶瓷工业的发展提供了有利的条件。

早期的陶瓷制品，均是用单一的黏土矿物原料制作的，后来，随着陶瓷工艺技术的发展及对制品性能要求的提高，人们逐渐地在坯料中加入了其他矿物原料，即除用黏土作为可塑性原料以外，还适当引入石英作为瘠性原料，引入长石以及其他含碱金属及碱土金属的矿物作为熔剂原料。

目前，陶瓷原料的分类尚无统一的方法，具体地讲，用于陶瓷坯体的主要原料有可塑性原料、瘠性原料、熔剂性原料三大类。常用的可塑性原料有：高岭土、木节土、膨润土、瓷土、陶土、紫砂泥等；瘠性原料主要有：石英、长石（长石既是瘠性原料，也是熔剂性原料）、蛋白石、叶蜡石、黏土煅烧后的熟料、废瓷粉等硬质原料；熔剂性原料主要有：长石、滑石以及钙、镁的碳酸盐等能降低陶瓷坯釉料烧成温度的原料。

用于陶瓷釉料的主要原料除与坯体的原料相同之外，还有石灰石、白云石、釉果（适用于制釉的瓷石）、氧化锌等。在低温釉时还广泛使用硼砂、硼酸、氧化铅、铅丹、碳酸钠、碳酸钾等。在颜色釉中要用到着色剂如氧化钴、氧化铜、氧化铬、氧化铁、氧化锰等金属氧化物，以及合成的陶瓷彩料。

此外，陶瓷工业还需要一些辅助材料，主要是石膏和耐火材料，其次是外加剂，如助磨剂、助滤剂、解凝剂（稀释剂）、增塑剂、增强剂等。

知识点一　可塑性原料

可塑性原料在日用陶瓷、建筑卫生陶瓷的坯料配方中用量一般为20%～60%，在土器、陶器和炻瓷中用量还可增多，釉料配方中为3%～10%或更多，是陶瓷工业的主要原料之一。陶瓷坯釉料配方中经常用到高岭土、红黏土、黄黏土、白泥、黑泥、紫木节等，这些都是可塑性原料，由于上述的可塑性原料的主要成分是黏土矿物，通常含量在50%以上，其中最主要的是高岭石、蒙脱石、伊利石和多水高岭石等，它们的颗粒极细，一般在2μm以下。同时还伴生有石英、长石、方解石、赤铁矿、磁铁矿、褐铁矿等一些杂质矿物，它们的颗粒大小常在2μm以上，可以与黏土矿物区分。此外，有时可能含有少量有机物质和可溶性盐类，因此往往统称为黏土。所以，在陶瓷工业中，黏土成为可塑性原料的代名称。

黏土是一种颜色多样、细分散的含多种水铝硅酸盐矿物的混合体。黏土从外观上看，有白、灰、黄、红、黑等各种颜色；从硬度来说，有的黏土柔软，可在水中散开，有的黏土则呈致密块状；从含砂来讲，有的黏土较多，有的较少或不含砂子。各种黏土的情况千差万别，但在一定程度上它们或多或少都具有可塑性，这种可塑性有利于陶瓷的成型。

黏土在自然界中分布广泛，种类繁多，储量丰富，是一种宝贵的天然资源。其化学成分主要是 SiO_2、Al_2O_3 和 H_2O，也含有少量的 Fe_2O_3、FeO、TiO_2、MnO、CaO、MgO、K_2O 和 Na_2O 等。黏土除可塑性外，通常还具有较高的耐火度、良好的吸水性、膨胀性和吸附性。

（一）黏土的成因与分类

1. 黏土的成因

在自然界中，黏土是由富含长石等铝硅酸盐矿物的岩石如长石、伟晶花岗岩、斑岩、片麻岩等经过漫长地质年代的风化作用或热液蚀变作用而形成的。这类经风化或蚀变作用而生成黏土的岩石统称为黏土的母岩。母岩经风化作用而形成的黏土产于地表或不太深的风化壳以下，母岩经热液蚀变作用而形成的黏土常产于地壳较深处。

风化作用有物理风化、化学风化和生物风化等类型。物理风化作用是由于温度变化、冰冻、水力和风力的破坏而使岩石粉碎成细块和微粒，并给化学风化作用创造了大的侵袭面积。化学风化作用能使组成岩石的矿物发生质的变化。在大气中的二氧化碳、日光和雨水长时间的共同作用下，有时还加上矿泉、火山喷出的气体，含有腐植酸的地下水的侵蚀，长石类岩石会发生一系列水化和去硅作用，最后形成黏土矿物。

长石及绢云母经风化作用转化为高岭石的反应大致如下：

$$\underset{\text{钾长石}}{K_2O \cdot Al_2O_3 \cdot 6SiO_2} + H_2O + H_2CO_3 \longrightarrow \underset{\text{高岭石}}{Al_2O_3 \cdot 2SiO_2 \cdot 2H_2O} + K_2CO_3 + 4SiO_2$$

$$\underset{\text{钙长石}}{CaO \cdot Al_2O_3 \cdot 2SiO_2} + H_2O + H_2CO_3 \longrightarrow \underset{\text{高岭石}}{Al_2O_3 \cdot 2SiO_2 \cdot 2H_2O} + CaCO_3$$

$$2\underset{\text{绢云母}}{(K_2O \cdot 3Al_2O_3 \cdot 6SiO_2 \cdot 2H_2O)} + 2H_2CO_3 \longrightarrow 3\underset{\text{高岭石}}{(Al_2O_3 \cdot 2SiO_2 \cdot 2H_2O)} + 2K_2CO_3 + 6SiO_2$$

$$\underset{\text{高岭石}}{Al_2O_3 \cdot 2SiO_2 \cdot 2H_2O} + nH_2O \longrightarrow \underset{\text{水铝石}}{Al_2O_3 \cdot nH_2O} + \underset{\text{蛋白石}}{SiO_2 \cdot nH_2O}$$

从上述反应可以看出，反应后生成的基本产物是 $Al_2O_3 \cdot 2SiO_2 \cdot 2H_2O$，称为高岭石，主要由它组成的黏土就是高岭土。此外还有可溶性的 K_2CO_3 与难溶性的 $CaCO_3$，以及游离的 SiO_2。可溶性碳酸盐中，K_2CO_3 易被水冲走，$CaCO_3$ 在富含 CO_2 的水中逐渐溶解后也被水冲走，剩下的 SiO_2 以游离石英状态存在于黏土中。

上述反应的终点矿物是水铝石和蛋白石。但常因受条件的限制，反应往往尚未进行到底，就生成一系列的中间产物，成为各种不同类型的黏土矿物。

母岩不同，风化与蚀变条件不同常形成不同类型的黏土矿物。由火山熔岩或凝灰岩在碱性环境中经热液蚀变则形成蒙脱石类黏土。由白云母经中性或弱碱性条件下风化可形成伊利石类（水云母类）黏土。

生物风化作用是由一些原始生物残骸，吸收空气中的碳素和氮素，逐渐变成腐殖土，使植物可以在岩石的隙缝中滋长，继续对岩石进行侵蚀。树根又对岩石进行着机械的风化作用，有时地层动物将深层的土翻到表面上来，经空气的作用使一些物质逐渐变细且发生质的变化。

这几种风化作用并不是单独进行，而是常常交错重叠地进行的。

2. 黏土的分类

黏土种类繁多，为了便于研究需对其进行分类，但各学者对黏土的分类意见并不一致。现仅根据其成因、产出状况、工艺性能及主要矿物组成等进行分类。

（1）按成因分类

① 原生黏土：又称一次黏土或残留黏土，是母岩风化崩解后在原地残留下来的黏土。这类黏土因风化而产生的可溶性盐类溶于水中，被雨水冲走，只剩下黏土矿物和石英砂等，故其质地较纯，耐火度较高，但往往含有母岩杂质（石英、云母、石膏、方解石、黄铁矿等），颗粒较粗，因而可塑性较差。高岭土常为原生黏土。

② 次生黏土：又称二次黏土或沉积黏土，是由风化生成的黏土，经雨水、河流、风力作用而搬运至盆地或湖泊水流缓慢的地方沉积下来而形成的黏土层。由于漂流迁移而沉积下来的黏土颗粒很细，烧结温度较低，可塑性较好，但耐火度较差，而且在漂流

和沉积过程中夹带了有机质和其他杂质。北方的紫木节土属于此类。

(2) 按可塑性分类

① 高可塑性黏土：又称软质黏土、结合黏土，其分散度大，多呈疏松土状或板状、页状，易熔，耐火度在1350℃以下，熔剂氧化物含量高，在一般烧成温度下它能使制品产生气泡、熔洞等缺陷，多用于建筑砖瓦和粗陶器等制品。如黏性土、膨润土、木节土、球土以及江苏宜兴地方所称的嫩泥、面头等。

② 中等可塑性黏土：中等可塑性黏土较软，可塑性中等，分散度较大，多呈疏松状、板状，难熔，耐火度在1350～1580℃，含易熔杂质在10%～15%。可作炻器、陶器、耐酸制品、装饰砖、瓷砖及卫生洁具等的原料。如瓷土、红矸、苏州阳山高岭土等。

③ 低可塑性黏土：又称硬质黏土，其分散度小，可塑性差，多呈致密块状、石状，耐火度在1580℃以上，是比较纯的黏土，含杂质少。天然耐火黏土的颜色较为复杂，但灼烧后多呈白色，为细陶瓷、耐火制品、耐酸制品的主要原料。如叶蜡石、焦宝石、碱石、瓷石等。

(3) 按硬度分类

① 软质黏土（如二次黏土）：黏土呈疏松土状，颗粒细，在水中易分散，具有很好的可塑性，如紫木节、蒙脱石黏土、高岭石黏土、水云母黏土等。

② 半软质黏土：黏土呈疏松状、板状，在水中不分散，可塑性中等，如粉砂质黏土、砂质黏土、瓷土等。

③ 硬质黏土：黏土呈致密块状，较坚硬，在水中不分散，可塑性很差，粉碎后有一定的可塑性，如煤矸石、硬页岩、焦宝石等。

(4) 按黏土的组成矿物分类　如前所述，黏土很少是由单一矿物组成，而是一些微细矿物的混合体，其主要矿物是被统称为“黏土矿物”的一些含水铝硅酸盐矿物。根据矿物的结构与组成的不同，陶瓷工业所用黏土中的主要黏土矿物有高岭石类、蒙脱石类、伊利石（水云母）类和水铝英石（水铝石）类等。

(二) 黏土的组成

为了了解、研究和使用黏土，有必要对黏土的组成有充分的了解，根据使用的需要，黏土的组成可从几个方面来分析，一般可从矿物组成、化学组成和颗粒组成三个方面来进行分析，后两个组成的分析方法简便，易于进行，矿物组成的分析较难，但有利于对黏土的研究。

1. 黏土的矿物组成

黏土是多种微细矿物的混合体，因此黏土中所含的各种微细矿物的种类和数量是决定这种黏土性质的主要因素。为了便于研究黏土的矿物组成，一般将黏土中的矿物根据其性质和数量分成两大类，即黏土矿物和杂质矿物。

黏土矿物是组成黏土的主体，是决定黏土性质的主要成分，黏土矿物的种类和数量是决定黏土类别的主要依据。

在黏土形成过程中，常由于岩石风化未完全，或由于其他因素而混入一些非黏土矿物和有机物质，这些物质我们统称之为杂质矿物。这些杂质的种类与含量多少，常会影响甚至决定黏土的工艺性能。

（1）黏土中的主要黏土矿物

① 高岭石类：高岭石类矿物包括高岭石、地开石、珍珠陶土和多水高岭石等。它们的晶体结构基本相同，只是结构单元的排列稍有不同，物化性质也有一些差异。

高岭石是一般黏土中常见的黏土矿物。高岭石的矿物实验式为：$Al_2O_3 \cdot 2SiO_2 \cdot 2H_2O$，其理论组成为 Al_2O_3 39.53%、SiO_2 46.51%、H_2O 13.96%。主要由高岭石组成的较纯净的黏土称为高岭土（俗称为瓷土），是陶瓷工业中的主要原料。高岭土首先在我国江西景德镇东部的高岭村发现，其主要矿物成分是高岭石和多水高岭石。

多水高岭石的结构与高岭石结构相似，因我国四川叙永县盛产以这种矿物为主的黏土，该土已被世界公认为典型多水高岭石，故又定名为叙永石。多水高岭石不单独使用，只与高岭土共用。

高岭土中高岭石类黏土矿物含量越多，杂质越少，其化学组成越接近高岭石的理论组成。纯度越高的高岭土其耐火度越高，烧后越洁白；莫来石晶体发育越多，从而机械强度、热稳定性、化学稳定性越好。但其分散度较小，可塑性较差。反之，杂质越多，耐火度越低，烧后不够洁白；莫来石晶体较少，但可能其分散度较大，可塑性较好。

我国高岭土资源丰富。江苏苏州阳西产的苏州土、陕西的上店土、山西的大同土、湖南的界牌土、江西的星子土等都是以高岭石为主要矿物的高岭土。

② 蒙脱石类：蒙脱石类矿物又名微晶高岭石、胶岭石。由于其种类繁多，化学组成变化也相当复杂。矿物实验式一般表示为 $Al_2O_3 \cdot 4SiO_2 \cdot nH_2O$（$n$ 通常大于 2）。以蒙脱石为主要矿物的黏土有膨润土、漂白土等。

蒙脱石容易碎裂，故其颗粒极细，可塑性好，干燥强度大，但干燥收缩大。蒙脱石的特性是能够吸收大量的水，体积膨胀。以蒙脱石为主要成分的膨润土吸水后体积可膨胀 20～30 倍，这就是膨润土的名称由来。膨润土的可塑性大，因此常被用作陶瓷生产中的增塑剂。当在坯料中掺用适量的膨润土时，可显著增加坯料的可塑性与干燥强度，从而可减少其他塑性黏土的用量而增大高岭土的用量，以提高制品白度。

由于蒙脱石中的 Al_2O_3 含量较低，又吸附了其他阳离子，杂质较多，故烧结温度较低，烧后色泽较差。在陶瓷坯料中膨润土使用量不宜过多，一般在 5%左右。釉浆中可掺用少量膨润土作为悬浮剂。膨润土的另一特性，是具有较强的胶凝性和触变厚化性。因而不能用于注浆泥料，因为它能使泥浆在模型中过早凝固。

由于矿物晶格内离子置换时离子种类与置换量的不同，蒙脱石类矿物包括蒙脱石、拜来石（贝得石）、绿脱石（绿高岭石）和皂石等四种。蒙脱石矿物的产地在我国分布很广。辽宁黑山膨润土、江苏祖堂山泥、浙江宁海黏土都是以蒙脱石为主要矿物的黏土。

③ 水云母类：水云母（又称伊利石）类矿物是白云母经强烈的化学风化作用转变为蒙脱石或高岭石的中间产物，其组成成分与白云母相似，具有黏土性质，是南方瓷石中的主要黏土矿物之一。

水云母类矿物的基本结构虽与蒙脱石相仿，但因其无膨胀性，且其结晶也比蒙脱石粗，因此可塑性较差、干燥强度小，而干燥收缩较小，烧结温度比高岭石低。

我国含水云母类矿物的黏土产地较多。河北邢台章村土由伊利石和少量石英、钠长石、白云母等矿物组成；我国南方各地区生产传统细瓷的主要原料瓷石（如安徽祁门，江西景德镇南港、三宝蓬、余干，湖南马颈坳，福建德化，山东淄博大昆仑，江苏苏州等地所产。），即由石英和绢云母（白云母的一种，兼有长石和黏土的作用，能单独成瓷。）及少量其他矿物所组成；湖南醴陵默然塘泥为水云母类黏土，它含有少量杆状高岭石和游离石英。

④ 水铝英石类：水铝英石是一种非晶质的含水硅酸铝，它的结构可能是由硅氧四面体和金属离子配位八面体任意排列而成。水铝英石的组成变动无常，SiO_2/Al_2O_3 的摩尔比为 0.4～8。水铝英石在自然界并不多见，往往少量地包含在其他黏土中，在水中能形成胶凝层，包围在其他黏土颗粒上，从而提高黏土的可塑性。

（2）黏土中的杂质矿物

① 石英及母岩残渣：石英经常是长石的共生矿物，在风化后常保存其原有形态，特别在一次黏土中游离石英是常见的杂质之一，其他未风化的母岩残渣还有长石和云母等。这些杂质一般以较粗的颗粒混在黏土中，对黏土的可塑性和干燥后强度产生不良影响。工厂多采用淘洗法（或用水力旋流器）将黏土中的粗颗粒杂质除去。对于含石英较多的黏土，若在原料细碎和配方上采取措施，也可不经淘洗，直接配料，这样可提高原料的利用率，降低生产成本。

② 碳酸盐及硫酸盐类：黏土中常含有较多的钙质、镁质不纯物，常以碳酸盐、硫酸盐等形式存在，如方解石 $CaCO_3$、石膏 $CaSO_4 \cdot 2H_2O$、白云石 $CaCO_3 \cdot MgCO_3$ 等。如果这些矿物是以微细的颗粒均匀分布于黏土中，其影响不大。如以粗颗粒存在，则往往对产品的烧成产生不良的影响，导致产品的炸裂和出现熔洞。

黏土中如含有钾、钠、钙、镁、铁的硫酸盐，能使制品表面形成一层白霜，其中以 Na_2SO_4 最为严重。这是由于坯体在干燥时，可溶性盐随水分的蒸发而在坯体表面析出所致。解决的办法是可在黏土中加入磨细的毒重石 $BaCO_3$ 或可溶性的氟化钡 BaF_2。

③ 铁和钛的化合物：黏土中的铁常以赤铁矿 Fe_2O_3、磁铁矿 Fe_3O_4、黄铁矿 FeS_2、褐铁矿 $Fe_2O_3 \cdot nH_2O$ 等形式存在。铁也是许多铝硅酸盐矿物的一种成分，如黑云母、角闪石等都是含铁硅酸盐矿物。铁的化合物都能使坯体呈色，特别是黄铁矿，因其硬度大，不易粉碎，其颗粒在烧成时会使坯体形成黑色斑点（烧成后颗粒可膨胀 15 倍以上）。

钛常以金红石、锐钛矿和板钛矿（TiO_2）等形式存在于黏土中。钛与铁的化合物共存时，在还原焰中烧成呈灰色，在氧化焰中烧成呈浅黄或象牙色。

④ 有机杂质：很多黏土中含有一定数量的有机质，故多呈灰色，甚至黑色。有机质是因植物残骸沉积起来与黏土共生的结果。有机质多，可增加黏土的可塑性，但过多会造成产品表面的针孔和气泡。

我国陶瓷工业常用的几种黏土的矿物组成举例列于附录 1。

2. 化学组成

黏土原料大部分由两种以上的黏土矿物组成，并或多或少含有一些杂质，因此它们的化学组成根据所含矿物与杂质的种类和多少而不相同。但有一点是共同的，它们都含水铝硅酸盐，因而主要成分都是 SiO_2、Al_2O_3 和结晶水。黏土的化学组成可以通过传统的化学分析法或近代的仪器分析法获得。分析项目主要包括 SiO_2、Al_2O_3、Fe_2O_3、TiO_2、CaO、MgO、K_2O、Na_2O 及 I.L 等九项，其他微量成分对陶瓷生产实际意义不大，一般不进行分析。其中 I.L 称灼烧减量（也称烧失量），它是指黏土矿物在加热过程中化合水的排除，碳酸盐、硫酸盐的分解和有机物的挥发等物理化学变化所引起的重量减轻。当黏土比较纯净，杂质含量少时，I.L 可近似地作为化合水的量。

化学分析数据在生产上有着重要的意义，它可以帮助我们获得许多有价值的启示，如在一定程度上对烧成色泽和烧结程度作出初步判断，初步估计黏土的矿物组成和工艺性能，为确定这种黏土能不能用、如何配料以及为配料计算提供必要的依据。大抵如下：

（1）化学组成可以作为鉴定黏土的矿物组成的参考　如果分析数据中只有 SiO_2、Al_2O_3 和 H_2O 三项，而 Al_2O_3 的含量接近 39.5%，同时没有或很少有其他氧化物，则可认为它是比较纯的高岭石。当黏土的化学组成中碱性杂质较多时，则主要矿物可能是蒙脱石类或伊利石类。若化学组成以摩尔比来表示，当 SiO_2/Al_2O_3 或 SiO_2/R_2O_3 的摩尔比在 2 左右时可能是高岭石和多水高岭石；在 3 左右时可能是富硅高岭土、伊利石或拜来石；在 4 左右时可能是蒙脱石、叶蜡石。

（2）可以推断黏土煅烧后的呈色　分析结果中 Fe_2O_3、TiO_2 的含量高低，可作烧后色泽判断的依据（表 1－1）。如在还原气氛下烧成，由于有部分 Fe_2O_3 被还原成为 FeO，则呈色一般为青、蓝灰到蓝黑色，这时的 Fe_2O_3 也和碱金属、碱土金属氧化物一样，起着熔剂的作用，会降低黏土的耐火度。

表 1－1　　Fe_2O_3 在氧化焰中烧成时的呈色

Fe_2O_3 含量/%	呈色	适于制造的品种	Fe_2O_3 含量/%	呈色	适于制造的品种
<0.8	白　色	细瓷、白炻器、细陶器	4.2	黄　色	炻器、陶器
0.8	灰白色	一般细瓷、白炻器	5.5	浅红色	炻器、陶器
1.3	黄白色	普通瓷、炻器	8.5	紫红色	普通陶器、粗陶器
2.7	浅黄色	炻器、陶器	10.0	暗红色	粗陶器

（3）可以估计黏土的耐火度　K_2O、Na_2O、CaO、MgO 等碱金属和碱土金属氧化物具有助熔作用，在分析结果中，如果这类氧化物的含量高，可以判定该黏土易于烧结，烧结温度低。如果 Al_2O_3 含量高，而同时 K_2O 等碱性成分含量又低，则可判断这种黏土比较耐火，烧结温度高。根据黏土的化学组成，还可以用经验公式来估算其耐火度。

（4）可以估计黏土的成型性能　如分析数据中 SiO_2 含量很高，说明其中除黏土矿物外，还夹杂有游离石英，这种黏土的可塑性不会太好，但干燥收缩小。如果在高岭石类黏土中烧失量高于 14%、在叶蜡石黏土中烧失量高于 5%、在多水高岭石和蒙脱石类黏土中烧失量高于 20%、在瓷石中烧失量高于 8%，则说明黏土中所含的有机物或碳酸盐过多，这种黏土的可塑性较好，但烧成收缩较大，在配料和生产工艺上要加以考虑。

(5) 可以推断黏土在烧结过程中产生膨胀或气泡的可能性　黏土中的 Na_2O 和 K_2O，一般存在于云母、长石和伊利石矿物中，也有可能以钠、钾的硫酸盐存在。当以云母状态存在时，它的结构水要在较高温度下（1000℃以上）排出，这是引起黏土膨胀的一个原因。

黏土中的 CaO、MgO 往往是以碳酸盐或硫酸盐的形式存在，如含量多，在煅烧时会有大量 CO_2、SO_3 等气体排出，操作不当时容易引起针孔和气泡。

对评价一种制造粗陶器的低级黏土来说，它们的化学分析数据意义不大，重要的是它们的工艺性能。我国陶瓷工业常用黏土的化学组成列于附录 2。

3. 颗粒组成

颗粒组成是指黏土中含有不同大小颗粒的质量分数。黏土的颗粒组成包括两部分：一部分为黏土矿物细颗粒（一般＜2μm）；另一部分为非可塑性的夹杂物，如砂粒及页岩，它们的颗粒大小不一（可在 2μm 之上），粗细颗粒均有。硬质黏土经过粉碎后的颗粒组成与粉碎工艺操作有关。

不同黏土矿物颗粒细度不同，蒙脱石颗粒均比高岭石颗粒小。黏土颗粒的大小，将直接影响其可塑性、泥浆的黏度、吸附性、成型性能、干燥性能及烧成性能。黏土的细颗粒越多，则其可塑性越好，干燥强度越高，烧成时易于烧结，烧后气孔率小，机械强度高，有利于提高成品的白度与半透明度。但也不是越细越好，在坯体中最希望的情况是既要磨细，也要在细粒中仍有一定的级比，即仍有大小的差别，不要过于平均，这样才能获得最大的堆积密度。在生产实践中过分延长研磨时间，反而会降低可塑性，这就是因为颗粒细度虽很小，可是粗细过于均匀。这样不仅生产效率降低，成本增加，而且制品收缩大，容易变形。表 1－2 是黏土质点的大小对其物理性质的影响。

表 1－2　　黏土质点的大小对其物理性质的影响

质点平均直径 /μm	100g 颗粒的表面积 /cm^2	干燥收缩 /%	干燥状态下的强度 /（kg/cm^2）	相对可塑性
8.50	13×10^4	0.0	4.6	无
2.20	392×10^4	0.0	14.0	无
1.10	794×10^4	0.6	47.0	4.40
0.55	1750×10^4	7.8	64.0	6.30
0.45	2710×10^4	10.0	130.0	7.60
0.28	3880×10^4	23.0	296.0	8.20
0.14	7100×10^4	30.5	458.0	10.20

测定黏土颗粒组成的方法很多，生产上常用的方法是筛分析（0.06mm 以上）和沉降分析法（1～50μm），此外还可用离心法或显微镜法来测定颗粒大小。测定的结果，一般粗颗粒是石英、长石、云母及其他非可塑性杂质，细颗粒中绝大部分是黏土矿物及

少量（如赤铁矿）杂质矿物，两者的比率可大概推测该黏土所属的矿物类型。

（三）黏土的工艺性能

黏土原料的工艺性质主要取决于黏土的矿物、化学和颗粒组成，其矿物组成是基本因素。如膨润土主要是蒙脱石矿物，其细颗粒含量较多，表现出黏性强，成型水分高，收缩大，烧结温度低等特性。苏州高岭土由于其含有大量杆状结构外形的高岭石，因而可塑性低，干燥气孔率高，干燥强度低，烧成收缩大，泥浆流动时的含水量多，且呈强烈触变性等特性。而紫木节土，由于其黏土矿物高岭石的结晶程度较差，颗粒细，含有机质较多，所以可塑性及泥浆性能良好。

1. 可塑性

黏土与适量的水混练后形成泥团，这种泥团在外力作用下产生变形但不开裂，当外力去除以后，仍然保持其形状不变。黏土的这种性质称为可塑性。

黏土达到可塑状态时包含有固体和液体两种形态，因此，黏土具有可塑性的必要条件是有液体存在，同时，黏土可塑性也和液体的种类、性质、数量有关。

影响黏土可塑性的主要因素有：黏土颗粒的分散度、黏土颗粒的形状、水的用量等。颗粒越小，分散程度越大，比表面积越大，可塑性就越好。如黏土中含有胶体物质，则可塑性大大提高。薄片状颗粒比棱角形颗粒易于结合和相对滑动，故有较好的可塑性。黏土与水之间，必须按照一定的数量比例配合，才能产生良好的可塑性。水量不够，可塑性体现不出来或不完全，水量过多则变为泥浆又失去可塑性。各种黏土的可塑水量，可通过实验测定。

黏土可塑性太差不易成型，可塑性太强则调和水多，其结合性好，但干燥收缩大，易引起变形和开裂。实际生产中，为了获得成型性能良好的坯料，除了选择适当的黏土外，还常将黏土原矿淘洗以除去非可塑性矿物组成；多次练泥，陈腐处理；加入适当的胶体物质［如：糊精、胶体 SiO_2、$Al(OH)_3$、羟甲基纤维素（CMC）等，但在日用陶瓷中不用此法］或强可塑性原料的。若要降低黏土的可塑性以减少收缩，可加入减黏原料，如熟瓷粉、石英、瘠性黏土等；或将部分黏土预烧作为熟料使用。

黏土可塑性的常用测定方法有可塑性指标和可塑性指数两种：可塑性指标是可塑性的直接测定方法，它表示黏土成型性能的好坏。测定时用可塑性指标测定仪进行，它是利用一定大小的泥球在受力情况下所产生的变形大小与变形力的乘积来表示黏土的可塑性的。

$$S=(D-H)P$$

式中　S——黏土的可塑性指标，kg·cm；

D——试验前泥球的直径，cm；

H——泥球受压后产生裂纹时的高度，cm；

P——泥球出现裂纹时的负荷，kg。

一般规定，可塑性指标低于 2.4 的为瘠性原料，2.4～3.6 之间的为中等可塑性黏土，高于 3.6 的为高可塑性黏土。

可塑性指数表示黏土在呈可塑状态时的含水率变化范围。

$$W=W_{液}-W_{塑}$$

式中　W——黏土的可塑性指数；

$W_{液}$——黏土呈可塑性时的最高含水率；

$W_{塑}$——黏土呈可塑性时的最低含水率。

非可塑性土的可塑性指数＜1%，低可塑性土的可塑性指数在1%～7%，中等可塑性土的可塑性指数在7%～15%，高可塑性土的可塑性指数＞15%。

2. 结合性

在实际生产中，黏土的结合性更具有现实的意义。黏土的结合性是指黏土能黏结一定细度的瘠性物料形成可塑泥团，并有一定干燥强度的性能。通常可塑性好的黏土结合性也好。

结合能力的测定是在黏土中加入标准石英砂（标准石英砂的颗粒组成：0.25～0.15mm为70%，0.15～0.09mm为30%），以其能保持可塑泥团时的最高加砂量来表示，见表1－3。加入的砂量越多，说明这种黏土的结合能力越强。

表1－3　　黏土的结合性　　单位：%

分　类	仍能保持可塑泥团的最高加砂量	分　类	仍能保持可塑泥团的最高加砂量
结合黏土	50	非可塑黏土	20
可塑黏土	20～50	石状黏土	不能形成可塑泥团

3. 触变性

黏土泥浆或可塑泥团受到振动或搅拌时，黏度会降低而流动性增加，静置后又逐渐恢复原状。此外，泥料放置一段时间后，在维持原有水分的情况下也会出现变稠和固化现象。这种性质统称为触变性。

黏土泥浆的触变性以厚化度（也称稠化度）来表示。泥浆的厚化度是泥浆放置30min和30s后其相对黏度之比，即：

$$泥浆厚化度=\frac{t_{30min}}{t_{30s}}$$

式中　t_{30min}——100mL泥浆放置30min后，由恩氏黏度计中流出的时间；

t_{30s}——100mL泥浆放置30s后，由恩氏黏度计中流出的时间。

生产中希望泥料有一定触变性。泥料触变性过小时，成型后生坯的强度不够，影响脱模与修坯的质量。而触变性过大的泥浆在管道输送过程中会带来不便，注浆成型时回浆困难，成型后生坯也易变形。

黏土的触变性主要取决于黏土的矿物组成、颗粒大小与形状、含水量、使用电解质种类与数量、泥料（包括泥浆）的温度等。黏土颗粒越细，活性边表面越多，形状越不对称，越易呈触变性。球状颗粒不易显示触变性。泥浆的触变性与含水量有关，含水量大的泥浆，不易形成触变结构，反之易呈触变现象。

泥浆的厚化度可以调节。厚化度大的泥浆，可加入一定量的解凝剂（如腐植酸钠、水玻璃等），厚化度太小的泥浆可加入少量絮凝剂（如NH_4Cl等）或增加塑性原料的用量。

4. 收缩性

黏土的收缩情况主要取决于它的组成、含水量、吸附离子及其他工艺性质等。细颗粒及呈纤维状粒子的黏土收缩大。一般片状高岭石、伊利石类矿物干燥收缩小，而蒙脱石、多水高岭石类矿物干燥收缩大。表1—4列出了黏土矿物组成与其收缩的关系。

表1—4　各类黏土的收缩范围　单位：%

黏土种类	高岭石类	伊利石类	蒙脱石类	叙永石类
干燥线收缩	3～10	4～11	12～23	7～15
烧成线收缩	2～17	9～15	6～10	8～12

原料和坯料的收缩实际上可分为三种：即干燥收缩（黏土泥料干燥时，因水分蒸发，颗粒之间的距离缩小而产生体积收缩，称为干燥收缩）；烧成收缩（烧成时，由于产生液相填充于空隙中，并生成了某些结晶物质，又使体积进一步收缩，称为烧成收缩）和总收缩（试样成型后经过干燥、煅烧后，尺寸的总变化，称为总收缩）。

测定收缩时以直线尺寸（线收缩）或体积尺寸（体积收缩）来表示，体积收缩近似于线收缩的三倍（误差6%～9%）。计算公式：

干燥线收缩：
$$S_{干}=\frac{L_0-L_{干}}{L_0}\times100\%$$

烧成线收缩：
$$S_{烧}=\frac{L_{干}-L_{烧}}{L_{干}}\times100\%$$

总收缩：
$$S_{总}=\frac{L_0-L_{烧}}{L_0}\times100\%$$

式中　L_0——干燥前尺寸；

$L_{干}$——干燥后尺寸；

$L_{烧}$——烧成后尺寸。

很显然，黏土总收缩不等于干燥收缩与烧成收缩之和，因为它们计算的基数不同。生产上，设计坯体尺寸、匣钵尺寸、石膏模型尺寸时应考虑收缩值。

体积收缩与线收缩的关系式为：

$$S_V=[1-(1-S_l)^3]\times100\%$$

式中　S_V——体积收缩率；

S_l——线收缩率。

5. 烧结温度与烧结范围

黏土是由多矿物组成的物质，它没有固定的熔点，而是在相当大的温度范围内逐渐软化。黏土在煅烧过程中，当温度超过900℃以上时，易熔物开始熔融而出现液相，黏土的气孔率逐渐下降，收缩急剧增加，密度提高，变得致密坚实。此时相应于图1—1中的t_1。随着温度继续升高，黏土将达到一个气孔率最小，密度达到最大值时的状态（一般以吸水率等于或小于5%为标志），称为烧结状态，其对应的温度称为烧结温度（图1—1中的t_2）。

从烧结开始，温度继续上升，会出现一个稳定的阶段，在此阶段中，气孔率和体积密度不发生显著变化，持续一段时间后，当温度继续升高时，气孔率开始逐渐增大，密度逐渐下降，出现过烧膨胀。从开始烧结到过烧膨胀之间的温度间隔称为烧结温度范围（图 1－1 中的 $t_2 \rightarrow t_3$），简称烧结范围。烧结范围越宽，陶瓷制品的烧成操作越容易掌握，也越容易得到烧成均匀的制品。

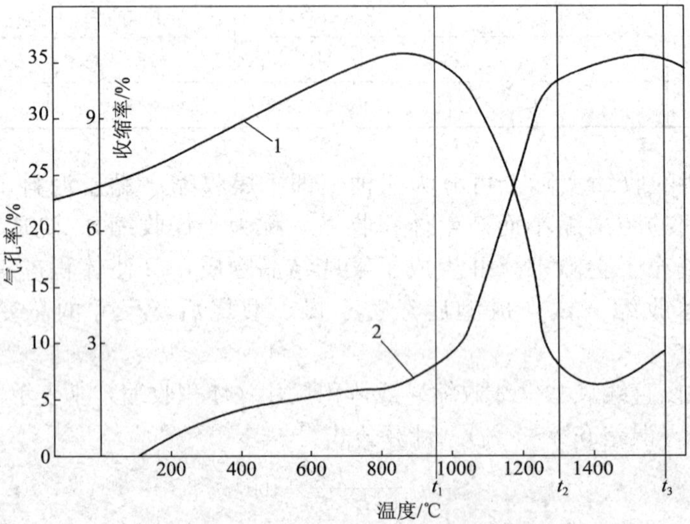

图 1－1　黏土加热时的收缩率与气孔率曲线

1—气孔率曲线　2—收缩率曲线

黏土的烧结属于液相烧结，影响烧结的因素很多，其中主要的是化学组成与矿物组成。从化学组成来看，碱性成分多，游离石英少的黏土易于烧结，烧结温度也低。从矿物组成来看，膨润土、伊利石类黏土比高岭石类黏土易于烧结，烧结后的吸水率也低。不同黏土的烧结范围差别也很大，其主要取决于黏土中所含熔剂杂质的数量、种类以及相应液相的增加速率，纯耐火黏土烧结范围约 250℃，优质高岭土约 200℃，不纯的黏土约 150℃，伊利石类黏土仅 50～80℃。

烧结温度可采用以下经验公式计算：

$$t_{烧} = 0.85\, t_{耐}$$

式中　$t_{烧}$——烧结温度；

$t_{耐}$——耐火度。

生产上常用吸水率来反映原料的烧结程度，一般要求黏土原料烧后的吸水率＜5%。

6. 耐火度

耐火度反映了黏土原料抵抗高温作用而不至熔化的能力。一定程度上它指出了材料的最高使用温度，并作为衡量材料在高温作用时承受高温程度的标准。

耐火度的测定采用三角锥法。这种方法是将黏土按照规定标准做成一定规格的截头三角锥，使其在规定的条件下与标准测温锥同时在高温下加热，对比其软化弯倒情况，当三角锥靠自重变形而逐渐弯倒，顶点与底盘接触时的温度就是它的耐火度（图1－2）。

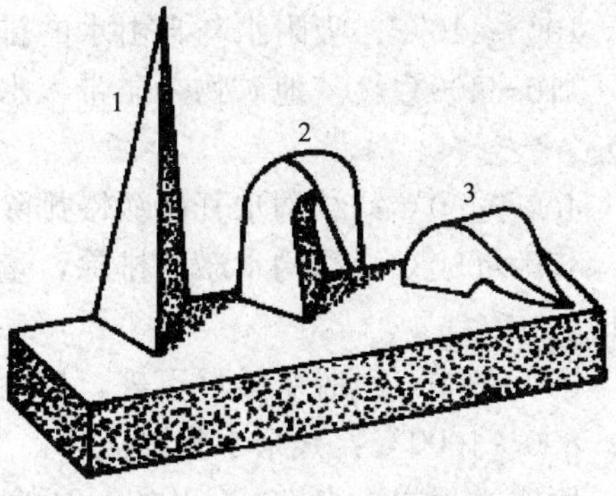

图1－2　试样的耐火度测定
1—熔融开始之前　2—开始熔融，顶端触及底座，到达耐火度
3—高于耐火度的温度下全部熔融

黏土的耐火度主要取决于其化学组成。可根据黏土原料中的Al_2O_3/SiO_2比值来判断耐火度，比值越大，耐火度越高，烧结范围也越宽。

黏土的耐火度也可根据黏土的化学分析用下列经验公式来计算：

（1）当黏土原料中Al_2O_3的含量为20%～50%时，可根据以下经验公式近似计算其耐火度$t_{耐}$。

$$t_{耐}=\frac{360+w_A-w_{RO}}{0.228}$$

式中　w_A——黏土中当Al_2O_3和SiO_2总量换算为100%时Al_2O_3的质量分数，%；

w_{RO}——黏土中Al_2O_3和SiO_2的总量换算为100%时，其他杂质氧化物的质量分数，%。

（2）当黏土原料中熔剂氧化物的含量较多时，上述公式的准确度大大降低。而以下经验公式适用范围较广，准确度高。

$$t_{耐}=5\times(340+0.3w_A-6w_B-5.5w_{RO})$$

式中　w_A——无灼减时Al_2O_3的质量分数，%；

w_B——无灼减时K_2O+Na_2O的质量分数，%；

w_{RO}——无灼减时$Fe_2O_3+CaO+MgO+TiO_2$等熔剂氧化物的质量分数，%。

7. 分散性

把黏土置于水中制成悬浮液，或者加入低浓度的阳离子溶液而制成悬浮液后，黏土长时间悬浮于水中难以沉淀的性质称为黏土的分散性。

黏土的分散性随矿物种类、结构和粒度的大小不同而异。

（四）黏土的加热变化

黏土是陶瓷工业的主要原料，陶瓷在烧成过程中所发生的一系列物理化学变化，是在黏土加热变化的基础上进行的，因此黏土的加热变化是陶瓷制品烧成的理论基础。研究黏土的加热变化对确定陶瓷制品的烧成制度具有重要的意义。不仅如此，不同矿物组成的黏土加热时发生各种变化的温度和热效应也不同，由此还可以鉴定黏土的矿物组成。

黏土在加热过程中的变化包括两个阶段：脱水阶段和脱水后产物的继续转化阶段。

1. 脱水阶段

黏土干燥后，继续加热，首先出现的反应是脱水，其中最主要的是结构水的排出，黏土中的结构水大部分都在450～650℃时排出，但在比这更低的温度下，也有少量的水被除去，在更高的温度下，残余的结构水可继续排出。

下面以高岭土为例，详细说明黏土在加热过程中发生脱水、分解、析晶等物理化学变化：

100～110℃：吸附水与自由水的排除。

110～400℃：其他矿物杂质带入水的排除（如多水高岭石、氢氧化铁、石膏中的水等）。

400～450℃：结构水开始缓慢排除。

450～650℃：结构水激烈排除，量迅速增加，此时黏土晶格遭到破坏，产生一个热效应。

650～800℃：脱水缓慢下来，到 800℃时排水近于完毕。

800～1000℃：残余水排除完毕。

脱水过程中，自 600℃开始，高岭石生成偏高岭石：

$$Al_2O_3 \cdot 2SiO_2 \cdot 2H_2O \longrightarrow Al_2O_3 \cdot 2SiO_2 + 2H_2O$$

偏高岭石是接近于高岭石结构的产物，但并不完全是晶体，在 900℃以前是稳定的，只有一些物理现象如气孔率和收缩的改变。

其他黏土矿物的具体脱水温度与高岭土不完全一样，都有其特殊性，如膨润土在 100℃左右有大量的层间水排出，至 500～800℃结构水排出。瓷石在 100～120℃之间排出吸附水，在 400～700℃绢云母失去结构水，其急剧脱水在 600～700℃之间进行。

2. 脱水后产物继续转化阶段

高岭石脱水后的产物——偏高岭石，自 900℃开始，转化为由［AlO_6］和［SiO_4］构成的尖晶石型的新结构，同时发生强的放热效应，自 900℃开始，液相逐渐出现，随着温度的升高，液相数量越来越多。其反应如下：

$$2(Al_2O_3 \cdot 2SiO_2) \longrightarrow 2Al_2O_3 \cdot 3SiO_2 + SiO_2$$

1050～1100℃，Al－Si 尖晶石开始转化为莫来石：

$$3(2Al_2O_3 \cdot 3SiO_2) \longrightarrow 2(3Al_2O_3 \cdot 2SiO_2) + 5SiO_2$$

1200～1400℃，莫来石晶体发育长大，结晶大量出现，同时游离石英转变为方石英，伴随着弱的放热效应。

其他类型的黏土矿物的加热变化稍有不同。含碱的黏土矿物（伊利石及绢云母）在 350～600℃放出结构水后，在 800～850℃时晶格受到破坏。莫来石从 1100℃开始形成，玻璃质从 950℃开始出现。在 850～1200℃之间形成的尖晶石会溶解在 1300℃时形成的玻璃体中。蒙脱石在 600℃以下不发生实质性的变化，这一温度以上失去结构水，800～850℃发生变化，在 1100℃左右形成尖晶石，并溶解于玻璃相中。在 1050℃以后，会形成莫来石。蒙脱石失去层间水时，其晶体结构与叶蜡石相同。叶蜡石的结构水在 500～600℃时排出，形成非晶体的无水叶蜡石。在 1300℃以上，则形成莫来石。叶蜡石在形成莫来石时，会有较多的方石英生成，因此反应物的膨胀率比高岭石的高得多，又因脱水量较少，所以烧成收缩也就小得多。

莫来石是一种针状或细柱状晶体，化学组成在 $3Al_2O_3 \cdot 2SiO_2$～$2Al_2O_3 \cdot 3SiO_2$ 之间，一般写成 $3Al_2O_3 \cdot 2SiO_2$。相对密度 3.15，熔融温度 1810℃，具有机械强度高，

热稳定性好，化学稳定性强等特点，它能赋予陶瓷制品许多优良的性能。

伴随着化学变化的产生，也出现了物理性质的改变：

（1）气孔率从 900℃开始下降，至 1200℃以后下降速度最为激烈。

（2）失重现象发生在 450～650℃的脱水温度范围内。

（3）收缩开始于 600～650℃，在 900～1000℃以前收缩缓慢，至 900～1000℃以上时收缩急剧增加，到 1250～1350℃时收缩终止。

（4）温度超过烧结温度范围时，将重新出现气孔增加，坯体膨胀现象。

（五）黏土在陶瓷生产中的作用

黏土是陶瓷生产中的主要原料，它可赋予坯料可塑性和烧结性，从而保证了陶瓷制品的成型、烧结和较好的性能。

1. 黏土在陶瓷坯料中的作用

（1）赋予坯泥一定的可塑性，是陶瓷坯体可塑成型的工艺基础。

（2）使注浆泥料具有悬浮性和稳定性。

（3）在坯料中结合其他非可塑性原料，使坯泥具有一定的干坯强度，同时黏土的细分散颗粒与较粗的瘠性物料相混合，可得到最大的堆积密度。

（4）黏土是陶瓷坯体烧结时的主体。黏土中的 Al_2O_3 含量和杂质含量是决定陶瓷坯体的烧结程度、烧结温度和软化温度的主要因素。

（5）黏土是形成陶器主体结构和瓷器中莫来石晶体的主要来源，莫来石晶体的存在及其数量多少决定着瓷器的许多使用性能。

2. 黏土在陶瓷釉料中的作用

（1）使釉料具有悬浮性和稳定性。

（2）提高釉料的附着力，使釉与坯体结合紧密，不剥落。

（3）黏土是釉料中 Al_2O_3 的主要来源。Al_2O_3 能提高釉的弹性，降低膨胀系数，提高热稳定性，提高釉的抗腐蚀能力。

釉料中黏土不能过多使用，过多会影响釉面光泽和釉浆性能。根据黏土的可塑性，一般用量为 5%～10%，如要多用，则应采用煅烧黏土。

（六）我国的黏土原料

我国黏土原料资源丰富，产地遍及全国。尽管各地的黏土原料性质各异，品位有高低，品质有优劣，但作为生产品种繁多的建筑陶瓷、日用瓷、卫生瓷等制品的原料，完全可以就地取材，量材使用，做到物尽其用，发展各具特色的陶瓷制品。

从总体情况来看，我国的黏土矿产大部分为高岭土黏土，少数为伊利石黏土、蒙脱石类黏土、多水高岭石黏土。从成因上来看，我国的黏土矿多为残积型黏土，少数为沉积型黏土。由于黏土的成因互异和各有特征，造成了我国南、北方陶瓷生产工艺和烧成气氛的不同。一般来说，北方黏土往往在化学组成上含 Al_2O_3、TiO_2 和有机物较多，含游离石英和铁质较少，因而可塑性好，吸附力强，耐火度较高，不需淘洗即可使用，生坯强度较高，可以内外同时上釉，由于铁质少，可用氧化焰烧成。南方的高岭土和瓷土等含游离石英和铁质较多，含 TiO_2 和有机物较少，因而可塑性较差，耐火度较低，往往需先淘洗而后使用，生坯强度也较差，需要分内外两次上釉，由于铁质多，常用还原焰烧成。

下面概略地介绍我国各地主要黏土原料的情况。

1. 东北地区和内蒙古地区

（1）东北地区　东北地区所产多为耐火黏土，普遍用于耐火材料的生产，工业上已大量开采的有辽宁复州湾、本溪二区、吉林水曲柳等地。这些黏土的矿物组成大都是以高岭石为主，并含有不同量的石英和水铝石。其中硬质黏土较好的有本溪二区和明山沟两地的黏土，常作为耐火材料的原料。软质黏土中比较盛名的有吉林水曲柳黏土、辽宁法库土、烟台土和复州土。吉林水曲柳黏土是结晶良好、质纯的高岭石矿物，含有极少量水云母及石英，颗粒很细，可塑性和结合性都很好，是良好的可塑土，广泛用于耐火材料、电瓷、有色和无色的一般陶瓷的生产。法库土是以石英为主、含有部分伊利石的黏土，石英含量虽高，但颗粒很细，原矿不仅能水化，且具有良好的可塑性和结合性。烟台黏土有硬质、软质两种，复州黏土属半硬质，两者主要是由高岭石组成。其中硬质烟台土和复州土杂质含量少，耐火度在1750℃以上，可供作优质耐火原料使用。软质烟台土的游离石英含量较高，钾、钠含量较高，耐火度低，但其可塑性和结合性相当好，可以作为结合黏土使用。上述的耐火黏土由于其含铁量较高（1%～3.5%），作为制造白色陶瓷制品的原料难以满足，仅供生产一般陶瓷制品使用。

辽宁省虽是东北地区的主要产瓷区，但长期以来所用白色黏土需从外省进入。近年来陆续发现和开采了一些矿点可供生产陶瓷使用，其中较好的为东沟高岭土，其矿藏量大，主要组成矿物为多水高岭石，并含有部分高岭石、水云母和石英，烧后白度可在70%以上，但需经淘洗，并宜于还原烧成。另外还有建平小平房土、义县白土等，但小平房土的铝含量和生坯强度较低，需与铝含量高、塑性和结合性高的黏土原料配合使用。此外，还有宝国老瓷土、更刻瓷土、乌可湾瓷土、旧门瓷土、东兴瓷土、百果瓷土、项杖子瓷土、法库瓷土、白泥瓷土等地方性黏土。这些黏土的外观较白，含有较多石英砂粒，淘洗后黏土的塑性和干燥强度都很高，属于水云母类矿物，但 Fe_2O_3 含量稍高，TiO_2 含量较低，可用还原焰烧成精细瓷器。近年来还在喀左等地出产适宜于生产紫砂陶瓷器的陶土。

（2）内蒙古　内蒙古地区的黏土资源也不少，但缺乏大量开采，其中高岭土主要产地有清水河、准旗、达旗、包头、石拐、乌梅市的海勃湾、昭盟巴林右旗等，其中昭盟巴林右旗出产的大板花石呈中型矿床，组成矿物主要是迪开石，其次是一水硬铝石、叶蜡石等。烧后白度较高，可以用作精细瓷器原料。膨润土产地有察右后旗、商都县和乌拉特前旗的小佘太等。水云母类黏土产地有乌拉特前旗、武川县、锡林郭勒盟、西乌旗等。此外，在昭盟巴林左旗出产的林东叶蜡石为一大型矿床，主要组成矿物为叶蜡石并含有石英，纯净的叶蜡石与浙江青田蜡石相类似。

2. 华北地区

华北地区是我国历史名窑的所在地、如著名的磁州窑所在地河北邯郸市彭城镇，定窑所在地河北曲阳。此外，唐山市是我国近百年来发展起来的著名陶瓷产区，该地区的黏土原料开采历史悠久，品种繁多，并有地方特色。

华北地区以盛产铝矾土或硬质黏土著名。盛产于房山、古冶一带的铝矾土是制造磨料及高铝耐火材料的宝贵原料，铝矾土的主要矿物成分为水铝石（$Al_2O_3 \cdot H_2O$）及高岭石。Al_2O_3含量可从39.5%到77.22%。低者接近纯高岭石的理论组成，高者接近水铝石的组成，按Al_2O_3含量的高低分为特A级、A级、B级、C级和D级等品种。广义的硬质黏土中产量大，使用较广的有山西大同土、河北章村土和承德宽城土等。山西大同土又名大同砂石，是与煤伴生的灰黑色块状硬质高岭土，高岭石含量在90%以上，还有少量长石和石英，含铁量低，是制瓷的优质高岭土，在北方地区广泛使用。承德宽城土亦系硬质高岭土，储藏丰富，但夹杂有较软的玉髓等杂质，经淘洗后其成型性能很好。河北章村土是邢台县章村发现的一种沉积硬质黏土，但含碱量较白云母低，一般在7%～9%，灼减量一般为5%，其他杂质一般不超过1%，其质地纯净，是良好的细瓷原料。另外，河北唐山、邯郸地区的碱石是呈灰色质地坚硬的硬质黏土，其成分主要是高岭石，也常伴生有铝土矿，故含Al_2O_3量高。

软质黏土在华北地区主要有产于唐山市的紫木节和碱干，外观呈紫色或青灰色，含Al_2O_3较高，一般在38%左右，是一种软质的沉积型高岭土。其可塑性好，结合力强，耐火度高，用于坯料其泥浆流动性好，是良好的塑性原料，但含Fe_2O_3量稍高，达到1.2%～1.4%。在保定市徐水县发现的徐水土是一种含硅量较高具有一定塑性的软质黏土，其矿物成分主要是高岭石和石英，还混有一定量的长石。其含铁量较低，有的在0.5%以下，是生产白色细瓷器的好原料，适于还原焰烧成。另外，山西的阳泉黏土为良好的陶瓷原料。近年来，华北各地陆续发现了陶瓷黏土新原料，如邯郸陈窑瓷土、曲阳灵山瓷土、永年上庄瓷土、峰峰矿区常范煤灰石等，都是与煤伴生的沉积黏土。而易县膨润土的含铁量仅为0.16%～0.47%，比一般的膨润土的含铁低得多，是一种优质塑化剂。总之，华北地区的黏土大部分是古生代及中生代煤系地层内的沉积黏土，与煤共生，含铁量各有高低，有硬有软，适用于生产不同陶瓷品种，对发展当地各具特色的陶瓷制品创造了条件。

3. 华东地区

华东五省是我国盛产传统陶瓷制品的地区。江西是“中国瓷都”景德镇所在地，江苏是著名“陶都”宜兴所在地，浙江是我国陶器和瓷器最早的发源地，福建的德化也是历史上著名细瓷产区，而山东的淄博则是我国现在的著名陶瓷产区之一。该地区的陶瓷黏土原料，成因不同，种类各异，各具特色，现分别叙述如下。

（1）江西　江西景德镇从明代以来即是我国最著名的制瓷中心，景德镇产品长期以来作为我国传统瓷器的主要代表，但其所用原料与国内外其他地区有所不同，不是以黏土一长石一石英三大原料为主（所谓三元组成的长石质瓷），而是以高岭土和瓷石作胎，以釉石和釉灰制釉，即所谓水云母质瓷。

景德镇的制瓷原料，一般可分为三类：第一类为高岭土。产地有星子、抚州、临川、贵溪、石头口、乐平枫源、浮梁高岭村（即明砂矿区）、马鞍山等。明砂矿区高岭所含主要矿物成分是高岭石、水白云母和多水高岭石，并含少量的石英和长石等矿物。它是一种原生高岭，其可塑性与干燥强度都很低，玻化范围为950～1500℃。马鞍山碱石为较纯的高岭石，但含 TiO_2 量高，当地用来作匣钵原料。星子、枫源、石头口高岭主要是由高岭石、石英和水云母类矿物组成，根据计算星子高岭土的矿物组成为高岭石70%、石英14%、水万母16%。第二类为瓷石。产地有浮梁南港、三宝蓬、余干黄金埠、祁门太和坑等。祁门瓷石主要由绢云母和石英组成，含少量方解石、黄铁矿等杂质，故碱金属氧化物较高。淘洗的精泥中，分散性的细颗粒含量相当多，可塑性略高于明砂高岭土。南港瓷石与余干瓷石属同一类型，其主要矿物为石英和水云母类矿物，在南港瓷石中还含有一部分高岭石和少量碳酸盐，三宝蓬瓷石主要由石英、水云母类和长石矿物组成。瓷石可单独制瓷，而和高岭土配合后即可制造薄胎及精细产品。第三类为釉石，即适于制釉的瓷石，其矿物组成与瓷石相似，但具有较低的熔融温度，熔融物具有良好的透明度。当地将釉石在矿物舂细淘净后制成土砖状，称谓釉果。釉石的产地有浮梁青树下、屋柱槽、乐平礼林里等。青树下釉果和三宝蓬瓷石属同一类型，只是绢云母含量较多。屋柱槽釉石和祁门瓷石属同一类型，除主要矿物为绢云母石英外，另外少量长石夹杂于侵入的矿脉中。釉石和少量石灰质原料混合即可制成釉料，但高温瓷器则可单独用以制釉。与釉石共同制得的石灰质原料称釉灰，釉灰是由石灰石与狼箕草（蕨类植物，在福建浙江等地也有人用谷壳）堆叠烧炼数次，经陈腐而成，其主要成分为 $CaC0_3$，但碱金属含量很低。配釉时釉灰用量在6%～20%（质量分数）。釉灰的产地有浮梁寺前乡、乐平牛角岭等。

景德镇的原料一般含铁量较高，而含钛量较低（马鞍山碱石例外），故制成的瓷坯只适于用还原焰烧成。

（2）江苏　江苏宜兴制陶已有5000多年历史，几千年来一直绵延不绝，其最根本的保证，就是当地的陶土资源藏量十分丰富。当地陶土原料有20余种，归纳起来可分为：甲泥（夹泥）、白泥和嫩泥三大类。这些黏土的组成矿物主要是水云母类矿物，夹有高岭土、石英及云母碎屑，其化学组成 Al_2O_3/SiO_2 摩尔比大部分在1.5～4.5，含铁量除个别白泥在0.5%左右外，其余均在1%～3%、有的高达7%～8%，烧后呈色除白泥、绿泥呈灰白、浅黄外，其余都呈砖红、酱红或黑褐色。当地用含铁量较高的紫泥生产紫砂陶、炻瓷器，用含铁量中等的甲泥制作大中型日用陶器。用含铁量较低的白泥制作小型日用陶器。嫩泥不单独使用，一般用作日用陶器的结合黏土。

江苏苏州阳西产的苏州土是纯度很高的高岭土，在国内素负盛名，共生矿物有石英、白云母、蒙脱石及少量长石。精良的苏州土其化学组成十分接近高岭石的理论值，色洁白，耐火度高（1770℃以上）。它是由片状及杆状两种不同结构的高岭石混合组成。由于两种高岭石在混合组成中含量的不同，往往引起各级苏州土在性质上的一些变化。苏州土的杆状颗粒多于片状颗粒，这就造成苏州土的颗粒堆积不良，使它具有高的干燥气孔率和低的干燥强度，低的可塑性和高的泥浆含水量，因而烧成收缩大，容易引起开裂。苏州土泥浆呈现强烈的触变性质，也与杆状颗粒堆积容易形成保留空隙水有关。

除上述黏土外，江苏省的徐州、苏州等地区又发现许多新的黏土矿点。徐州地区东部有新沂郝湖瓷土（矿物组成为石英、绢云母，其次还有长石）、赣榆石桥高岭土。徐州地区西部有铜山贾汪、利国、三铺、邳县宿羊山等地的耐火黏土，铜山青山泉、大泉的木节土，铜山利国的砂石（矿物组成为石英和水白云母，有害杂质含量很少）等。苏南地区有宜兴茗岭瓷土（矿物组成为水云母、石英、长石并伴生着多水高岭石），溧阳、句容、丹徒一带的膨润土，高淳秀山的焦宝石等。苏州青山嘴高岭土、光福瓷石等。

（3）浙江　浙江省有温州、龙泉、绍兴等著名产区。温州是我国最早生产精陶的地区，当地藏量较大的黏土有马安岭瓷土、小京瓷土和北坦陶土等。三种原料的主要矿物组成为多水高岭石，但水化程度稍有不同。三种原料均含有较多量石英，在马安岭和小京瓷土中尚台有少量云母矿物。北坦陶土则含有少量水铝石和水铝英石。三种原料的烧结性能良好，但成型性能较差。除此以外，温州地区常用原料还有钟桐岭瓷土、百尖山瓷石、社头蜡石等。钟桐岭瓷土主要由多水高岭石、水云母和石英组成，百尖山瓷石主要由水云母和多水高岭石组成，社头蜡石是叶蜡石石英型矿物并含少量碳酸钙。

龙泉是我国著名青瓷产区，附近盛产瓷土（如宝溪、木岱口、毛家山、源底等），其化学组成富含石英，钾钠含量较高，可能亦属瓷石一类，所以历史上也经常以一种原料制坯，制釉是以釉石与釉灰配制（类似于景德镇传统制釉。而以毛竹枝叶灰或谷壳灰掺制）。该地区另产一种紫金土，是含铁量高的黏土，历来用它作为青瓷釉或"黑胎"、"朱砂胎"的着色原料。

（4）福建　福建省的德化所产白瓷具有一种特有的乳白色油脂光泽，温润如玉，白度与透明度都很高，称为"建白瓷"，是我国古瓷中著名品种之一。福建省内的黏土原料质地优良，品种较多，高岭土有德化、同安、晋江、龙海等产地，瓷石有德化、永春、安溪、闽侯等产地。福建所产瓷石根据示性分析结果，所含石英在40%～49%，长石在19%～30%，黏土物质在30%～33%，大多为火山岩系中石英斑岩侵入体风化而成。其中 Al_2O_3 含量低，K_2O 含量高，可以用一种瓷土单独成瓷，成瓷烧成温度较低，一般在1200～1280℃。

福建与浙江都盛产优质叶蜡石，其中所含有害杂质很少，耐火度在1700℃以上。在加热中，叶蜡石的收缩很小，是制造耐热陶瓷及要求尺寸规格十分准确的制品的理想原料。

（5）山东　山东省的淄博虽是我国大陶瓷产区之一，但省内含铁低、烧后洁白的高岭土或瓷土不多，精细白瓷所用的黏土大部分来自于外省（如山西大同土、湖南界牌土等），只有新汶的矸石（煤矸石）是优质高岭土，可以代替大同土。但山东省内有很好的塑性黏土（结合黏土），如莱阳膨润土、坊子土等。含铁量较高的黏土不少，其中较负盛名的是焦宝石。

焦宝石是我国常用的耐火黏土。是一种致密块状的硬质黏土，主要矿物成分是高岭石，并含有一定数量的三水铝石（$Al_2O_3 \cdot 3H_2O$）或水铝石（$Al_2O_3 \cdot H_2O$）。随着水铝石或三水铝石含量的增加，可逐渐过渡为铝矾土，一般以 Al_2O_3/SiO_2 的摩尔比来区别，比值大于1的为铝矾土，小于1的是焦宝石（但山东某地焦宝石比值为0.51例外）。焦宝石由于含铁和钛的量稍高（可达1%左右），使用于纯白色的陶瓷制品较困难，但烧结性好（1300℃，吸水率1.10%），当地利用这个特点，制成带色的炻瓷，称为焦宝石瓷，独具一格。

4. 中南地区

（1）湖南　湖南省的陶瓷工业较发达，陶瓷厂遍布全省，其中以醴陵最集中，是目前我国陶瓷发展较迅速的地区，也是我国较著名的大产瓷区。湖南的高岭土以衡阳地区界牌、马迹、东湖一带最为集中。储藏量以千万吨计。主要分布在界牌大排岭、马迹大俄山、东湖、江柏堰等四个矿区，是我国较大高岭矿区之一，供应全国10多个省市用。这些黏土是属于杆结构的高岭石和石英混合矿物，高岭石占60%～65%。其中大排岭、大俄山、东湖等地的高耐火度的高岭土含铁量多在0.4%以下，烧后白度相当高，是制造高级细瓷的优良原料。

醴陵产区的瓷石、瓷土藏量丰富，有马颈坳瓷石、长坡瓷土、干冲瓷土、转步瓷土等。附近浏阳、湘潭、湘乡、茶陵、攸县等地也多出产瓷土，一般含铁都较高（1%左右），外观呈米黄色，同时 K_2O 和 Na_2O 含量也较高（总计3%左右），烧结温度较低。此外黔阳雪峰山、溆浦黄茅园的球状高岭，长沙晋家山高岭，新宁大石板高岭，也都是著名优质高岭土。

硬质黏土有醴陵八里坳焦宝石、辰溪焦宝石、辰溪铝土矿等。镁质黏土有醴陵冷水坑泥、庵堂坡泥、横山岭泥等。

（2）广东　广东省是我国日用陶瓷最大产区之一，陶瓷厂遍布全省70多个县市，比较集中的老产区有石湾、枫溪、高陂和饶平。广东省的黏土原料多属残留黏土，矿物组成除高岭石外，往往含有多量游离石英、水云和长石，所以单一黏土原料可以成瓷，一般可塑性较差，干坯强度较低，含铁量也较高，必须采用还原焰烧成。常用的有飞天燕瓷土、饶平上山土、湛江禾了土、清远浸潭泥、大埔探筒戈瓷土、大埔稼社瓷土、高州土等。

飞天燕瓷土产于潮安县，历来是枫溪瓷器生产的主要原料，是一种以高岭石为主，含有较多石英和一定量水云母的硬质黏土。烧结温度超过1300℃，烧后白度约72.7%。原矿中夹杂一种浅黄绿色的结核状矿物，其含铝量比原矿高1倍多，烧结温度和烧后白度都较原矿物高。此瓷土是一种优质制瓷原料。饶平上山土产于饶平新丰乡，矿物组成是高岭石、水云母和石英，色灰白，疏松块状，烧后色灰白，需与白度高的原料配用。湛江禾了土的储量很大，是一种风化良好的石英斑岩。矿物组成以高岭石为主，还含有多量的石英及一定量的水云母，半软质块状，成分稳定，烧后色白，白度约81%。清远浸潭泥的矿物组成与禾了土相仿，原料矿呈砂性团状，松散，含砂率高，须经淘洗后使用，洗泥的颗粒细，可塑性好，化学成分接近高岭土的理论组成，但含有一定量的 K_2O，在1320℃烧结，烧后色白，白度73.8%。大埔探筒戈瓷土的矿物组成以高岭石和石英为主，硬质块状，颗粒粗，可塑性差，经淘洗后使用，烧后黄白色，白度62%。大埔稼社瓷土矿物组成以长石和高岭石为主，并含少量石英和水云母，硬质块状，烧后灰白色，白度66%，化学分析中 K_2O+Na_2O 含量达9.24%，在配方中可部分代替长石使用。高州土的矿物组成以高岭石为主，含少量游离石英及水云母，含铁量很低，烧后白度很高。但成分不够稳定，波动范围较大。此外，高陂地区常用原料还有：羊子湖瓷土、沙坪石泥、银江泥等。

5. 其他地区

除上述一些较著名的黏土原料产区外，其他省区也都有一些较著名的黏土资源矿藏。如西北地区的陕西铜川县上店土，其储量在100万吨以上，主要矿物是结晶性较差的高岭石类矿物，并含有一定量的高铝矿物（非晶质水铝英石或胶体氢氧化铝）。是一种比较纯粹并具有中等可塑性和干燥强度的硬质耐火黏土，适宜于用作制瓷的重要原料。

西南地区的四川所用的瓷泥，多属砂岩（泡砂石）淘洗的产物，而瓷土矿床发现较少。四川叙永县盛产的黏土，色白，有滑腻感，其矿物为典型的水合多水高岭石（叙永石），烧成收缩较大。云南所产的黏土，其矿物成分系云太石、石英，或为多水高岭石，一般 Al_2O_3 含量在20%以下，Fe_2O_3 含量较低（1%以内），但钾钠含量较高（2.5%～5%）。这些黏土的可塑性及色泽颇佳，可作为细陶瓷生产的主要原料。

知识点二　瘠性原料

瘠性原料又称非可塑性原料，是指加入水后不具有可塑性的原料。这一类陶瓷原料很多，有石英、长石、方解石、白云石、熟料等。在陶瓷生产中常按原料的用途来区分，把石英、熟料列为非可塑性原料，而把长石、方解石、白云石等列为熔剂原料。这是因为长石、方解石等原料虽然不具有可塑性，但在陶瓷坯釉料中主要起着降低熔融温度的作用。可以说，非可塑性原料是指加水后不具有可塑性和不具有助熔性的原料。

（一）石英原料

二氧化硅（SiO_2）在地壳中的丰度约为60%。含二氧化硅的矿物种类很多，一部分以硅酸盐化合物的状态存在，构成各种矿物、岩石。另一部分则以独立状态存在，成为单独的矿物实体，其中结晶态二氧化硅统称为石英。

1. 石英的主要类型

石英又称硅石，习惯上是所有天然二氧化硅矿物的统称，化学组成为 SiO_2，是自然界中构成地壳的主要成分。由于造岩成矿的条件不同，SiO_2 有多种状态和同质多相变体。从最纯的结晶态二氧化硅（水晶）到无定形的二氧化硅（蛋白石）均属于石英的范畴。

（1）水晶　水晶是一种最纯的石英晶体，外形呈六方柱锥体，无色透明，或含一些微量元素而呈现一定的色泽。水晶因在自然界的蕴藏量不多而产量很少，且在工业上有更重要的用途，一般不作陶瓷原料使用。

（2）脉石英　脉石英是由含二氧化硅的热液填充于岩石裂隙之间，冷凝之后而成为致密块状结晶态石英（有的凝固为玻璃态），一般呈矿脉状产出。脉石英呈纯白色，半透明状，油脂光泽，贝壳状断口，其 SiO_2 含量可达99%，是生产日用细瓷的良好原料。

（3）石英砂　石英砂是由花岗岩、伟晶岩等岩石经过风化作用后，风化产物水流冲洗、搬运、淘选等一系列地质作用后，石英颗粒自然富集而成。利用石英砂作为陶瓷原料，可省去破碎这一生产环节，降低成本，但由于其杂质含量较高，成分波动也大，使用时必须加以控制。石英砂主要作为玻璃、水泥和耐火材料的原料。

（4）砂岩　砂岩是石英颗粒被胶结物结合而成的一种碎屑沉积岩。根据胶结物性质可分为石灰质砂岩、黏土质砂岩、石膏质砂岩、云母质砂岩和硅质砂岩等。陶瓷工业中仅硅质砂岩有使用价值。砂岩一般呈白、黄、红等色，SiO_2 含量为 90%～95%。

(5) 石英岩　石英岩是一种变质岩，由硅质砂岩经变质作用，脱水以后其中的石英颗粒再结晶长大，断面变得致密，硬度提高，这种状态的石英称为石英岩。石英岩含有一定量的杂质，SiO_2 含量一般在 97%以上，常呈灰白色，有鲜明光泽，强度大。石英岩在加热时晶型转变比较困难。石英岩是制造一般陶瓷制品的良好原料，其中杂质含量少的可作细瓷原料。

(6) 隐晶质石英　隐晶质石英是一种硅质化学沉积岩，有玉髓、燧石、玛瑙等。呈钟乳状、葡萄状产出的称为玉髓；呈结核状、瘤状产出的称燧石；玛瑙是由玉髓与石英或蛋白石构成的，常呈层状、结核状产出。

这三种隐晶质石英，因其硬度高，可作研磨材料、球磨机内衬等。质量好的经煅烧可作陶瓷原料。

(7) 硅藻土　硅藻土是由硅藻的遗骸吸收溶解于水中的二氧化硅而沉积所形成的，常含少量黏土，具有一定的可塑性。硅藻土具有很多孔隙，是制造绝热材料、轻质砖、过滤体等多孔陶瓷的重要材料。

质量好的硅藻土也可代替石英作为细陶瓷坯、釉的原料。

2. 石英的性质

石英的主要化学组成为 SiO_2，一般脉石英和石英岩的 SiO_2 含量较高，达 95%～99%；砂岩含 SiO_2 90%～95%；硅藻土含 SiO_2 较低，为 80%～90%。常含有少量的 Al_2O_3、Fe_2O_3、CaO、MgO、TiO_2 等杂质成分。这些杂质是成矿过程中残留的其他夹杂矿物中带入的，夹质矿物主要有碳酸盐（白云石、方解石、菱镁矿等）、长石、金红石、板铁矿、云母、铁的氧化物等。此外，石英中可能含有一些微量的液态和气态包裹物。

石英的宏观特征随种类不向而异，一般呈乳白色或灰白色半透明状，具有玻璃光泽或脂肪光泽，莫氏硬度 7。石英的密度因晶型而异，变动于 2.22～22.65 g/cm^3。但硅藻土的相对密度只有 1.9～2.4。二氧化硅在常压下有七种结晶态和一个玻璃态。它们是α－石英、β－石英；α－鳞石英、β－鳞石英、γ－鳞石英；α－方石英、β－方石英。因石英的硬度较高，不易粉碎，若工艺需要可先经 1000℃左右煅烧急冷后，使内部发生崩裂，便于粉碎。

石英具有很强的耐酸性，除氢氟酸外，一切酸类（包括王水）对它都不产生作用。当石英和碱性物质接触时，能起反应生成可溶性硅酸盐，在高温中与碱金属氧化物作用生成硅酸盐与玻璃态物质。

石英的熔融温度范围决定于二氧化硅的形态和杂质的含量。硅藻土的熔融终了点一般是 1400～1700℃，无定形二氧化硅约在 1713℃熔融。脉石英、石英岩和砂岩在 1750～1770℃熔融，但当杂质含量达 3%～5%时，却在 1690～1710℃时熔融。当含有 5.5% Al_2O_3 时，其低共熔融点温度会降低至 1595℃。

表 1－5 是我国主要产地的几种石英原料的化学组成。

表 1—5　　我国几种主要石英原料的化学组成　　单位：%

序号	原料名称	SiO_2	Al_2O_3	Fe_2O_3	CaO	MgO	I. L
1	江苏苏州石英	98.34	0.76	0.29	0.23	—	0.42
2	江苏宿迁石英砂	91.90	4.64	0.21	0.20	0.10	0.24
3	江西萍乡石英	96.10	0.22	—	0.50	—	3.34
4	江西星子石英	97.95	0.53	0.19	0.33	0.63	
5	江西景德镇石英	98.24	—	—	—	—	—
6	辽宁大石桥石英	99.28	0.18	0.21	0.03	—	—
7	河北古冶燧石	99.07	0.52	0.25	—	—	—
8	湖南湘潭硅石	95.31	1.93	0.26	0.39	0.40	1.74
9	内蒙包头石英	98.08	0.84	0.34	0.19	—	—
10	河南铁门石英	98.84	0.41	0.19	微量	微量	—
11	山东泰安石英	99.48	0.36	0.10	—	—	0.03
12	浙江湖州石英	97.93	0.50	0.78	0.45	0.32	0.19
13	山西五台石英	98.71	0.65	0.16	—	—	
14	山西闻喜石英	98.05	—	0.10	—	—	
15	四川青川石英	98.89	1.03	0.03	0.17	—	
16	贵州贵阳石英	98.23	0.18	0.02	—	—	微量
17	贵州普定石英砂	96.77	0.46	0.57	—	—	
18	新疆尾亚石英	98.40	0.18	0.80	—	—	
19	云南昆明石英	97.07	—	0.56	—	—	
20	陕西凤县石英	97.00	1.41	—	—	—	
21	广东桑浦山石英	99.53	0.19	—	微量	0.04	—

3. 石英的晶型转化

石英具有许多结晶形态，在加热过程中，会发生一系列的晶型转化，在转化过程中可以产生八种变体，同时，体积也会发生变化。石英在自然界中大部分以β—石英的形态稳定存在，只有少部分以鳞石英或方石英的介稳状态存在。石英晶型具体转化过程见图 1—3：

石英的晶型转化会引起一系列的物理化学变化，如体积、密度、强度等，其中对陶瓷生产影响较大的是体积变化。石英晶型转化过程中的体积变化可由相对密度的变化计算出其转化的体积效应。

掌握石英的理论转化与实际转化对于指导实际生产有一定的意义。一般来说，石英原料在温度升高时，它的密度减小，结构松散，体积膨胀；当冷却时，它的密度增大，体积收缩。因此，可以利用其加热膨胀作用，预烧块状石英然后急速冷却，使结构破

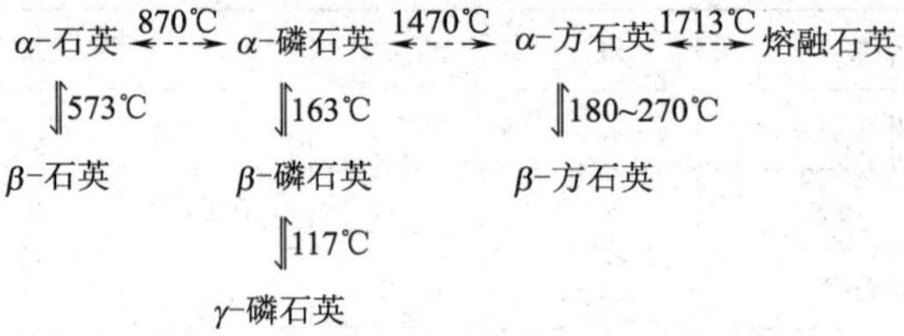

图 1—3　石英晶型转化图

坏，强度降低，便于粉碎。一般预烧温度为 1000℃左右，具体情况需视其温度高低、时间长短、冷却速度快慢等因素而定。总的体积膨胀 2%～4%，这样的体积变化能使块状石英疏松开裂。此外，制品在烧成与冷却过程中，在晶型转化的温度阶段，应适当控制升温和冷却速度，以保证制品不致开裂。

4. 石英在陶瓷坯釉料中的作用

石英是作为瘠性原料加入到陶瓷坯料中的，它是陶瓷坯体中主要组分之一，尤其是日用陶瓷、建筑陶瓷、卫生陶瓷、压电陶瓷方面更是必不可少的原料，它在陶瓷生产中的作用概括如下：

(1) 烧成前，石英是瘠性原料，可调节泥料的可塑性，能降低坯体的干燥收缩，缩短干燥时间并防止坯体变形。

(2) 烧成时，石英的加热膨胀可部分地抵消坯体收缩的影响。在高温下石英能部分溶解于液相中，增加熔体的黏度，而未溶解的石英颗粒，则构成坯体的骨架，可防止坯体发生软化变形等缺陷。

(3) 在制品中，石英对坯体的机械强度有着很大的影响，合理的石英颗粒能大大提高瓷器坯体的强度。同时，石英也能使瓷坯的透光度和白度得到改善。

(4) 在釉中，石英是生成玻璃质的主要组分，增加釉料中石英含量能提高釉的熔融温度与黏度，并减少釉的热膨胀系数。同时它是决定釉的机械强度、硬度、耐磨性和耐化学侵蚀性等性质的主要原料。

(二) 瓷石

瓷石在我国南方分布较广，主要矿物是石英和水云母类矿物（绢云母、伊利石），并含有若干高岭土、长石及少量碳酸盐。由于其本身就含有构成瓷坯的各种成分，并具有制瓷工艺与烧成所需要的性质，在我国很早就用于生产瓷器。在我国传统细瓷的生产中，特别是江西、湖南等地，均以“瓷石＋黏土”为基础配方。

瓷石的化学组成接近一般瓷器成分，我国古代唐宋时期的瓷器就只用一种瓷石掺入极少量的高岭土作为制坯原料。但瓷石的风化程度不够完全，以之单独成瓷，可塑性难以满足成型性能的要求，同时 Al_2O_3 含量不足，成瓷温度低，烧成时易变形。清初以后有所改进，除瓷石外，同时采用多量高岭土。采用瓷石与黏土的配料，完全可以不用长石和石英而生产出很好的瓷器。

瓷石中由于绢云母的存在，使它具有一定的可塑性，在烧成时，绢云母中的 K_2O

和长石中的碱性成分产生熔剂作用，游离石英起减黏作用，使得生产瓷器的三种作用兼而有之，是一种很好的陶瓷原料。在釉料中，瓷石更可一身兼三任（代替长石、石英和黏土），只要另加一些碳酸盐等熔剂即可应用。在景德镇，把适宜于配釉的瓷石称为“釉石”或“釉果”。

（三）熟料和瓷粉

将部分黏土预先煅烧成熟料，也是一种瘠性原料。熟料加入坯料中，能降低坯料的可塑性，同时能减少坯料的收缩，有利于减少坯体的变形和开裂。

在坯料中加入废瓷粉能和石英一样起瘠化作用，减少干燥收缩，在烧成中能起熔剂作用，并减少坯体的灼减量和烧成收缩，有利于克服产品的变形，提高产品质量。用废瓷粉代替部分石英，没有因晶型转变而引起的体积变化，对瓷胎的某些性能，如高硅质瓷的热稳定性和机械强度也有所改善。

在釉料中加入废瓷粉能增加坯釉适应性，提高釉的始熔温度，减少釉层中的气泡，从而提高釉面光泽度。

废瓷粉在坯料中的使用量可达12%～20%，最好用没有施釉的素坯或与坯料配方组成相同的瓷垫片。在釉料使用量为10%～25%，不论施釉或未施釉的废瓷都可使用，但已经彩绘的废瓷不能使用。

由于废瓷附有釉层，而且配方组成上可能不一致，故在利用时，必须做到分批粉碎，分批检验。

知识点三　熔剂性原料

熔剂性原料是指能降低陶瓷坯釉料烧成温度，促进产品烧结的原料。陶瓷工业常用的天然矿物原料主要有长石、方解石、白云石、滑石、萤石、含锂矿物等。

（一）长石

1. 长石的种类

长石是陶瓷生产中的主要熔剂性原料，一般用作坯料、釉料、色料熔剂等的基本成分，用量较大，是日用陶瓷的三大原料之一。

长石是地壳中分布最广的造岩矿物。从化学组成看，长石是一种碱金属（K、Na）或碱土金属（Ca、Ba）的无水铝硅酸盐。自然界中纯的长石较少，多数是以各类岩石的集合体产出，共生矿物有石英、云母、霞石、角闪石等，其中云母（尤其是黑云母）与角闪石为有害杂质。

自然界中长石的种类很多，归纳起来都是由以下四种长石组合而成：

钠长石　$Na_2O \cdot Al_2O_3 \cdot 6SiO_2$

钾长石　$K_2O \cdot Al_2O_3 \cdot 6SiO_2$

钙长石　　$CaO \cdot Al_2O_3 \cdot 2SiO_2$

钡长石　　$BaO \cdot Al_2O_3 \cdot 2SiO_2$

这几种基本类型长石，由于其结构关系彼此可以混合形成固溶体，它们之间的互相混溶有一定的规律。钠长石与钾长石在高温时可以形成连续固溶体，但在低温条件下，可混溶性降低，连续固溶体会分解，只能有限混溶，形成条纹长石；钠长石与钙长石能以任何比例混溶，形成连续的类质同象系列，低温下也不分离，就是常见的斜长石；钾长石与钙长石在任何温度下几乎都不混溶；钾长石与钡长石则可形成不同比例的固溶体，但在地壳上分布不广。

由于长石的互溶特性，故地壳中单一的长石很少见，多数是几种长石的互溶物，按其化学组成和结晶化学特点，其中较重要的有两个系列：

（1）钾钠长石系列　自然界的钾长石都混有钠长石，常见的钾钠长石有：

① 透长石：其成分中含钠长石可达50%。

② 正长石：其成分中含钠长石可达30%。

③ 微斜长石：其成分中含钠长石可达到20%。

由于微斜长石含钠量最低，故熔融温度范围也比其他长石宽，而且熔体黏度大，熔化缓慢，作为熔剂加入到陶瓷坯体中有利于坯体在高温下不易变形。

（2）钠钙长石系列　钠长石与钙长石的互溶物称斜长石系列，按组成不同分为：钠长石（含钙长石＜10%）、斜长石（含钙长石10%～90%）和钙长石（含钙长石＞90%）。斜长石又可分为更长石、中长石、拉长石、培长石。

长石中以钠长石的熔点最低，所以常用作日用陶瓷的釉用原料。

生产中一般所称谓的钾长石，实际上是含钾为主的钾钠长石；而所谓的钠长石，实际上是含钠为主的钾钠长石。一般含钙的斜长石、钡长石在日用陶瓷生产中较少用。

2. 长石的一般性质

通常在原料中称为长石的，主要是指钾长石。钾长石一般呈粉红色或肉红色，个别的呈灰白色、灰色、浅黄色。相对密度2.56～2.59，莫氏硬度6～6.5，理论熔点1220℃，理论组成为。K_2O 16.9%，Al_2O_3 18.4%，SiO_2 64.7%。

钠长石一般呈白色或灰白色，相对密度2.61～2.64，莫氏硬度6～6.5，理论熔点1100℃，理论组成为。Na_2O 11.8%，Al_2O_3 19.4%，SiO_2 68.8%。

钾微斜长石其本性质与钾长石相同。

我国几种主要长石原料的化学组成见表1－6。

表1－6　　我国几种主要长石原料的化学组成　　单位：%

序号	原料名称	SiO_2	Al_2O_3	K_2O	Na_2O	Fe_2O_3	TiO_2	CaO	MgO	I.L
1	辽宁绥中长石	65.62	19.42	8.97	4.85	0.71	0.04	0.20	0.24	0.44
2	辽宁营口长石	62.4	18.9	11.36	2.25	0.87	—	1.37	3.30	—
3	辽宁海城长石	65.08	19.52	10.71	2.66	0.24	—	0.61	—	0.21

4	河北北戴河长石	65.3	18.7	14.63	0.63	0.28	—	0.19	0.14	0.48
5	河北唐山长石	66.74	18.90	7.67	0.98	0.30	—	—	4.50	—
6	河北秦皇岛长石	65.86	19.88	14.29*		0.21	—	0.17	0.39	—
7	河北山海关长石	66.35	19.66	10.71	2.66	0.17	—	0.39	0.10	—
8	山东莱芜长石	64.71	23.26	10.87*		0.45	—	0.60	—	0.60
9	山西忻县长石	65.19	18.38	13.37	2.64	0.17	—	0.16	—	0.33
10	山西闻喜长石	64.62	19.98	8.72	4.51	0.17	0.26	0.62	0.32	0.35
11	江苏赣榆长石	64.52	18.93	14.70	0.35	0.15	—	0.40	0.20	0.20
12	湖南衡山长石	66.29	20.95	0.90	9.58	0.02	—	0.97	0.64	0.37
13	湖南岳阳长石	64.28	20.44	13.72	—	0.36	—	0.83	0.08	0.28
14	湖南望城长石	63.41	19.18	13.79	2.36	0.17	—	0.36	微量	0.46
15	湖南平江长石	63.54	19.17	13.79	2.36	0.17	—	0.36	—	0.48
16	湖南春冲长石	73.04	16.04	微量	9.47	0.01	—	0.25	0.07	0.84
17	湖南白石峰长石	64.52	19.65	9.50	3.60	0.12	—	0.46	0.24	0.52
18	江西星子长石	65.56	18.43	11.60	3.01	0.16	—	0.43	0.21	0.72
19	广东揭阳长石	63.19	21.77	12.76	0.42	0.44	—	0.48	0.30	1.47
20	广西资原长石	65.91	17.89	13.96	—	0.21	—	0.34	0.20	0.77
21	内蒙古包头长石	66.86	20.12	10.41	1.12	0.18	—	0.70	0.10	—
22	新疆尾亚长石	64.61	18.59	9.91	4.25	0.39	—	—	—	0.50
23	甘肃张家川长石	70.08	15.41	12.13*		0.39	—	—	—	0.60
24	四川旺苍长石	67.77	17.21	13.92*		0.25	微量	0.54	0.17	0.54

注：带*的K_2O或Na_2O量为K_2O和Na_2O的总量。

3. 长石的熔融特性

在陶瓷工业中，长石主要是作为熔剂使用的，它也是釉料的主要原料，因此，其熔融特性对于陶瓷生产具有重要的意义。一般要求长石具有较低的始熔温度、较宽的熔融范围、较高的熔融液相黏度和良好的熔解其他物质的能力，这样可使坯体在高温下不易变形，便于提高烧成的合格率。

从理论上讲，各种纯的长石的熔融温度分别为：钾长石1220℃，钠长石1100℃，钙长石1550℃，钡长石1715℃。实际上，陶瓷生产中使用的长石经常是几种长石的互熔物，且又含有石英、云母、氧化铁等杂质，所以没有固定的熔点，只能在一个不太严格的温度范围内逐渐软化熔融，变为玻璃态物质。煅烧实验证明，长石变为滴状玻璃体时的温度并不低，一般在1200℃以上，并依其粉碎细度、升温速度、气氛性质等条件而异，其一般的熔融温度范围为：钾长石1130～1450℃；钠长石1020～1250℃，钙长石1250～1550℃。

从上述可看出，钾长石的熔融温度不是太高，且其熔融温度范围宽。钾长石具有在其熔融后能形成黏度较大的熔体，并且随着温度升高熔体的黏度逐渐降低的特性，在陶瓷生产中有利于烧成控制和防止变形。所以在陶瓷坯料中以选用正长石或微斜长石为宜。

钠长石的开始熔融温度较钾长石的低些，其熔化时没有新的晶相产生，液相的组成和未熔长石的组成相似，形成的液相黏度较低，故熔融范围较窄，且其黏度随温度的升高而降低的速度较快，所以一般认为在坯料中使用钠长石容易引起产品变形。但钠长石在高温时对石英、黏土、莫来石的溶解速度快，溶解度也大，故用于配釉时较为合适。也有人认为钠长石的熔融温度低，黏度小，助熔作用更为良好，有利于提高瓷坯的瓷化程度和半透明性，关键在于控制好烧成制度，根据具体要求制定出合理的升温曲线。

钾长石熔融成玻璃体后，其中含有许多气体，呈乳浊状，故透明度较钠长石的差。在欧洲，常先将长石于800℃左右煅烧后再使用，这样，不仅有利于粉碎，而且制成的制品有较高的透明度。

4. 长石在陶瓷坯釉料中的作用

长石在陶瓷原料中是作为熔剂使用的，因而长石在陶瓷生产中的作用主要表现为它的熔融与溶解其他物质的性质。

（1）长石在高温下熔融，形成黏稠的玻璃熔体，是坯料中碱金属氧化物（K_2O，Na_2O）的主要来源，能降低陶瓷坯体组分的熔化温度，有利于成瓷和降低烧成温度。

（2）熔融后的长石熔体能熔解部分高岭土分解产物和石英颗粒。液相中 Al_2O_3 和 SiO_2 互相作用，促进莫来石晶体的形成和长大，赋予了坯体的力学强度和化学稳定性。

（3）长石熔体能填充于各结晶颗粒之间，有助于坯体致密和减少空隙。冷却后的长石熔体，构成了瓷的玻璃基质，增加了透明度，并有助于瓷坯的力学强度和电气性能的提高。

（4）在釉料中长石是主要熔剂。

（5）长石作为瘠性原料，在生坯中还可以缩短坯体干燥时间、减少坯体的干燥收缩。

（二）长石的代用品

长石虽然是地壳中较普遍的一种矿物，但多数与其他矿物共生，适用于陶瓷工业的钾钠长石并不多，而且为了充分利用本地资源，降低成本，就需要采用长石的代用品。

1. 霞石正长岩

陶瓷工业中常用霞石正长岩替代长石。它的主要矿物组成为长石类（正长石、微斜长石、钠长石）及霞石（Na，K）$AlSiO_4$ 的固溶体，次要矿物为辉石、角闪石等，外观呈浅灰绿或浅红褐色，脂肪光泽。霞石的化学组成与长石类似，化学式为 $K_2O \cdot Al_2O_3 \cdot 2SiO_2$。其不同点是碱金属含量比长石高，而 SiO_2 含量则比长石低，是一种在贫乏 SiO_2 的环境下形成的碱性岩。

霞石正长岩除引入 Na_2O、K_2O 外，还能引入 Al_2O_3 及 SiO_2，这些都是陶瓷的主要成分。霞石正长岩在1060℃左右开始熔化，随着碱含量的不同，在1150～1200℃内完全熔融，因此它是降低烧成温度的主要原料。由于霞石正长岩中 Al_2O_3 的含量比正长石高（一般在23%左右），几乎不含游离石英，而且高温下能熔解石英，故其熔融后的黏度较高。以霞石正长岩代替长石，可使坯体烧成时不易沉塌，制得的产品不易变形，热稳定性好，力学强度有所提高。但它的含铁量往往校多，故需要精选。

2. 伟晶花岗岩

伟晶花岗岩的矿物组成主要是石英、正长石、斜长石以及少量白云母、角闪石等。其中长石 60%～70%，石英 25%～30%。伟晶花岗岩可代替长石作助熔剂。用于陶瓷工业中石英的含量不能太多，不超过 30%。但这种岩石的 Fe_2O_3 含量较高，使用时应进行磁选。对坯体白度要求不高的陶器、炻器，它是一种价廉物美的长石代用品。

我国常用的长石代用原料的主要化学组成见表 1－7。

表 1－7　　长石代用原料的化学组成　　单位：%

原料名称	SiO_2	Al_2O_3	Fe_2O_3	CaO	MgO	K_2O	Na_2O	I. L
花岗岩	71	14	3	2	0.5	4	3	1
斑岩	75	12	2.5	0.5	0.5	4	3	1
松脂岩	71.5	12.6	1.5	0.5	0.5	3	4	7
响岩	56.2	20	5.7	2.5	0.5	5.7	7.6	2
玄武岩	46	15	15	11	6	1.5	2	1.5
辉绿岩	46	16	13	11	6	1	3	2

3. 锂质矿物原料

天然产的含锂矿物种类很多，但常用的含锂矿物只有锂辉石和锂云母两种。

（1）锂辉石的化学式为 $Li_2O \cdot Al_2O_3 \cdot 4SiO_2$，理论化学组成为：$Li_2O$ 8.02%，SiO_2 64.58%，Al_2O_3 27.40%，含有钾、钠、镁、锰、铁等杂质。

锂辉石有三种同质多相变体，即 α－锂辉石、β－锂辉石及 γ－锂辉石，其中 α－锂辉石是低温稳定变体，仅存在于自然界，在地质学上通常称为锂辉石，属于单斜晶系，链状结构。β－锂辉石是高温稳定变体，四方晶系，架状结构。γ－锂辉石为高温亚稳态变体，六方晶系，架状结构。自然界中的锂辉石为浅灰白色，常带浅绿和黄绿等色调，晶粒粗大，常呈长柱状，集合体呈板状和致密块状，莫氏硬度为 6.5～7，密度 3.03～3.22g/cm^3。

锂辉石（α－锂辉石）在加热过程中，于 850℃开始转化为 β－锂辉石，1000℃时转化趋于完全，此时出现亚稳态 γ－锂辉石，1100℃时 γ－锂辉石转化为 β－锂辉石，加热到 1430℃时达到不一致熔触，其中的 β－锂辉石视矿物杂质含量多少可为 β－锂辉石固溶体。

（2）锂云母又称鳞云母，是一种富含挥发成分的三层型结构状硅酸盐，其化学式为 $LiF \cdot KF \cdot Al_2O_3 \cdot 3SiO_2$，化学组成不定，$Li_2O$ 1.2%～5.9%，SiO_2 46.9%～60.6%，Al_2O_3 11.3%～28.8%，K_2O 4.8%～13.9%，H_2O 0.6%～3.2%，成分中尚含有氟，有时含有铷和铯。

锂云母为单斜晶系，晶体呈厚板状或短柱状，一般以片状或细鳞片状集合体产出，颜色呈玫瑰色、浅紫色，莫氏硬度 2.5～4，密度 2.8～2.9g/cm^3。熔化温度范围为 1168～1177℃。

在金属元素中，锂的相对原子质量最小，化学活性比钾、钠强，且 Li^+ 具有很高的静电场，因此有非常强的熔剂化作用，能显著降低材料的烧结和熔融温度。其熔体的表面张力小，故可降低釉的成熟温度、增强釉的高温流动性。而且，Li^+ 的半径最小，一般含锂矿物都具有很低的甚至负的热膨胀特性。在陶瓷坯釉中引用含锂矿物，能改善釉面性能，如降低热膨胀系数、提高耐热急变性、消除针孔，提高釉的显微硬度、平整度、光泽度及釉的化学稳定性。如果在陶瓷坏料中加入 60%～80%的锂辉石，瓷坯的热膨胀系数可以小于 2×10^{-6}/℃，甚至接近于零膨胀。瓷坯的热膨胀率主要取决于瓷坯中生成的 β—锂辉石固溶体的数量，以及固溶体中 SiO_2 的含量。在锂辉石、高岭土和石英组成的配方中，随着锂辉石、石英加入量的增加，瓷坯的热膨胀系数减小。

由于含锂矿物热膨胀系数小，有时甚至表现为负值，所以广泛应用于抗热震性能好、尺寸公差小的工业陶瓷领域，如窑炉的加热部件、汽轮机叶片、火花塞、喷气飞机的喷嘴、微波炉托盘、耐热炊具等。

表 1—8 列出了部分锂辉石、锂云母的化学组成。

表 1—8　　锂辉石、锂云母的化学组成　　单位：%

原料名称	Li_2O	K_2O	Na_2O	SiO_2	Al_2O_3	Fe_2O_3	MgO	CaO	P_2O_5	MnO	F	TiO_2
新疆阿尔泰锂辉石	6.32	0.21	0.33	64.5	26.8	0.15	0.50	0.35	0.93	—	—	—
澳大利亚锂辉石精矿	7.70	1.0	1.0	68.0	22.0	0.07	0.2	0.25	0.30	0.2	—	0.2
江西宜春锂云母	4.82	8.16	1.60	55.04	22.91	0.30	0.18	0.06	5.23	1.38	0.23	—
美国锂云母	5.00	17.81	—	51.09	23.23	—	0.16	0.18	1.22	0.99	0.31	—

(三) 镁硅酸盐类原料

滑石和蛇纹石均属镁的含水层状硅酸盐矿物，是制造镁质瓷的主要原料，在普通陶瓷的坯料中也可加入少量以改善性能。

1. 滑石

滑石由天然的含水层状硅酸镁矿物组成，其化学式为 $3MgO\cdot4SiO_2\cdot H_2O$，理论化学组成为：MgO 31.88%，$SiO_2$ 63.37%，H_2O 4.74%，常含有铁、铝、锰、钙等杂质。纯净的滑石为白色，含有杂质时一般为淡绿、浅黄、浅灰、淡褐等。

滑石可用作日用瓷、工业瓷、电瓷及陶瓷釉的原料。滑石质坯体的特点是：成型困难，烧成范围窄（10～20℃），高温容易变形，热稳定性差，容易炸裂等。生滑石不易为水润湿，不易粉碎，在采用挤压成型时，由于片状颗粒的定向排列，纵向开裂的倾向很大。解决的办法是将滑石预烧到 1350℃左右（具体温度随其组织结构而异），以破坏其片状结构。

滑石的使用情况有以下几种：

(1) 在瓷坯中加入少量滑石（1%～2%），能降低烧成温度，加宽烧成温度范围，提高制品的透明度，同时能加速莫来石的生成，提高制品的机械强度和热稳定性。

(2) 在瓷坯中加入较多时 (34%～40%)，在烧成中滑石的硅酸镁和黏土中的硅酸铝反应生成堇青石 ($2MgO \cdot 2Al_2O_3 \cdot 5SiO_2$)，它的膨胀系数很小，可大大提高产品的热稳定性。

(3) 滑石用量 50%或更多时，烧成型成的斜顽火辉石 ($MgO \cdot SiO_2$) 与堇青石占 35%～50%，这种产品具有高的机械强度、热稳定性和较高的介电常数，可用作高频绝缘材料及需要高的机械强度、高绝缘性能的制品。

(4) 当坯料中滑石占 70%～90%，所得制品称块滑石制品，主要是由斜顽火辉石晶体所组成，特点是具有高的机械强度、小的介电损失，可用作无线电仪器中的高频及高压绝缘材料。

(5) 在釉中滑石作为助熔剂原料，能降低釉料的熔融温度和膨胀系数，提高釉的弹性，促使坯釉中间层的生成，从而改善制品的热稳定性，用于乳浊釉还可增加乳浊效果。

各地滑石的化学组成见表 1－9。

表 1－9　　　　滑石的化学组成　　　　单位：%

原料名称	产地	SiO_2	MgO	Fe_2O_3	CaO	K_2O	Na_2O	I. L
特级滑石粉	辽宁海城	62.16	32.29	0.14	0.37	—	—	5.00
一级滑石粉	辽宁本溪	64.18	33.72	0.57	1.53	—	—	—
一级滑石粉	山东海阳	63.75	30.58	0.36	0.39	—	—	5.14
一级滑石粉	山东平度	56.11	35.01	0.66	1.24	—	—	6.91
一级滑石粉	山东掖县	56.89	32.34	0.74	1.21	—	—	8.82
滑石优选原矿	辽宁海城	60.24	32.58	0.06	0.22	0.06	0.04	6.44
滑石优选原矿	山东掖南	57.62	31.32	5.20	0.39	0.02	0.05	5.40
滑石优选原矿	广东高州	62.06	32.23	0.64	0.81	0.04	0.07	4.14
滑石优选原矿	广西陆川	60.74	31.88	0.52	0.84	—	—	6.02
滑石优选原矿	四川冕宁	60.68	30.57	0.61	2.28	—	—	5.84
滑石优选原矿	湖南攸县	62.96	30.72	0.03	0.43	0.14	0.02	5.26

2. 蛇纹石

蛇纹石与滑石同属镁的含水硅酸盐矿物，化学式为 $3MgO \cdot 2SiO_2 \cdot 2H_2O$，晶体结构式为 $Mg_3[SiO_2](OH)_4$，理论化学组成：MgO_4 3%，SiO_2 44.1%，H_2O 12.9%，常含铁、钛、镍等杂质，铁含量较高。

蛇纹石的结晶状态有两种：一种是纤维蛇纹石，另一种是鳞片状蛇纹石。一般蛇纹石性较软，外观呈绿色或暗绿色，玻璃光泽，莫氏硬度 2～3，相对密度 2.5～2.7。

蛇纹石的成分与滑石有一定的相似之处，但由于其铁含量高（可达 7%～8%），一般只用作碱性耐火材料，也可用来制造有色的炻瓷器、地砖、耐酸陶器等。与滑石一样，蛇纹石在使用时也需预烧以破坏其鳞片状和纤维状结构，预烧温度约 1400℃。

(四) 碳酸盐类原料

陶瓷生成中除通常以滑石为主要原料引入氧化镁外，坯料以及釉料中还可采用白云石、菱镁矿引入氧化镁，引入氧化钙还用方解石、石灰石等，它们都是碳酸盐矿物。将它少量引入到坯釉中，能与黏土中的 SiO_2 和 Al_2O_3 形成低共熔物，从而降低制品的烧成温度，这类原料称助熔剂原料。

1. 方解石与石灰石

方解石的化学式为 $CaCO_3$，理论组成为 CaO 56%，CO_2 44%，但常含混入物镁、铁、锰、锌等杂质。

$CaCO_3$ 有各种类型和不同的名称。最纯的三方晶系品种称为方解石。无色透明的方解石称冰洲石。石灰石为方解石的隐晶质集合体。它们是石灰岩的主要矿物组成。大理岩是石灰岩在高温高压下经重结晶而形成的变质岩。由海生生物遗骸所形成的土块状或泥土状白色软质方解石称白垩。

在陶瓷的坯体或釉料中常以方解石的形式引入 CaO。它在坯料中于高温分解前起瘠化作用，分解后起熔剂作用。在较低温度下能和坯料中的黏土及石英发生反应，降低烧成温度，缩短烧成时间，并能增加产品的透明度，使坯釉的中间层形成得较好，增强坯釉结合。在制造石灰质釉陶器时，方解石的用量可达 10%～20%，制造软质瓷器时为 1%～3%。

方解石是石灰釉的主要原料，它能提高釉的折射率、光泽度，并能改善釉的透光性。但如果在釉料中配合不当，则易出现乳浊（析晶）现象，单独作熔剂时，在煤窑或油窑中易引起阴黄、吸烟。

2. 菱镁矿

菱镁矿又称苦土，其化学式是 $MgCO_3$，理论化学组成为 MgO 47.82%，CO_2 52.18%。菱镁矿呈白色或灰白色，含铁者为褐色，玻璃光泽。密度为 2.9～3.1 g/cm^3，莫氏硬度 3.4～5.0，沿棱面解理完全，集合体多呈细粒致密块状产出。菱镁矿在加热过程中，从 350 ℃开始分解生成 CO_2 及 MgO，伴有很大的体积收缩，温度达到 550～650 ℃时，反应速度加剧，至 1000℃时分解完全。

菱镁矿是制造耐火材料的重要原料，也是新型陶瓷工业中用于合成尖晶石（$MgO \cdot Al_2O_3$）铁酸镁（$MgO \cdot TiO_2$）和镁橄榄石瓷（$2MgO \cdot SiO_2$）等的主要原料，同时作为辅助原料和添加剂被广泛应用。在釉料中加入菱镁矿可引入 MgO，其作用与滑石相似，可提高釉的白度、抗热震性，改善釉的弹性，降低釉的成熟温度。

3. 白云石

白云石是 $CaCO_3$ 和 $MgCO_3$ 的复盐，化学通式为 $CaMg(CO_3)_2$，其理论组成为 CaO 30.4%，MgO 21.9%，CO_2 47.7%。密度 2.8～2.9g/cm^3，莫氏硬度 3.5～4.0，性脆，遇稀酸微微起泡。白云石纯者并不多见，化学组成中常有铁、锰，偶含镍、锌等成分。白云石一般呈白色或无色，含铁者为黄褐色，玻璃至珍珠光泽。多以三方菱面体产出，晶型自形程度较高，有时菱形晶面常弯曲，集合体常呈粗粒至细粒状或块状。

白云石在高温下会分解生成 CaO、MgO 及 CO_2，大约在 800℃开始先是 $MgCO_3$ 分解出 MgO 及 CO_2，到 950℃时 $CaCO_3$ 再行的分解成 CaO 及 CO_2。

在陶瓷工业中，白云石的使用能同时引入 CaO 及 MgO，它们一般起熔剂作用，能降低烧成温度，促进石英的熔解和莫来石的生成。在釉中能提高透光性能，釉不易乳浊，但慢冷时釉中会析出少量针状莫来石，并能提高釉的热稳定性以及在一定程度上防止吸烟。

（五）磷酸盐类原料

可作为陶瓷原料的磷酸盐有兽骨灰和磷灰石，主要用于骨质瓷的生产。

1. 骨灰

骨灰的主要成分是磷酸钙 $Ca_3(PO_4)_2$，还含有少量的 $CaCO_3$、$Mg_3(PO_4)_2$、CaF_2 等杂质。骨灰一般由猪、羊、鱼等动物的残骨或经骨胶厂提胶后的骨渣煅烧获得，在使用前应煮沸或用蒸气脱脂洗净，然后在 900～1300℃之间进行煅烧。煅烧温度低，残留一些有机质，有利于可塑性的提高，但煅烧时一定要通风良好，避免碳化发黑。煅烧后在球磨机上长时间细磨（10～20h），达到通过 70 目筛，可呈现微弱的可塑性，磨后烘干备用。

在陶瓷工业中，骨灰可做助熔剂，同时还具有乳浊作用，当冷却后反复加热就越能增加乳浊性和白度，在釉中加入适量骨灰能增加光泽。

骨质瓷是以 50%左右的骨灰与高岭土、长石、石英等配制的，具有良好的透明度、乳白性和装饰性强的特点。但其烧成温度范围很窄，高温时易变形，热稳定性及抗酸碱侵蚀能力较差。

2. 磷灰石

磷灰石是磷酸钙的天然矿物，有两种产物；一种是氟磷灰石 $Ca_5(PO_4)_3F$；另一种是氯磷灰石 $Ca_5(PO_4)_3Cl$。自然界中通常以氟磷灰石居多，但两者可以形成完全的固溶体，两者的物理性质相似。磷灰石可部分代替骨灰生产骨质瓷，坯体的透明度很好。

将磷灰石少量引入长石釉中，能提高釉的光泽度，使釉具有柔和感，但用量不宜过多，如 $P_2O_5>2\%$，易使釉发生针孔、气泡，还会使釉难熔。

此外，陶瓷工业中使用的天然原料还有硼砂、硼酸、锆英石等。近年来，由于环境保护的要求，以及优质陶瓷原料资源日益枯竭，人们又相继研究了利用工业废渣生产陶瓷制品的技术，煤矸石、高炉矿渣、磷矿渣、萤石矿渣、粉煤灰等都在陶瓷工业中得到了具体应用。

知识点四 适用于低温快烧的陶瓷原料

（一）当前低温快烧陶瓷的节能概况

为了节约能源，陶瓷行业努力去降低烧成温度与缩短烧成周期。从 20 世纪 70 年代以来，建筑卫生陶瓷产品的烧成温度有了大幅度的下降，从而节约了许多宝贵的能源，得以保证了陶瓷工业持续、稳定的发展。如 20 世纪 70 年代前，卫生陶瓷烧成温度为 1300℃，到了 90 年代以下降为 1150～1200℃。釉面砖素烧温度由 1180℃下降到 1050～1100℃，釉烧温度由 1080℃下降为 1020℃。硬质日用瓷由 1400℃下降为 1300～1350℃。炻器烧成由 1350℃下降为 1220～1250℃。骨质瓷素烧温度由 1180℃下降为 1100～1150℃。耐火材料硅砖由 1400℃下降为 1300～1340℃从以上降低烧成温度成果看，卫生瓷烧成温度下降了 100～140℃，日用瓷下降了 70～120℃，釉面砖下降了 70～130℃等。由此看来，取得的节能效果是十分显著的。

在推进快烧与缩短烧成周期方面，过去国内的卫生瓷烧成周期需要时间长达 40h，现已普遍降低为 10h 左右。釉面砖烧成周期由过去几十个小时，下降为 3～4h，如果用辊道窑烧成，则可缩短为 30～70min。由于采用低温快烧工艺，在建筑卫生陶瓷产品领域取得的成绩最为显著。

适用于低温快烧陶瓷原料的性能要求如下：①干燥收缩和烧成收缩小；②热膨胀系数小，最好随温度的变化呈直线关系；③导热性能好，烧成时能迅速进行物理化学变化；④在烧成中易引起体积变化的矿物游离石英等含量少；⑤有害杂质含量少，灼减量小；⑥溶剂性能强，高温黏度低，但又不大幅度降低烧成范围。凡具备以上条件之一或几个都可作为低温快烧原料。

（二）已开发利用的陶瓷低温快烧原料

以下简单介绍一下常用的低温快烧陶瓷原料，其中多种已应用于建筑卫生陶瓷的坯料中，取得良好的节能效果。

1. 叶蜡石

黏土原料中，还有一种硬质黏土，就是叶蜡石（又名冻石、图章石）。叶蜡石属于瘠性原料，因其盛产于我国浙江青田，因此也称青田石（产于浙江昌化的叫昌化石，产于福建寿山的叫寿山石）。叶蜡石粉末呈白色，颗粒越细，白度越高，焙烧后白度随之提高。

叶蜡石熔点高，耐火度可达 1700℃以上。其晶体结构基本上和蒙脱石、滑石相同，其化学式为 $Al_2O_3 \cdot 4SiO_2 \cdot H_2O$。叶蜡石通常是由细微的鳞片状晶体构成的致密块状，质软而富于脂肪感，相对密度 2.8 左右。叶蜡石原料含较少的结晶水，加热至 500～800℃之间缓慢脱水，总收缩不大。膨胀系数较小且其与温度的关系呈直线关系，这种性能可以抵消在烧成过程中由于其他物料（如黏土、熔剂）所造成的收缩，扩大烧成范围，保证产品尺寸一致，且能降低坯体的热膨胀系数，具有良好的热稳定性和很小的湿膨胀，所以适用于配制快速烧成的陶瓷坯料，是制造要求尺寸准确或热稳定性好的制品（如无线电用绝缘器材、釉面砖、坩埚等）的优良原料。

叶蜡石在细磨后稍有塑性，泥浆又易稀释，流动性好，便于浇注。叶蜡石不被水浸润，黏结性差，因此，泥浆渗透性好，吸浆快，坯体干燥收缩小，且便于控制，故是卫生陶瓷注料的优质配料。

2. 硅灰石

天然硅灰石是典型的高温变质矿物，通常产于石灰岩和酸性岩浆的接触带，由 CaO 与 SiO_2 反应而成。其化学通式为 $CaO \cdot SiO_2$，理论化学组成为 CaO 48.25%，SiO_2 51.75%。天然硅灰石常与透辉石、石榴石、绿帘石、方解石、石英等矿物共生，故还含有 Fe_2O_3、Al_2O_3、MgO、MnO 及 K_2O、Na_2O 等杂质。

硅灰石矿物包括 $CaSiO_3$ 的两种同质多相变体。高温变体即 $\beta-CaSiO_3$，属于三斜晶系，称为环硅灰石；低温变体即 $\alpha-CaSiO_3$，有三斜晶系、单斜晶系两种形态。$\beta-CaSiO_3$ 和 $\alpha-CaSiO_3$（单斜晶系）在自然界中较少见，因此，通常所说的硅灰石指的是 $\alpha-CaSiO_3$（三斜晶系）。硅灰石通常呈白色、灰白色，片状、纤维状、块状或柱状等，玻璃光泽，莫氏硬度 4.5～5，密度 2.87～3.09 g/cm³，熔点 1540℃。

我国已发现数处有一定规模和品质的硅灰石矿床。它们的化学组成列于表 1－10。

表 1－10　硅灰石的化学组成　单位：%

产地	SiO_2	Al_2O_3	Fe_2O_3	CaO	MgO	K_2O	Na_2O	TiO_2	I.L
江西上饶	51.26	0.61	0.50	41.42	0.86	0.08	0.02	—	5.26
湖北小贡十	50.23	0.46	0.82	44.90	1.00	—	—	0.01	2.47
福建漳州	48.47	0.81	0.15	45.86	1.66	0.09	0.10	—	2.87
吉林四平	44.34	1.41	0.14	45.94	0.91	—	—	—	7.25
江西新余	52.29	0.83	0.50	42.65	1.53	—	0.2	—	2.32
湖南常宁	51.32	5.29	1.41	38.91	1.24	0.87	0.32	—	0.63

硅灰石在陶瓷工业中的用途广泛，可用于制造釉面砖、日用陶瓷、低损耗无线电陶瓷等，也可用于生产卫生陶瓷、磨具、火花塞等。硅灰石作为碱土金属硅酸盐，在普通陶瓷坯体中可起助熔作用，降低坯体的烧结温度。由于硅灰石本身不含有机物和结构水，而且干燥收缩和烧成收缩都很小，仅为 6.7×10^{-6}/℃（室温～800℃），因此，利用硅灰石与黏土配成的硅灰石质坯料，很适宜快速烧成，特别适用于制备薄陶瓷制品。另外，在烧成后生成的硅灰石针状晶体，在坯体中交叉排列成网状，使产品的力学强度提高，同时所形成的含碱土金属氧化物较多的玻璃相，其吸湿膨胀也小。用硅灰石代替方解石和石英配釉时，釉面不会因析出气体而产生釉泡和针孔，但若用量过多会影响釉面的光泽。

3. 透辉石

透辉石的化学式为 $CaO \cdot MgO \cdot 2SiO_2$，晶体结构式为 $CaMg[SiO_3]$，理论化学组成为：CaO 25.9%，MgO 18.5%，SiO_2 55.6%。透辉石常与含铁的钙铁辉石系列矿物共生，故常含有铁、锰、铝等成分。透辉石属于链状结构硅酸盐矿物，单斜晶系，玻璃光泽，莫氏硬度 6～7，密度 3.27～3.38 g/cm³，熔点 1391℃。

透辉石也用作陶瓷低温快速烧成的原料，尤其在釉面砖生产中得到了广泛应用。原因之一是它本身不具多晶转变，没有多晶转变时所带来的体积效应；其二是透辉石本身不含有机物和结构水等挥发性组分，故可快速升温；其三是透灰石是瘠性料，干燥收缩和烧成收缩都较小；其四是透灰石的膨胀系数不大（250～800℃时为 7.5×10^{-6}/℃），且随温度的升高而呈直线性变化，也有利于快速烧成；其五是从透灰石中引入钙、镁组分，构成了硅—铝—钙—镁为主要成分的低共熔体系，可显著降低烧成温度。另外，透灰石也用于配制釉料，由于钙镁玻璃的高温黏度低，对釉面光泽和平整度都有改善。

我国一些地区透辉石矿床的化学组成，见表1—11。

表1—11　透辉石的化学组成　单位：%

产地	SiO_2	CaO	MgO	K_2O	Na_2O	Al_2O_3	TiO_2	Fe_2O_3	FeO	I.L
江西新余	54.11	21.36	20.20	0.81	0.10	1.51	0.04	0.54	0.49	0.84
湖南常宁	50.28	22.52	13.67	0.69	0.59	4.28	—	6.78	—	0.44

4. 透闪石

透闪石为含水的钙镁硅酸盐，其化学式为 $2CaO \cdot 5MgO \cdot 2SiO_2 \cdot H_2O$，理论化学组成为：CaO 13.8%、MgO 24.6%、SiO_2 58.8%、H_2O 2.8%。FeO 的含量有时可达3%，还有少量 Na、K、Mn 等，其中（OH）也可由 Cl、F 等置换。透闪石色白或灰，莫氏硬度5～6，相对密度3左右。故透闪石可能伴生有方解石、白云石，也可能伴生透辉石或橄榄石以及石英等。

透闪石作为钙镁硅酸盐在陶瓷中的应用与硅灰石、透辉石相似，常作为墙地砖主要原料使用，其他陶瓷品种也正在开发。透闪石作为陶瓷原料的特点与硅灰石相似，亦适于快速烧成，但因晶体结构中含有少量结构水，其结构水的排出温度较高（1050℃左右），故可能不适于一次低温快速烧成。另外，透闪石矿常有其他碳酸盐矿伴生，使坯料烧失量大，坯体气孔率难以控制，实现快速烧成有困难，在使用前应注意拣选。

表1—12列出我国产出的几种透闪石化学组成。

表1—12　透闪石的化学组成　单位：%

产　地	SiO_2	Al_2O_3	Fe_2O_3	TiO_2	CaO	MgO	K_2O	Na_2O	I.L
湖北透闪石	56.61	1.65	0.15	—	15.24	23.53	0.17	0.16	2.51
吉林透闪石	50.62	0.56	0.02	—	12.10	25.50	0.12	0.13	9.10
陕西透闪石	53.36	3.40	0.74	0.02	13.10	23.74	0.49	0.53	4.09

另外，长石代用品中的霞石也可以作为陶瓷低温快烧原料，得到了广泛的应用。

知识点五　常用化工原料

陶瓷工业中常用化工原料种类很多，按用途可分为熔剂原料、乳浊剂原料、着色原料、工业陶瓷原料等几种类型。化工原料质量稳定、杂质含量少，有利于提高产品质量，但成本较高。

（一）常用化工熔剂原料

化工熔剂原料是陶瓷工业常用原料之一，特别是生产建筑陶瓷墙地砖和低温瓷釉料时用量较多。常用化工熔剂原料有氧化锌（ZnO）、硼砂（$Na_2O \cdot 2B_2O_3 \cdot 10H_2O$）、硼酸（$H_3BO_3$）、红丹（$Pb_3O_4$）以及碳酸钠（$Na_2CO_3$）、碳酸钡（$Ba_2CO_3$）、硝酸钾（$KNO_3$）等。

1. 氧化锌（ZnO）

氧化锌又名锌氧粉、锌白，一般为白色粉末，无臭无味，高温煅烧后变为淡黄色，熔点为1975℃。

氧化锌在釉中具有较强的助熔作用，能减小釉的膨胀系数，提高制品的热稳定性，同时能增加釉面光泽和白度，提高釉的弹性，扩大熔融范围以及增加颜色的光彩。但在铬黑釉中不宜使用。ZnO的主要作用有以下几个方面。

（1）用作熔剂　氧化锌在低温熔块釉中作为熔剂一般用量为5%～10%，在低温生料釉中用量为5%左右。

（2）用作乳浊剂　在含Al_2O_3较高的釉中加入ZnO能提高釉的乳浊性，ZnO能与Al_2O_3生成锌尖晶石（$ZnO \cdot Al_2O_3$）晶体；在锌乳浊釉中，Al_2O_3能提高白度和乳浊度，ZnO有利于提高光泽。

（3）用作结晶剂　ZnO是锌结晶釉中不可缺少的结晶剂，能形成较大的晶体，十分美丽，用量一般为20%～30%。

（4）用于钴天蓝釉　ZnO是钴天蓝釉不可缺少的熔剂，能使CoO在釉中呈美丽的天蓝色。

（5）用于陶瓷颜料　ZnO可作为陶瓷颜料的助熔剂、矿化剂和载体。

氧化锌在使用前须经1200℃左右煅烧，如果不煅烧而直接加入釉中，会影响釉的工艺性能，而加入熔块料中的氧化锌则不需要煅烧；用量不宜过大，否则会影响釉面光泽；ZnO对一些色釉发色有影响，特别是铬发色的色料。

2. 红丹（Pb_3O_4）

红丹的化学名称为四氧化三铅，又称为铅丹，分子式为Pb_3O_4，实际上是氧化铅和三氧化二铅的混合物（$PbO \cdot Pb_2O_3$）。红丹为橙红色粉末，具有氧化性，有毒，加热至500℃以上则分解放出氧气：

$$2Pb_3O_4 \longrightarrow 6PbO + O_2\uparrow$$

铅的氧化物广泛用作低温透明釉、色釉及釉上颜料的熔剂。铅的氧化物能降低釉的熔融温度，降低釉的熔融黏度，提高釉的光泽度和透明度，能增大釉的弹性系数，增大抗张强度，增宽釉的烧成温度范围。但铅的氧化物有毒，应用时最好把物质制成熔块使用。铅釉硬度低，因而耐磨性差。铅会降低锆釉的乳浊效果，且高温易挥发。

铅化合物除了红丹外，常用的还有黄丹（PbO）和铅白［$PbCO_3 \cdot Pb(OH)_2$］等。

黄丹又称密佗僧，是一种黄色粉末，常含有Pb，且易被还原，不常采用。铅白为白色粉末，亦称为碱式碳酸铅，加热时于400℃分解：

$$2PbCO_3 \cdot Pb(OH)_2 \xrightarrow{400℃} 3PbO + H_2O\uparrow + 2CO_2\uparrow$$

由于铅白易于分解，价格较贵，又无氧化性，所以也很少采用。

3. 含硼矿物

硼砂（$Na_2B_4O_7 \cdot 10H_2O$）为白色菱形结晶粉末，又名硼酸钠、月石砂、黄水砂、四硼砂，相对密度为 1.72，易溶于水。加热时于 320℃失去全部结晶水，成为无水硼砂。无水硼砂熔点为 741℃，沸点为 1575℃，同时分解。由于含水硼砂在空气中即能风化，因此应在密闭状态下贮藏，否则会因失去部分结晶水而导致成分的变化，影响配料的准确性。

硼砂是陶瓷工业中墙地砖釉料的主要熔剂原料，是熔块釉中不可缺少的常用熔剂。硼砂脱水后生成 Na_2O 和 B_2O_3，因此，它是一种复合熔剂。其中 Na_2O 起着强熔剂作用；B_2O_3 不但熔点低（557℃），熔融性能好，而且膨胀系数小，热稳定好，能改变釉的内部结构。在生料釉中引入 1%～2%的 B_2O_3，则能迅速减小膨胀系数，提高制品的热稳定性。

硼酸（H_3BO_3）是鳞片状白色结晶粉末，相对密度为 1.44，易溶于水，185℃熔融并分解，300℃完全失水变成 B_2O_3。硼酸在釉中的作用与硼砂相似，不同的是硼酸中不含 Na_2O 成分。

其他含硼矿物主要有：硼镁石（$MgHBO_3$），钠硼解石（$NaCaB_5O_9 \cdot 8H_2O$）和硅钙硼石［$Ca_2B_2(SiO_4)_2(OH)_2$］。

熔剂化工原料还有纯碱、碳酸钾、硝酸钾、氧化钠、碳酸钡等。

（二）常用乳浊剂原料

常用乳浊剂有二氧化锡（SnO_2）、硅酸锆（$ZrSiO_4$）、二氧化锆（ZrO_2）、氧化铈（CeO_2）、二氧化钛（TiO_2）、氟化物、磷化物等。

1. 二氧化锡

氧化锡外观为白色粉末，密度为 6.95g/cm^3，熔点为 1127℃，1800～1900℃时升华，不溶于水、稀酸和碱液，溶于热浓盐酸和浓硫酸。工业氧化锡含量大于 96%。氧化锡在硅酸盐熔体中溶解度小，因此具有很强的乳浊性，是质地优良、应用广泛的乳浊剂，可用于建筑卫生陶瓷等氧化焰烧成的白色制品。

锡釉具有釉面白度好、色泽柔和，并有白里泛青色调。在釉中加入 4%～6%的氧化锡，就能得到发色均匀的白色乳浊釉，特别是在含有 B_2O_3 的熔块釉中乳浊效果更好。

但锡釉成本较高，不适用于还原焰烧成。

2. 二氧化锆

二氧化锆又称斜锆石，分子式为 ZrO_2，外观为白色或黄色晶体粉末，密度为 5.89g/cm^3，熔点为 2715℃。自然界中的二氧化锆很少，常与锆英石伴生。二氧化锆一般由锆英石制取，是优良的乳浊剂。

ZrO_2 纯度高，杂质含量少，ZrO_2 的含量在 99%左右；白度好乳浊性强，可适应氧化焰和还原焰烧成；可提高釉的白度、釉面硬度和耐磨性，增加热稳定性。但因为二氧化锆价格高，故釉料成本高。

二氧化锆除了用作釉料乳浊剂外，还可用于制作陶瓷颜料载体、电子陶瓷、耐火材料等。

3. 硅酸锆和锆英石

硅酸锆与锆英石分子式相同，均为 $ZrSiO_4$ 或 $ZrO_2 \cdot SiO_2$，硅酸锆是由锆英石精制而得到的。硅酸锆颗粒小，乳浊性强，白度高，热性能好，烧成范围宽。

硅酸锆能使釉具有乳浊性；减少膨胀系数，增强制品的热稳定性；提高釉面白度和硬度，增强釉的耐磨性；硅酸锆高温黏度大，能扩大釉的烧成温度范围；对气氛不敏感，能适应氧化焰和还原焰烧成；与其乳浊剂相比价格较低。

4. 二氧化钛

工业二氧化钛外观为白色粉末，密度为 3.75～4.25g/cm^3，不溶于水，熔点为 1560℃。TiO_2 是一种有效的乳浊剂，在低温釉中可作为白釉的乳浊剂，当温度高于 1100℃时 TiO_2 与 Fe_2O_3 反应变成乳黄色，而在还原焰中变成灰色。因此，要使 TiO_2 形成稳定的乳浊剂，应将 TiO_2 与 CaO、SiO_2 合成钛酸盐（$CaO \cdot TiO_2$）和钛榍石（$CaO \cdot TiO_2 \cdot SiO_2$）。钛釉不适合做颜色釉的乳浊基釉，只适合氧化焰烧成。TiO_2 除了用于乳浊剂外，还可用于生产色料、结晶釉的结晶剂、电子陶瓷等。TiO_2 一般应在 1300℃左右预烧，以改变其工艺性能。

5. 氧化铈（CeO_2）

CeO_2 的折射率高、乳浊性强，乳浊性是 SnO_2 的两倍以上。可用于低温乳浊釉，对气氛不敏感，可直接加入釉中使用。而不需制成熔块。CeO_2 在含 Al_2O_3、SiO_2 较多的釉中乳浊效果更好。但氧化铈较稀少，目前还未广泛采用。

乳浊剂种类较多，除上述外还有磷酸盐（如骨灰、磷酸钙等），能增强釉的乳浊性的原料还有氧化锌、萤石、水晶石、滑石等。

（三）常用添加剂

1. 增塑剂

增塑剂就是能增强陶瓷坯料可塑性的物料，一般用量较少。常用的增塑剂有腐植酸钠、甲基纤维素、各种植物淀粉、石蜡等。

（1）腐植酸钠　腐植酸钠俗称胡敏酸钠，是腐植酸的钠盐，外观呈胶状或黑色粉末状，一般是用泥炭、褐煤或某些土壤与烧石碱溶液作用而制成的。它在陶瓷坯釉中的主要作用是增强泥料的可塑性和泥浆的流动性、悬浮性，增加坯体干燥强度，增强釉的附着力，加快釉的干燥速度，减少釉面气孔和施釉开裂。腐植酸钠在坯料中用量一般为 0.1%～0.3%，在釉料中用量一般为 0.01%～0.05%，同时，坯釉中应减少球磨水量。

（2）淀粉　植物淀粉是较强的增塑剂，可提高坯体可塑性，并能使瘠性物料可塑化，能提高坯体的干燥强度，增强釉料的悬浮性和附着力。其缺点是干燥速度较慢，时间长了淀粉会发酵变质而使物料有气味。使用时取适量淀粉加入适量冷水（5∶100）搅拌均匀，然后加热熟化，再加入坯釉料中混合均匀，即可达到增塑目的。

（3）聚乙烯醇（PVA）　聚乙烯醇简称 PVA，是高分子化合物，外观为白色末絮状，可溶于水和乙醇、乙二醇、甘油等有机溶剂，有弹性又有黏性，是轧膜成型中广泛采用的有机塑化剂。使用 PVA 时，一般应加热到 80℃. 然而当坯料中含有 CaO、BaO、ZnO、MgO、B_2O_3 和硼酸盐时，则不宜用 PVA 作为增塑剂。

(4) 聚醋酸乙烯酯　聚醋酸乙烯酯外观为无色透明珠状体或黏稠体，能溶于低相对分子质量的酮、醇、酯、苯和甲苯，不溶于水和甘油。由醋酸乙烯酯聚合成聚醋酸乙烯酯时，常采用无机悬浮稳定剂促进聚合反应。稳定剂有 BaO、MgO、Al_2O_3、ZnO、PbO、硼酸盐、高岭土、滑石粉、$CaCO_3$、$BaSO_4$ 等。因此，聚醋酸乙烯酯适合于做含有上述物质坯料的塑化剂。但聚醋酸乙烯酯所用溶剂为有机溶剂，有毒，使用时应注意加强劳动保护措施。

(5) 羟甲基纤维素（CMC）　羟甲基纤维素简称 CMC，是用碱纤维素和一氯乙酸在碱性溶液中生成的，一般为白色粉末，吸湿性强，能溶于水，不溶于有机溶剂。羟甲基纤维素烧后不能完全挥发，留有氯化钠与氧化钠等物质在坯体中。用量不宜过多，过多时会导致坯料泥浆中气泡较多。

(6) 石蜡　石蜡是一种熔点不同的碳氢化合物的混合物，为白色固体，熔点为 50℃左右，具有冷流动性（即室温时在压力下流动），高温时呈热塑性。它是工业陶瓷热压铸成型的常用塑化剂。使用时，应将石蜡加热到 60～80℃，再与物料搅拌均匀，同时应加入少量表面活性剂，如油酸、蜂蜡、硬脂酸等。石蜡作为塑化剂不易挥发，缺点是加入坯体中需经加热到一定温度时才能排除。

2. 减水剂（解凝剂、稀释剂、解胶剂）

所谓减水剂，就是能减少坯釉料球磨时的用水量、增强料浆流动性、降低泥浆黏度的物质。常用的减水剂有水玻璃、纯碱、鞣性减水剂、腐植酸钠、草酸钠、聚偏磷酸钠、焦磷酸钠、单宁酸钠、橡碗烧胶、阿拉伯树脂等。

(1) 水玻璃（$Na_2O \cdot nSiO_2$）　水玻璃即硅酸钠（$Na_2O \cdot nSiO_2$），又名泡花碱，含水时可用 $Na_2O \cdot nSiO_2 \cdot mH_2O$ 表示。它有固体和液体两种，陶瓷工业一般使用液体。液体水玻璃外观呈绿色或黄色。水玻璃的技术参数常用模数表示，即水玻璃中 Na_2O 与 SiO_2 的分子比，也就是 $Na_2O \cdot nSiO_2$ 中的 n 值。水玻璃主要用于注浆坯料的稀释，用量一般为 0.3%左右。

(2) 纯碱（Na_2CO_3）　纯碱的化学名称为碳酸钠，是陶瓷工业中常用的解凝剂。Na_2CO_3 为白色粉末，密度为 2.53g/cm³，熔点为 850℃，能溶于水，水溶液呈碱性。在泥浆中加入 Na_2CO_3 时，泥浆中钙离子（Ca^+）与钠离子（Na^+）交换，生成 $CaCO_3$ 沉淀，从而增强泥浆的流动性。另一方面，注浆泥坯料中加入 Na_2CO_3 时，易与石膏反应生成碳酸钙沉淀。因此，Na_2CO_3 对石膏模有腐蚀作用。

(3) 鞣性减水剂（AST）　鞣性减水剂简称 AST，是一种新型表面活性物质。它是以鞣料植物（橡碗）作为原料，在碱性介质中经蒸煮（190℃）和磺化后制得的棕色固体粉体，能溶于水。

AST 可作为泥浆稀释剂，具有分散、减水及缓凝等作用。因此，AST 作为注浆泥中的解凝剂，和纯碱或水玻璃合用时，可降低泥浆含水率，改善注浆性能，提高坯体质量；用于原料球磨时，能提高球磨效率；用于调制石膏浆时，能提高模具强度，延长使用寿命。

(4) 单宁酸和橡碗烤胶　单宁酸是由单宁烟叶、盐肤木鞣料和其他植物提取的混合物。单宁酸的主要成分为葡萄糖、五倍子酸和鞣酸所形成的脂类，外观为黄褐色或深棕色的无定形粉末，在光照下和空气中颜色逐渐变深，在210～215℃分解成焦性五倍子酸和CO_2气体。单宁酸是一种减水剂，与纯碱、水玻璃等混合使用，稀释效果更佳。橡碗烤胶是橡实外壳的提取物，为黑色粉末状，主要成分是单宁，可用于泥浆稀释。

(5) 腐植酸钠　腐植酸钠既是泥浆稀释剂又是泥浆增塑剂，是一种理想的添加剂。

3. 絮凝剂

絮凝剂的作用与解凝剂相反，它能促使分散的泥团颗粒沉淀。絮凝剂可用于淘洗泥料，以加速沉淀，压滤时用以加速过滤速度，注浆时用以调节泥料黏度、加快吸浆速度，以及在粒度分析中加快沉淀速度等。常用的絮凝剂有硫酸镁（$MgSO_4$）、氯化钙（$CaCl_2$）等。此外，氯化铵（NH_4Cl）是一种较好的悬浮剂，当釉料悬浮性较差时，加少量（0.1%）于釉中即可获得较好的悬浮性。但用量不能过多，否则釉浆流动性较差，可能引起釉开裂

实际上一种添加剂往往不只起着一种作用，如石蜡既可黏结粉料颗粒，也可减少粉料的摩擦力；一些表面活性物质既可作解凝剂，又具有润湿的作用。

知识点六　陶瓷原料的技术要求

（一）陶瓷原料的质量要求

由于原料种类繁多，在生产中的作用各有不同，因此对不同的原料有不同的质量要求。但有一个对各种原料都适合的要求是：除颜色釉外，凡白色的陶瓷制品，其原料中的烧后着色物质要尽量少，具体来说就是铁、钛、锰等着色元素必须要少（某些制品另加少量着色剂以改善其色调除外），这是一个很重要的质量要求。因为陶瓷制品通常必须要求洁白、透明度高，着色物质恰恰妨碍了这些指标。如铁含量多，烧后带灰色（还原气氛烧成）或褐色（氧化气氛烧成）；钛含量多，烧后呈黄色；锰含量多，烧后呈淡棕色。而且这些色调在一起是互相加深的，如铁和钛使色调增加得很深，对透明度的保证更为不利。

在铁、钛、锰中以铁的危害程度最大。铁在陶瓷原料中以各种不同的形式存在，不同形式的铁的危害程度又有不同，其中最严重的是金属铁（主要是开采、加工过程中带入的铁屑），它不仅会使制品着色，而且还会使制品表面出现黑斑。其次是化合铁，即以菱铁矿、赤铁矿、褐铁矿、黄铁矿、硅酸铁、角闪石和黑云母等形式存在的铁，这其中又以菱铁矿的危害较大。

钛以金红石、钛铁矿等形式带入原料中；锰以软锰矿、硬锰矿、水锰矿和褐锰矿等形式带入。这些都是陶瓷原料中的杂质，必须尽量减少。

对于其他着色物质也是要避免的，如钴（常以暗镍蛇纹石、砷钴矿形式），镍（常

以镍绿泥石、镍黄铁矿形式）和铬（常以橄榄石、辉石形式）等，都是陶瓷原料中普遍要求不应该含有的，不过，由于其含量甚微，也就不为人们所注意。

1. 对黏土的质量要求

由于黏土是多种细微矿物的集合体，就陶瓷工业所用的原料来说，常见的黏土矿物有高岭土、瓷石、膨润土等类型，它们在制瓷中的作用不尽相同；但对于石英、长石和其他原料来说，又有其同一性。在制定原料的相应标准时，由于高岭土具有广泛的用途和一定的代表性，故往往对高岭土做一些相应的规定。高岭土的成因不同，其成分、结构也就不同，且各地各厂的使用条件不同，难以用同一标准来衡量。如我国北方的高岭土多属沉积型，其化学组成中一般含有较多的 Al_2O_3、TiO_2 和有机物，黏性较大，吸附性强，可塑性好，适宜氧化气氛或弱还原气氛烧成；而南方的高岭土多属由花岗岩等酸性火成岩风化或热液蚀变而形成的，化学组成中 SiO_2 和 Fe_2O_3 的含量较高，但 TiO_2 和有机物的含量较低，黏性较差，吸附性弱，可塑性不好，适宜于还原气氛烧成。由于不同陶瓷制品的性能要求不同，以及就地取材、综合利用的需要，难以用一个标准来取舍原料。我国已颁布了有关一些陶瓷原料质量要求的行业标准。高岭土要求有较高的耐火度，一定的可塑性、结合性和干燥强度，煅烧后的白度和机械强度等也有一定的要求。

（1）化学组成　如前所述，原料中的着色氧化物应尽量少，主要的着色氧化物一般为 Fe_2O_3 和 TiO_2。对于由高岭石、多水高岭石等为主要组成的高岭土来说，其 Fe_2O_3 和 TiO_2 的含量一般应少于 1.6%，否则对白瓷色面将带来有害的影响。

对于 SO_3 的含量，在部颁标准中规定最高者不能超过 0.30%。所谓 SO_3 含量，系指原料中所含的硫化物或硫酸盐的化学分析换算结果。就着色而言，主要还是其中的着色元素，如硫化铁（FeS_2）中的铁，其中硫在高温煅烧下大多分解而挥发。有关资料介绍，往原料中掺入 0.2%的硫，经高温煅烧后，施釉和不施釉的样品，色面均没有什么变化。所谓硫着色，实质上主要是由于其化合物中含有着色元素，或由于燃料中含细微的硫的化合物扩散于釉面之故。但如果硫的含量多，高温所形成的氧化硫逸出，可能造成坯泡或釉面针孔等缺陷。

对高岭土和其他黏土来说，总希望 Al_2O_3 的含量要高。对于不同类型的高岭土，根据实际情况又有不同的要求，如行业标准（QB/T 1635－1992）规定：高岭土优等品≥37%，一级≥30%，合格品≥23%。这对高岭土分级、按质论价提出了一定的理论依据。

CaO、MgO、K_2O、Na_2O 的含量要求尽可能少，因为这些成分在高岭土中都会降低其耐火度，缩短烧结温度范围，过多时还会引起坯泡。值得注意的是：CaO 含量多还会影响色面，实验表明坯体中 CaO 的含量超过 1.5%，便会出现淡绿色。

（2）细度要求　通常在生产中对高岭土的细度，用万孔筛（250 目筛，孔径 0.061mm）来检验。因细度反映了其可塑性、结合性和干燥强度的好坏，以及其中非高岭土成分（如石英、云母等）的多少，故要求其筛余量一般不要超过 1%。

（3）耐火度和烧结性　高岭土的耐火度和烧结性主要取决于其化学组成，其中 Al_2O_3/ SiO_2 摩尔比又是很重要的，该比值越大，耐火度越高，烧结温度范围越宽。黏土的耐火度可根据实验测定或根据化学组成按经验公式估算而得。对于富铝高岭土，其耐火度应不低于1650℃，黏土的烧结性主要是指其烧结温度范围，一般希望其烧结温度范围越宽越好，这对选择坯釉配方，确定烧成温度和拟定烧成制度具有重要的指导意义。

对于高岭土的可塑性、结合性、干燥收缩、烧成收缩以及触变性等其他工艺性能，可视具体情况提出相应要求。行业标准中对高岭土的化学组成及耐火度要求见表1—13。

表1—13　　高岭土各级化学组成要求

化学成分	指　标		
	优等品	一等品	合格品
Al_2O_3 含量/%	≥37	≥30	≥23
（Fe_2O_3＋TiO_2）含量/%	≤0.60	≤0.80	≤1.60
TiO_2 含量/%	≤0.10	≤0.45	≤0.60
（CaO＋MgO）含量/%	≤1.20	≤1.50	≤1.80
SO_2 含量/%	≤0.20	≤0.25	≤0.30

但对于除高岭土外的其他类型黏土，将其质量作相应的要求，对生产是有益的。例如我国南方大多数厂家生产的绢云母质瓷，所用原料不同于国内外其他地区以高岭土、长石和石英为主要原料的三元系统瓷（长石质瓷），其坯料配方基本上是采用瓷石和高岭土两类原料。瓷石的主要矿物成分是绢云母（或水云母）。石英和少量高岭石等，经粉碎后也有称为瓷土的，它具有黏土的一般性能，然而 Al_2O_3 含量一般在13%～18%，SiO_2 含量达70%～78%，Fe_2O_3 一般为0.6%～0.8%。为了有利于生产的顺利进行，生产企业对瓷石制定了一些相应的企业质量标准，如对化学组成规定：SiO_2＞65%，Al_2O_3＞15%，Fe_2O_3＜0.7%，CaO＜1%。

2. 对长石的质量要求

由于长石在陶瓷生产中作为熔剂性原料，故要求其中含 K_2O 和 Na_2O 尽可能多，着色氧化物尽可能少；对于其他氧化物（如 SiO_2 和 Al_2O_3 等）的含量也应有一定的范围。因陶瓷生产中大多数使用钾长石或钠长石做原料，故行业标准《日用陶瓷用长石》（QB/T 1636—1992）对其化学组成作了相应的规定（见表1—14）。

表1—14　　钾长石、钠长石各级化学组成　　单位：%

类　别	等　级	化　学　成　分				
		Fe_2O_3＋TiO_2	其中 TiO_2	K_2O＋Na_2O	K_2O	Na_2O
钠长石	优等品	≤0.15	≤0.03	≥14.0	K_2O≥12	—
	一等品	≤0.25	≤0.05	≥13.0	K_2O≥10	—
	合格品	≤0.50	≤0.10	≥10.0	K_2O＞Na_2O	

钠长石	优等品	≤0.15	≤0.03	≥10.0	—	Na_2O≥9.0
	一等品	≤0.25	≤0.05	≥9.0	—	Na_2O≥8.0
	合格品	≤0.50	≤0.10	≥8.0	Na_2O>K_2O	

表中虽未有 SiO_2，但其含量一般应在 63％～68％，Al_2O_3 含量一般应在 17％～23％，否则可能出现性能上的变化和配方上的困难。同时，也反映出长石质量的不纯。

在外观质量上，一般要求矿石呈致密块状，无明显云母和黏土杂质，无严重铁质污染。矿石或粉末经 1350℃高温煅烧后为半透明和乳白色或稍带淡黄色，无明显斑点和气泡。

陶瓷生产中一般采用钾长石（实际上是钾钠长石中含钾长石较多者），这是因为钾长石熔融后熔体的黏度比钠长石大，且黏度随温度变化的速度慢，烧成温度范围也就较宽，因而易于烧成，防止高温变形等缺陷的产生。

长石中含铁量的要求严格，不仅因为其使陶瓷制品白度降低，而且由于长石常与云母、角闪石等矿物伴生，这些含铁矿物在高温下不能与长石互溶，因而使制品出现黑色斑点。

3. 对石英的质量要求

陶瓷坯釉料中大部分要使用石英，特别是长石质瓷，石英为其坯料配方中三元组分之一，釉料中的石英在高温下与其他组分形成玻璃体，改善釉面性能。

不同的产品和用途，对石英的质量要求也不同，但总希望其 SiO_2 含量要高，而着色氧化物要低，其他如 Al_2O_3、CaO、MgO、K_2O、Na_2O 必须尽可能少，以便适合工艺配方的要求。石英以脉石英为好。值得注意的是：日本在研究配制精细瓷中，有意将黏土中所夹杂的石英剔出，而重新另加等量的脉石英，对制品质量有所提高。

石英的种类较多，一般优质石英中 SiO_2 含量在 97％以上，着色氧化物常在 0.3 ％以下，其他成分也甚少。

为做好石英原料的标准化，行业标准《日用陶瓷用石英》（QB/T1637—1992）对其外观规定为：块状石英（含加工后的石英粉）通常为白色或乳白色，透明或半透明，无严重铁质污染。石英砂（含粉石英）为白色、灰白色或黄白色，无明显云母和其他杂质。此外，石英和石英砂原矿或粉末经 1350℃煅烧后，优等品和一等品为白色，合格品为白色或淡黄色。

值得注意的是：有的石英粉末，虽经 1350℃高温煅烧，由于条件不同，有时会出现淡红色或玫瑰色，经化学分析其中含着色氧化物（Fe_2O_3、TiO_2 和 MnO）却很少，在配料使用中也无影响，对于这种“假色”的石英，不应轻易舍去，而应做进一步的化学分析和配方试验。行业标准中对于化学组成的规定见表 1—15。

表 1—15　　块石英和石英砂各级化学组成　　单位：％

名　称	级　别	化　学　成　分		
		SiO_2	Fe_2O_3＋TiO_2	TiO_2

块石英	优等品	≥99	≤0.08	≤0.02
	一等品	≥98	≤0.15	≤0.03
	合格品	≥96	≤0.25	≤0.05
石英砂	优等品	≥98	≤0.10	≤0.03
	一等品	≥97	≤0.20	≤0.05
	合格品	≥95	≤0.40	≤0.10

其他成分虽无规定，但总希望成分中的杂质越少越好，特别是其中的CaO，若含量过高，用于坯料易显绿色，且降低烧结温度，使坯釉配方的适应变得复杂；若用于釉料中，将使釉的流动性降低，并易形成烧成中"吸烟"现象。

生产中，最好将石英分级使用。釉用石英原料含着色氧化物应更少，确保釉面的白度。坯用石英原料的要求稍宽些，但亦应把握质量关。

4. 对滑石的质量要求

滑石是生产镁质瓷（如滑石质日用瓷）的主要原料，滑石也是釉料的常用熔剂原料，在釉料中加入滑石，可提高釉的热稳定性、改善釉层弹性、增大釉的熔融温度范围并提高釉的白度。

行业标准《日用陶瓷用滑石》（QB/T 1638－1992）规定：滑石经1250℃以上煅烧后，外观呈白色或淡黄色。行业标准对其化学组成的规定见表1－16。

表1－16 滑石各级化学组成 单位：%

化学成分	指标	
	一等品	合格品
$Fe_2O_3+TiO_2$	≤0.20	≤0.50
TiO_2	≤0.02	≤0.04
MgO	≥31.00	≥30.00
CaO	≤0.50	≤1.00
Al_2O_3	≤1.00	≤1.50
I. L	≤6.00	≤8.00

由于滑石常与蛇纹石、绿泥石、透闪石、石英、方解石等矿物共生，故有时为了进一步鉴定其成分，除用化学分析外，还可用偏光显微镜、X射线衍射和差热分析等手段共同鉴定。

生产中常将滑石预先煅烧后使用。这是因为多数滑石为片状结构，粉碎时易呈片状颗粒，在挤压成型时坯料中的滑石易按一定方向排列，烧成时由于不同方向的收缩不一而引起开裂。预先煅烧是为了破坏滑石的片状结构，也可以减少它在配方中的收缩。

5. 对其他原料的质量要求

对于其他原料，可根据其类别和作用，归入黏土、石英、长石和滑石等类型中去，但同时还要根据其本身特点提出不同的要求。如膨润土，用于坯料中主要是为了增加可塑性和生坯干燥强度，但它含 Al_2O_3 低，不能与高岭土相比，而含着色氧化物（Fe_2O_3 和 TiO_2）又高，故需根据原料的特点，分别有不同的要求。

对于作为釉用熔剂的方解石，因某些釉需少量用其作为熔剂，故要求成分要纯。根据其理论含量而提出相应的要求，如 CaO 在 55%左右，灼烧减量在 43%左右，酸不溶物应在 1%以下，着色氧化物亦应越少越好，一般不应超过 0.5%。

使用含锂矿物，是为了取其中的 Li_2O 降低烧成温度和改善某些釉面性能，可根据实际情况，要求含锂矿物的 Li_2O 含量，可在其理论值以下规定（锂云母由于化学组成不稳定，Li_2O 在 1.23%～5.90%），同时亦应对其他成分作相应的规定，以免顾此失彼。

（二）陶瓷原料的合理使用

我国陶瓷制品的品种繁多，风格不一，此系我国陶瓷原料丰富多彩的结果。当我国优美的陶瓷制品传到西方时，各国竞相仿制。但是，由于西方缺少适当的原料，以致经历了漫长的岁月才制造出来。近两个世纪以来，西方科学的迅速发展使我国的陶瓷生产反而在许多方面不及他们。尽管造成这种状况的原因甚多，但陶瓷原料的开采与使用的不当也是其中之一。

1. 陶瓷原料的来源与处理

自古以来，陶瓷原料主要为天然矿物原料。陶瓷生产对原料都有一定的要求，有的甚至比较严格。随着科学技术的发展，对原料的要求越来越高，越来越细。天然出产的原料多含杂质，其化学组成与物理性质很不一致，故使用之前需进行精选、加工。最早的陶瓷坯料是用单一矿物原料制成的，后来由于成型与烧成的需要，坯料逐渐由许多种原料配制。即使是最早使用的单一矿物原料（如“陶土”、“瓷土”）也含有多种矿物。尽管各种黏土的矿物组成相近，但由于形成条件的不同，不同矿床的黏土原料往往具有较大差别的物理及化学性质。石英、长石的情况亦属如此。因此陶瓷生产中原料的选择、加工、配料都是十分重要的。在陶瓷工业的发展过程中，这一问题的研究也占有十分重要的地位。

2. 陶瓷原料的开采与加工现状

近年来，国际市场上陶瓷制品（日用陶瓷）占主要地位的国家有欧洲的英国、德国、捷克及亚洲的日本等。欧洲比较著名的原料有捷克的高岭土、挪威的长石，这些国家都有独立的陶瓷原料供应机构负责其开采与加工，有时还从外地运来原料加工，并根据陶瓷制品的不同要求配制成各种化学组成及物理性质的坯釉料供给陶瓷工厂。这些原料供应机构拥有比较先进的技术设备，如以水力旋流分离器为主的淘洗装置，有自动化的喷雾干燥系统及用电子计算机控制和操作的进料、贮存、配料、出料的整套供料系统等。相反，陶瓷工厂的原料加工车间比较简单，因为他们可以容易地获得所需要求的、加工制备好的原料或坯釉料。因此，工厂只需装备一些混合与细磨设备即可得到符合生产要求的坯釉料。这样陶瓷原料资源可以得到充分利用。由于供应面广，可将原料分等级供应不同要求的生产工厂。不仅如此，加工后的废料（如淘洗黏土时的石英砂、长石等）可部分加入配合料中，或再加工供给其他工业部门使用。

陶瓷工厂原料加工车间的设备减少后可以大大节省投资及生产费用，不必再用更多精力考虑原料加工问题，为改进工艺、试制新产品、提高产品质量提供了更大的可能性。

我国目前仅有的少数原料供应单位只开采，不加工。开采出来的原料经人工粗选后供给生产单位，以致大量有用的碎矿石当作废料堆积在山沟里。原料运到使用单位后，还要选出一堆废料，也有的矿石运到使用单位后因不适用而长期堆积报废。不仅如此，即使小型工厂也需要较大的库房堆料。不难看出，其资源、人力、物力的浪费相当严重。

3. 我国陶瓷原料的合理使用问题

长期以来，我国陶瓷厂所用的原料多系自己解决，故许多陶瓷厂都建在原料的产地。一般来说，就地取材是合理而又经济的。但是，科学技术的发展要求陶瓷生产使用多种原料。况且，一个地区的某种原料毕竟是有限的。若仅选用高质量的原料，久而久之便会出现原料短缺的情况。本来有些原料既可供陶瓷生产用，又可为别的工业生产所需。在国家工业发展的某一阶段，可能将那些原料划归某一工业部门使用。甚至可能出现用高质量的原料生产一般产品，或不得不用劣质原料进行高级产品生产的现象，上述种种因素使得我们这个陶瓷原料十分丰富的国家感到陶瓷工业的发展受到阻碍。为了改变这种状况，下述几点值得注意：

（1）关于陶瓷原料的建设　少数陶瓷产区的原料开采加工厂，应由初步加工原料逐步过渡到能供应合格的坯釉料，最好能做到分类、分级供应。

（2）在陶瓷生产的集中地区新建原料加工厂　用先进的技术开采、加工原料，进行合理供应。新建设的陶瓷生产基地应同时考虑原料集中加工的问题。

（3）搞好长远规划　逐步做到全国有一合理布局的陶瓷原料供应网，使各种原料或坯釉料都有一个或几个集中供应点。

（4）随着陶瓷工业的发展，陶瓷品种日益增多，所用原料的种类也不断增加，新工艺、新设备、新技术不断出现，因此需要大力加强这方面的科学研究工作。除各原料加工单位及陶瓷工厂应有自己的研究机构外，全国应有若干研究中心，以利于吸收并推广国内外出现的新技术。

（5）标准化问题　原料标准化是生产标准化产品的重要条件之一，有了标准就有了选择与加工原料的依据。目前可按照我国陶瓷原料生产的实际情况制定出初步加工的标准，然后逐渐完善。这样，原料加工厂可以按照标准进行加工，陶瓷工厂可以按照标准选购原料。

思考题

1. 根据原料的工艺特性，可将陶瓷原料分为哪几类？其在陶瓷生产中各有何主要作用？

2. 写出下列矿物的实验式：

高岭石　多水高岭石　蒙脱石　伊利石　叶蜡石　水铝英石　钾长石　钠长石　方解石　白云石　萤石　滑石

3. 黏土按成因不同分为哪几类？它们在组成和性能上有何特点？

4. 何谓黏土的三大组成？它们对黏土的工艺性能有何影响？

5. 黏土按矿物组成分为哪几类？它们在工艺性能上有何特点？

6. 何谓可塑性？如何调节坯料的可塑性？

7. 何谓烧结温度、烧结温度范围、耐火度？

8. 简述高岭土在加热过程中发生的主要物理化学变化。

9. 已知某坯料的干燥线收缩为9%，烧成线收缩为6%，试问烧后口径为188mm的平盘成型时和入窑前的口径各为多少？该坯料的总收缩为多少？

10. 简述几种主要黏土矿物的结构特点及其工艺性能上的差异？

11. 简述石英的物理化学性质？

12. 试计算高岭石、伊利石、钾长石的理论组成和理论耐火度。

13. 石英在陶瓷坯釉料中有哪些作用？

14. 釉中加入瓷粉有什么好处？

15. 简述长石的物理化学性质？

16. 试比较钾长石与钠长石的熔融特性，并说明其对陶瓷生产的影响？

17. 常用熔剂矿物原料有哪些？

18. 长石在陶瓷坯釉料中有哪些作用？

19. 适用于低温快烧的陶瓷原料有哪些？它们各有什么性能特点？

20. 常用的化工熔剂原料有哪些？

21. 常用乳浊剂原料有哪些？

22. 常用的增塑剂、减水剂有哪些？

23. 在实际生产中，可用哪些简易方法鉴定原料的工艺性能？

项目二　原料的加工处理技术

学习目标

掌握陶瓷原料的加工处理技术

知识要求

1. 熟悉原料的预处理方法
2. 熟悉破碎机破碎陶瓷原料的工作原理
3. 了解颚式破碎机、轮碾机、环辊式磨机等设备的结构及使用方法
4. 熟悉陶瓷原料运输机械设备的种类及工作原理

技能要求

1. 会对相关原料进行煅烧
2. 会对黏土进行精选
3. 能正确使用颚式破碎机、轮碾机、环辊式磨机等设备破碎原料
4. 会使用带式输送机、斗式提升机等原料运输机械设备

知识点一　原料的预处理

（一）原料的预烧

陶瓷工业使用的原料中，一部分有多种结晶形态（如石英、氧化铝、二氧化锆、二氧化钛等）；另一部分有特殊结构（如滑石有层片状和粒状结构）。在成型及以后的生产过程中，多晶转变和特殊结构都会带来不利的影响。晶型转变时，必然会有体积的变化，影响产品的质量。片状结构的原料，干压成型时致密度不易保证，挤压成型时，容易呈现定向排列，烧成时不同方向收缩不一样，会引起开裂、变形。由于这些情况，就要求配料前先将这些原料预烧一次。经过预烧后，原料晶型稳定下来，原来的结构也破坏了，从而可以提高产品质量。

1. 石英的煅烧

我国陶瓷工业用石英原料通常都是采用脉石英或石英岩，它们都是质地坚硬的块状原料，其莫氏硬度为7，粉碎困难，粉碎效率低。

天然石英是低温型的β一石英，当加热到573℃时，由于低温型β一石英转变为高温型α一石英，其体积发生骤然膨胀。利用石英的这一性质，将石英在粉碎前，先煅烧到900～1000℃，以强化晶型转变，然后在空气或冷水中急冷，加剧产生内应力，促使碎裂。

石英煅烧还可以使着色氧化物呈色加深，并使夹杂物暴露出来，便于肉眼鉴别进行拣选。

石英的煅烧设备可以采用立窑、平焰或倒焰窑等。国内有些工厂为改善操作条件、减轻劳动强度，也有采用抽屉窑或梭式窑来煅烧石英的，但设备投资较大。

2. 滑石的预烧

滑石预烧后，结晶水排出，原有结构被破坏，形成偏硅酸镁$MgO \cdot SiO_2$，不再是鳞片状结构，因而可以防止泥料分层及颗粒定向排列，引起制品变形及开裂，同时有利于滑石原料的细碎。

预烧滑石的温度决定于原料的性质。对于有较大薄片状颗粒的滑石，破坏这种结构要求预烧到较高的温度（1400～1450℃），如辽宁海城的滑石。对于呈细片或粒状构造而且有一定杂质的滑石，则促使结构破坏的温度较低（1350～1400℃），如山东掖南的滑石。为了降低预烧的温度，可以加入硼酸、碳酸钡或苏州土等。例如在海城滑石中加入5%的苏州土时，其预烧温度可以下降40℃。

3. 长石的预烧

长石是陶瓷坯体和釉料常用的原料，一般而言，坯体用长石无需预烧。釉料用长石只有在特定的条件下才需要预烧。配釉长石普遍采用钾长石，为了减少成熟的釉中产生气泡的倾向，可以将长石先行煅烧。目的是最大限度地防止气泡对釉面造成不良影响。另一方面，长石预烧还可以避免长石中的K_2O、Na_2O在球磨和搅拌过程中被水溶液浸出，减少由于碱性成分分布不均匀而带来的烧成缺陷，当然，长石预烧要视长石的品质、釉性能要求而定。

4. 工业氧化锌的预烧

氧化锌一般用在陶瓷釉中，用量较多时会造成釉缩缺陷，故而需预烧。

氧化锌预烧的温度一般为1250℃左右。可以把粉状氧化锌装在匣钵中，在倒焰窑或在隧道窑中煅烧。然后磨细待用。

5. 黏土的预烧

黏土有时需要进行预烧成熟料后使用，用来调节坯料的可塑性，浆料的流动性和渗透性，降低坯体的干燥收缩，同时又不影响坯料中Al_2O_3成分含量对坯料性能的影响。一般预烧温度为700～900℃。

（二）风干与风化

风干大都是在采矿场进行的。将黏土原料进行风干后可以除去由矿坑中带来的水分，使之便于处理，特别是减轻重量，以节约运费。风干的方法是将黏土放在四面通风的厂棚里，由流动的空气使之干燥，或平铺在热炕上加速干燥。

风化是将开采出来的黏土原料堆放在露天，经过长期（4～6 个月）的阳光照射、雨雪的溶解和冰冻作用，原料发生碎散、溶解与氧化。对某些原料如硬质页岩和具有中、低可塑性的黏土，风化有如下作用：

（1）使水分分布均匀。

（2）增加黏土可塑性，增加颗粒细度并形成腐植酸。

（3）洗去部分可溶性盐类，提高耐火度。

（4）促进原料崩裂，有利于粉碎与选料。

风化最好是经过冬、夏两季。冬季风化主要起分散崩裂作用，夏天风化主要起闷料增加腐植酸作用。

天然原料中混有一定量其他矿物或夹杂物。为了获得较纯净的原料，在风化处理的前后各进行一次选料。风化前的选料可以防止某些杂质在风化过程中因碎解而混入原料中，不易辨认。风化后未经碎解的夹杂物有的产生变色现象，有的则不与黏土同时风化碎散，使选料易于进行。

（三）原料的洗涤

天然的长石与石英原料，其表面常夹带有污泥、水锈等杂质。在长石中还常夹杂云母等矿物，污泥可用洗石机进行清洗（碎屑可在振动筛上用水冲洗），而云母与铁质等矿物则需用锤子手工敲去。

知识点二　原料的精选

黏土精选目的是将其中的粗粒杂质，如沙砾、石英砂、长石屑、石灰石粒、硫铁矿以及树皮树根等除去，以纯化原料。由于精选工序较复杂，成本也较高，因此通常只对含杂质较多的高岭土与黏土以及质量要求较高的陶瓷用料进行精选。

（一）淘洗法（水簸法）

淘洗法是根据细粒的黏土与粗粒的杂质悬浮在水中时具有不同的沉降速度的原理来进行的。淘洗系统一般是由粉碎机、搅拌机、除砂机、沉淀池与压滤机等组成。淘洗时按下列步骤操作：

（1）在淘洗操作之前，对在水中不能自行崩解的大块黏土应进行粉碎。若原料中混有块状杂质时，宜进行一次粗筛。

（2）将粉碎好的高岭土或软质黏土与水混合（软质黏土需进行分散）以获得悬浮体，这个操作可以在带有搅拌器的搅拌池中进行。

（3）沉淀粗粒杂质　将上述悬浮液由搅拌池流入除砂沟，经过一定距离的流动，悬浮液中的粗粒杂质在除砂沟中沉淀下来，而泥浆流至沉淀池。悬浮液由搅拌池流入除砂沟时需过筛，以除去木屑、树皮、杂草等夹杂物。

(4) 澄清悬浮体　泥浆在沉淀池中经一定时间的沉降后，排去沉淀池上部的清水，剩下较浓的黏土物质。

(5) 泥浆脱水　浓缩后的泥浆用泵送压滤机脱水，然后干燥。

从这一淘洗过程可以看出，控制浆料在淘洗沟内的流速，设计合理的除砂沟长度和深度，是能否最大限度地清除砂粒杂质的关键。

淘洗法操作方便，设备简单，因此，使用较广泛。但它占地面积较大，劳动强度高而且生产效率低。此外，淘洗法对分离大于50μm的机械混合物效果较好，而要分离几个微米的杂质与黏土矿物晶格中的杂质就无能为力。如需制备纯度要求更高的原料，只有采用强制分离法、化学精选法或电渗电解精选法。

目前，在我国南方瓷区大多用淘洗法精选高岭土及瓷石等原料。

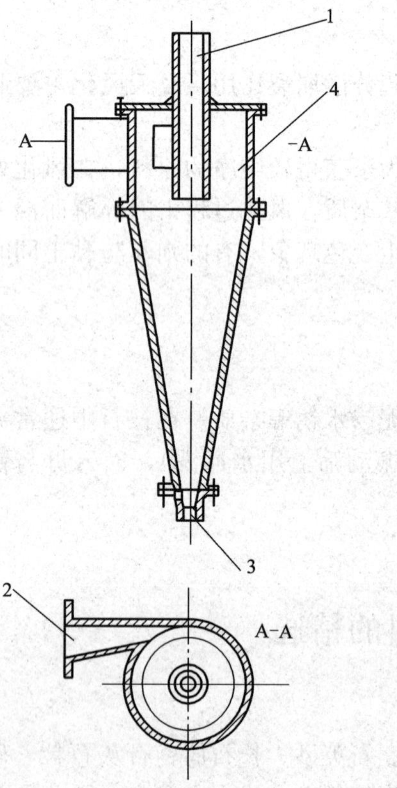

图2—1　水力旋流器结构示意图

1—溢流管　2—给浆管　3—排砂管　4—短圆管

(二) 水力旋流法

水力旋流法是湿法精选原料的一种效率较高的工艺。由于所需设备具有结构简单，投资小，维护方便，分离精度高及具有生产量波动范围大等优点，所以在国内外陶瓷工业中广泛被用来精选高岭土矿。

水力旋流器的结构与旋风分离器相似，但尺寸小得多。图2—1为水力旋流器的结构示意图。料浆在相当高的压力下通过给浆管2，沿着圆筒的切线方向进入水力旋流器的短圆筒4内，在离心力的作用下，粗和重的物粒被抛向水力旋流器的器壁，沿着边壁向下滑行到圆锥体底部的排砂管3排出。而含细粒的泥浆则由溢流管1排出。图2—2为水力旋流器工作示意图。

原料经过精选后，它的化学组成和矿物组成均有改变。一般而言，精选后黏土矿物相应增加，氧化硅含量降低，氧化铝含量提高。同时氧化铁的含量也提高，在配料时应特别注意。

(三) 浮选法

浮选法是以不同矿物表面被水润湿的性质互不相同为基础的精选法。亲水矿物在水中沉积而疏水矿物则易于浮起。为了提高浮选效果通常都要用与被选原料相适应的“浮

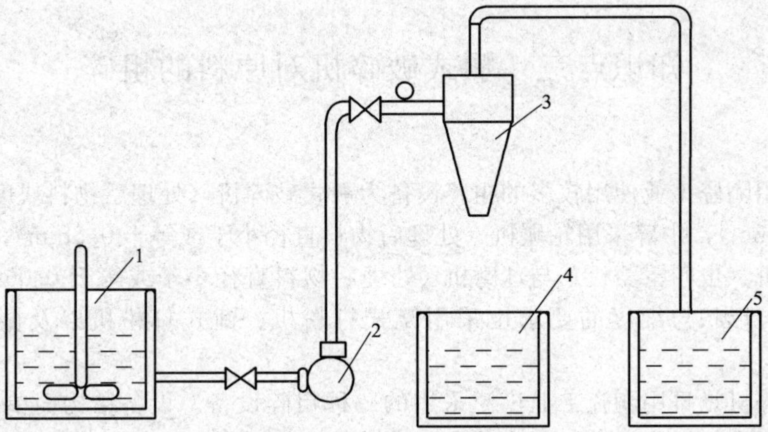

图 2—2　水力旋流器工作示意图

1—搅拌池　2—砂浆泵　3—水力旋流器　4—沉淀池　5—溢流池

选剂”（或称“捕集剂”）来使疏水矿物悬浮。

捕集剂在料浆中是呈离子状态的，因而捕集剂能有选择地被疏水矿物所吸附，并靠液气、液固、气固各界面的吸附作用使疏水矿物能附着在捕集剂形成的泡沫上，随泡沫浮起。

浮选法适用于精选含有铁矿物与有机物的黏土，其捕集剂可用铵盐（NH_4NO_3）、Na_2CO_3 及松油等。这时疏水的含铁矿物与有机物随捕集剂浮出，而亲水的高岭土则沉积于料浆中。

浮选后的高岭土精料浆需经过洗涤，脱水干燥。但必须注意到用浮选法精制高岭土时产品中可能带入少量捕集剂，会对精制料的性能带来影响。

（四）高梯度强磁选法

黏土原料中铁钛氧化物杂质往往降低原料的使用价值。为了扩大这类原料的使用范围，需要寻求能有效除去原料中的铁、钛杂质的方法。利用磁场力极强的高梯度强磁选设备就能达到这一目的，使原料的精选质量大为提高。

目前，各瓷厂所采用的磁选机只能除去强磁性含铁矿物。而高梯度强磁分离装置中的铁磁性选分介质，在磁场中磁化时，其周围产生很强的磁场力，并能从通过介质的待选矿浆中吸出磁性较弱的铁钛氧化物和云母等杂质，从而降低黏土原料的铁钛含量。

现在，我国已研制出了高梯度磁选机。其磁场强度达到 1.5～1.96T，具有良好的除铁效果。

知识点三　颚式破碎机对原料的粗碎

目前日用陶瓷工业使用较多的粗碎设备为颚式破碎机（处理后物料块度直径小于或等于40～50mm），中碎采用轮碾机（处理后物料直径小于或等于0.5mm），而细碎则采用环辊式磨机（也叫雷蒙机）与球磨机（处理后物料直径小于或等于0.06mm）。此外，按产量、颗粒形状与细度的要求也采用笼式打粉机、锤式打粉机以及振动磨等破碎设备。

颚式破碎机是日用陶瓷工业广泛采用的一种粗碎设备。设备结构简单，操作方便，产量高是颚式破碎机的特点。颚式破碎机是利用活动颚板（简称动颚）对固定颚板（简称定颚）作周期性往复运动，从而将两块颚板之间的物料破碎的。按照动颚的运动特征，颚式破碎机可分为简单摆动式（简称简摆式）、复杂摆动式（简称复摆式）、综合摆动式及液压装置式，如图2—3所示。复杂摆动与简单摆动区别在于：前者活动颚板有微小的上下运动因而具有研磨作用，设备较轻以及出料均匀而较小。但它维修较难，同时遇到硬质材料时，由于机体不够坚固而发生振动，从而导致偏心轴的主轴承发热而缩短寿命。因此，它不宜用于加工粗大硬质物料块。

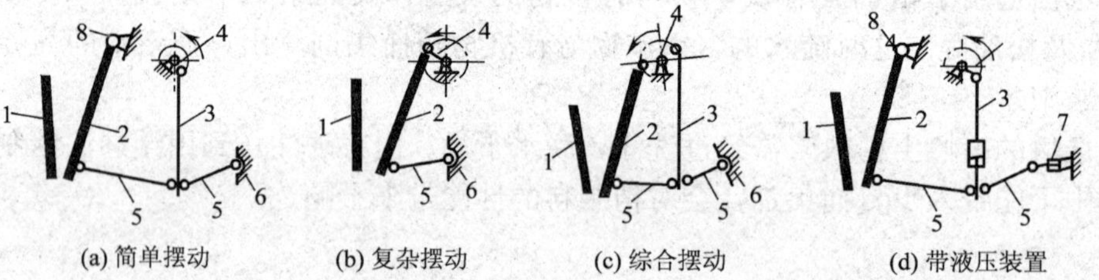

图2—3　颚式破碎机的主要类型

1—固定颚板　2—活动颚板　3—连杆　4—偏心轴　5—推力板　6—机座
7—卸料口调整器液压缸　8—活动颚悬挂轴

颚式破碎机的出料粒度可通过调节出口处两颚板间距离来控制。但通常颚式破碎机的粉碎比不大（简摆式的一般为3～5，复摆式的则偏高一些），而进料块度又很大，因此，其出料粒度一般都较粗，而且细度调节范围也不大。

（一）结构及工作原理

1. 复摆颚式破碎机

图2—4所示为复摆颚式破碎机结构示意图。1是机架，机架前壁作为定颚，动颚3悬挂在偏心轴4的偏心部位。在机架的后壁装有后楔铁9，与其相接的为前楔铁7。动颚和楔铁之间用推力板12来连接。推力板的两端均装在支座内。拉杆11与动颚相连，

借弹簧 10 的作用将动颚拉住并使其紧靠在推力板上。

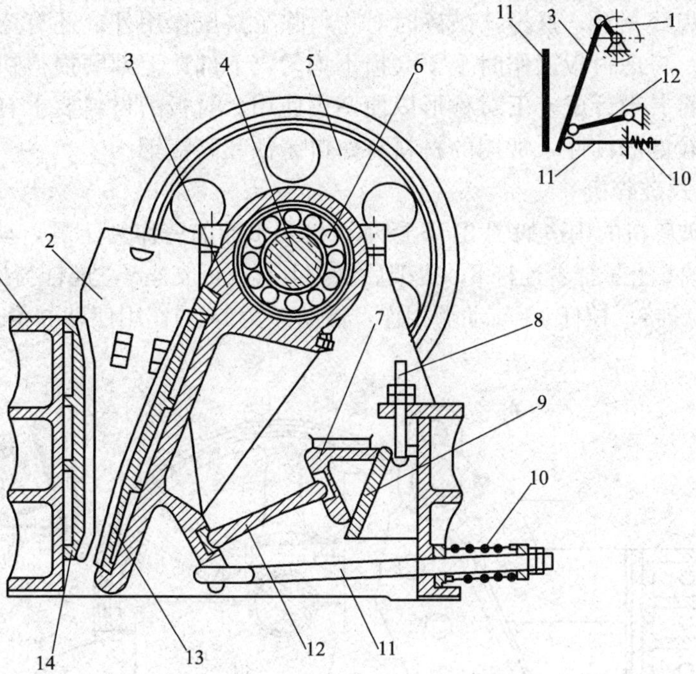

图 2—4　复摆颚式破碎机示意图

1—机架（前壁作固定颚板）　2—侧衬板　3—活动颚板　4—偏心轴　5—飞轮（皮带轮）　6—滚动轴承　7—前楔铁　8—调节螺栓　9—后楔铁　10—弹簧　11—拉杆　12—推力板　13—动颚衬板　14—定颚衬板

两块颚板和侧衬板 2 组成破碎室（又称颚膛），物料从破碎室上部的进料口加入，经破碎后的物料则从破碎室下部的出料口卸出。

当偏心轴转动的时候，动颚做平面运动，时而靠近时而离开定颚。当动颚靠近定颚时，颚膛容积减小，物料受到挤压作用而被粉碎；当动颚离开定颚时，被粉碎的物料靠自重自动地从出料口卸出。

通过调节楔铁的位置可以调节出料口的宽度，从而调节产品的粒度。调节时，转动调节螺栓 8，楔铁 7 便左右移动，通过推力板的作用而使出料口宽度达到需要的尺寸。

当动颚靠近定颚时，颚板受到破碎室中物料的巨大阻力作用，需要很大动力，而在离开定颚时，是靠弹簧的作用，不需要动力。在每个工作循环中，载荷很不均匀，为了使载荷均匀，在颚碎机偏心轴的端部装有飞轮 5，飞轮可以把能量储蓄起来供动颚前进时破碎物料之用，将载荷和速度波动控制在一定的范围之内，以达到提高机械效率、提高工作稳定性和可靠性的目的。偏心轴的另一端部装有带轮，带轮除有传动作用外，还起着飞轮的作用，所以其轮缘是比较厚的。

动颚和定颚在工作中直接承受巨大的破碎力和物料的摩擦力，容易损坏。为了保护颚板，一般在其表面装设耐磨的衬板 13、14（又称破碎板或护板）。衬板的工作面制成齿状。齿峰的角度为 90°～120°，其大小由被粉碎物料的性质和块度而定，破碎大块物料时，角度要大些；反之，破碎小块物料时，角度可小些。齿距的大小取决于产品粒度，通常约为出料口的宽度，而齿高与齿距之比常为 1/3～1/2。设计安装时使动颚的齿谷与定颚的齿峰相对，这样，破碎时对物料除了挤压作用外，还有弯曲作用，有利于提高破碎效率。考虑衬板工作时上下磨损不均匀，下部比上部磨损得快些，为延长衬板的使用寿命，将其设计成上下对称形以便调头使用。衬板的材料要求有较大的硬度、较好的耐磨性和较好的韧性，常用的材料有白口铸铁和高锰钢。

2. 简摆颚式破碎机

简摆颚式破碎机的构造如图 2－5 所示。机架 1 的前壁作为定颚，动颚 3 悬挂在悬挂轴 4 上；偏心轴 6 上悬挂着连杆 8；机架后壁 7 上有推板支座 9，连杆与推板支座之间用推力平板 10、14 铰接；拉杆 13 与动颚相连，借助弹簧 11 的作用使动颚紧靠在推力平板上。

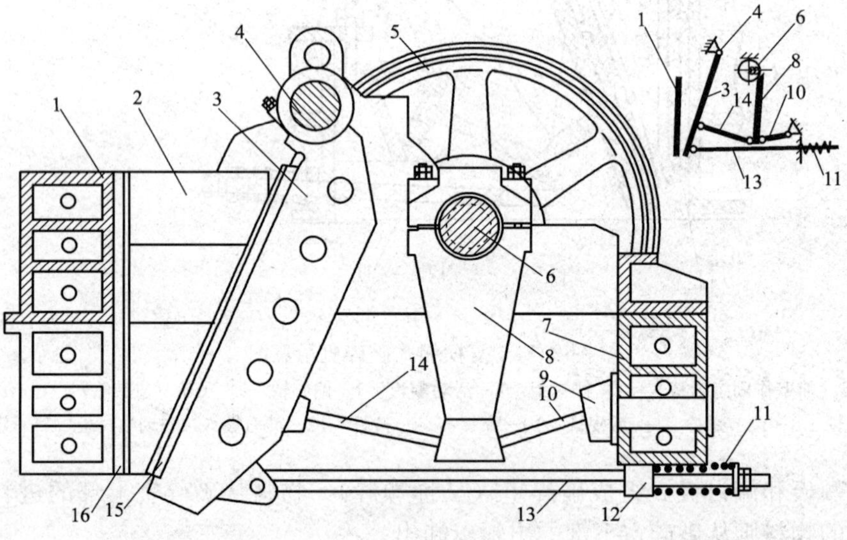

图 2－5　简摆颚式破碎机示意图

1—机架（前壁作为固定颚板）　2—侧护板　3—活动颚板　4—动颚悬挂轴　5—飞轮（皮带轮）　6—偏心轴　7—机架后壁　8—连杆　9—推板支座　10—后推力平板　11—弹簧　12—后壁凸缘　13—拉杆　14—前推力平板　15—动颚护板　16—定颚护板

当偏心轴 6 转动时，动颚绕悬挂轴 4 摆动，时而靠近，时而离开定颚，从而把加进颚膛中的物料破碎，已被破碎的物料则从出料口卸出。

简摆式颚碎机工作时由于动颚是绕悬挂轴摆动的，所以颚板上部的位移，包括水平位移和垂直位移，比下部的位移小，一般只有下部位移的 1/2 左右。这样，物料在颚板上部受到的破碎作用就不如在下部受到的破碎作用来得剧烈，使破碎工作过于集中在下部，整块颚板没有均匀地工作，因此在颚板上下部之间容易形成空隙，从而降低颚碎机的生产能力。此外，简摆式颚碎机动颚的垂直位移较小，颚镗中物料很少翻动，容易产生长片状的产品，即有些产品尺寸较大，这对下道粉碎作业工序是不利的。但是，因简摆式颚碎机中动颚的垂直位移较小，物料对颚板的磨损就不严重；同时，由于破碎力不直接作用在偏心轴上，而是通过推力平板、连杆等构件组成的杠杆机构，使作用在偏心轴上的力减小，因此可制成大型的破碎机。

复摆式颚碎机与简摆式颚碎机相比，复摆式颚碎机的结构更为简单、紧凑、零件较少，因而机械摩擦损失小，单位功耗较低，所以复摆式颚碎机得到较广泛的应用。

（二）选型、安装和使用

颚式破碎机通常用作物料的第一次破碎，选型时要综合考虑最大进料粒度、粉碎比和生产能力等。一般先按下式确定颚碎机进料口的宽度 B。

$$B = \frac{D_{max}}{0.75 \sim 0.85}$$

式中　B——进料口宽度，m；

D_{max}——被破碎物料的最大直径，m。

颚式破碎机工作时不可避免要发生振动，因此要安装在坚固的基础上，基础重量为机器重量的 5～10 倍。为缓振，安装时应在破碎机和基础之间垫上橡皮等材料。此外破碎机的基础要与厂房的基础隔开，安装地点应远离成型和烧成车间，以保护建筑物和保证其他工序的正常操作。

采取喷水操作是防止破碎物料时产生粉尘的有效办法。也可在破碎机出料口处装收尘设备，以改善操作环境。

颚式破碎机的操作顺序是先开机后加料、先停料后停机，使机器在空载下启动。加料时要严防螺母等铁件混入。加料应均匀，其中大块物料应先用锤子打碎后再加入。颚膛中物料的高度不要超过颚膛高度的 2/3。颚式破碎机工作时往往由于大块物料嵌在两块较小物料之间，使其夹角可能大于两倍摩擦角，导致物料跳出颚膛。此外要特别注意轴承的温升和机器运行的声音，发现不正常情况应立即停机处理。

颚式破碎机主要技术参数见表 2—1。

表 2—1　　常用颚式破碎机技术参数

型号规格	PE—150	PEF250×400	PE—400	PEX—150×750	PEX—150×750	PEX—250×1000
生产能力/（t/h）	1～4	5～20	20～60	8～35	8～35	15～50
进料粒度/mm	125	210	350	120	120	210
出料粒度/mm	10～40	10～80	40～100	10～40	10～40	15～50
偏心轴转速/（r/min）	300	300	275	320	320	330
配用电机/kW	Y132S—4（5.5）	Y180L—6（15）	Y250M—8（30）	Y180L—6（15）	Y180L—6（15）	Y280S—8（37）
进料口尺寸/mm	150×250	250×400	400×600	150×750	150×750	250×1000
外形尺寸/mm	875×776×850	1450×1345×1296	1655×1732×1586	1380×1658×1025	1480×1624×1030	1530×1992×1380
设备重/kg	810	2800	6500	3520	3916	6400

（三）常见故障的产生原因及排除方法

表 2—2 列出了颚式破碎机常见故障的产生原因及排除方法。

表 2—2　　颚式破碎机常见故障的产生原因及排除方法

序号	故障现象	产生原因	排除方法
1	剧烈劈裂声后动颚停止摆动，飞轮继续旋转，拉紧弹簧松弛	破碎室中进入不能破碎的物料或其他原因使推力板损坏	旋出拉杆螺母，取下拉杆弹簧，将动颚挂起，换上新的推力板
2	衬板抖动并发出撞击声	(1) 衬板固定螺栓松动 (2) 衬板固定螺栓断裂	(1) 拧紧衬板的固定螺栓，如果防松弹簧的弹性不足，则更换弹簧 (2) 更换衬板固定螺栓
3	飞轮旋转，但破碎停止，推力板从支座中脱出	拉紧弹簧或拉杆断裂	更换损坏的零件
4	破碎产品粒度增大	衬板下部磨损严重	调节出料口宽度的调节装置以减小出料口宽度，将衬板上下调头使用或更换衬板
5	推力板支座中发出撞击声或其他不正常声音	(1) 拉紧弹簧紧度不够或断裂 (2) 推力板支座磨损或松动 (3) 推力板头部磨损严重 (4) 出料口宽度调节装置调得不匀造成推力板左右受力不一致	(1) 拧紧或更换弹簧 (2) 更换推力板支座 (3) 更换推力板 (4) 重新调节出料口宽度调节装置
6	破碎机下部出现撞击声	拉杆的弹簧弹性消失或破坏	更换弹簧
7	飞轮显著摆动偏心轴回转惭慢	皮带和飞轮的键松弛或破坏	停机换键，校正键槽

知识点四　轮碾机对原料的中碎

轮碾机是利用碾轮和碾盘之间的相对运动使碾盘上的物料受到挤压和研磨作用的粉碎机械。通常用于中等硬度物料的粉碎，也可作为物料混合之用。用作破碎时，产品的平均尺寸为 3～8mm，粉磨时为 0.3～0.5mm。

轮碾机在粉碎过程中对物料有碾糅合拌和的作用，有利于改善物料的工艺性能，而且易于控制产品的细度。此外，能用石材制成碾轮和碾盘以避免铁质掺入造成物料污染。因此，尽管由于单位时间内碾轮对物料作用次数减少而生产效率低，但这一古老的粉碎机械在现代陶瓷工业中仍然占有一定的位置。

现有轮碾机可按其结构形式、工艺用途及工作方式来分类：

(1) 按结构特点分类　可分为盘转式和轮转式两类（图 2—6）。盘转式碾盘转动，碾轮在摩擦力作用下绕自身水平轴旋转；轮转式碾盘固定不动，碾轮除绕垂直主轴旋转外，还绕自身的水平轴旋转。

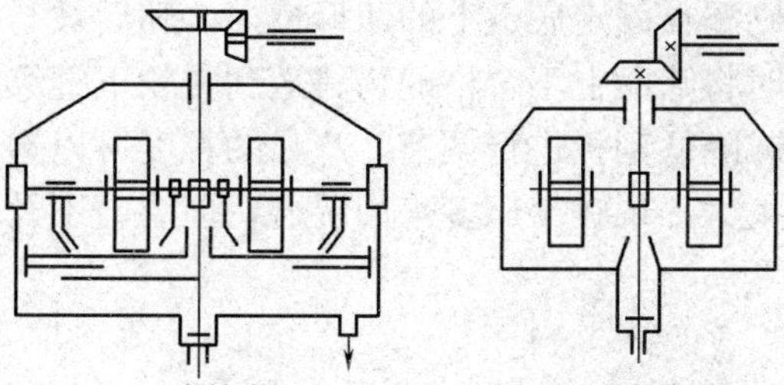

图 2—6　轮碾机的两种基本形式

（2）按传动方式分类　可分为顶部传动式和底部传动式两类。顶部传动式轮碾机装拆和维修方便，易于防尘，但传动齿轮磨损时，铁屑和油垢易落入碾盘中，使物料污染。这对陶瓷、玻璃以及耐火材料的生产都是不利的。底部传动式轮碾机无此弊病，结构比较紧凑稳固，但维修比较困难。

（3）按碾轮材料分类　可分为金属轮式和石轮式两类。碾轮由铸铁轮毂和外面的轮圈组成。金属轮圈通常用白口铸铁或锰钢制造，并用金属（或柞木）楔块和拉紧螺栓固定在轮毂上。石轮式轮碾机的碾轮及碾盘的衬板均用石质材料制成。石轮圈套在铁质轮毂上，用涨紧或夹紧方法刚性连接。陶瓷和玻璃工业主要采用石轮式轮碾机，可避免铁质污染原料。

（4）按工艺用途分类　可分为干碾机和湿碾机两类。干碾机用于处理含水量低于10%的物料；湿碾机则用于处理含水量超过15%的物料。

（5）按操作方式分类　可分为连续式和间歇式两类。连续式轮碾机加料和卸料连续进行。间歇式轮碾机每次加入一定量物料，使之破碎后卸出。混练作业使用间歇式轮碾机。

可见，轮碾机的种类很多，它们都具有不同的特点，应根据不同的工艺要求来选用。

（一）结构及工作原理

轮碾机是以碾轮和碾盘为主要工作部件而构成的物料破（粉）碎或混练的设备。

轮碾机主要由动力装置、机架、碾轮、硬盘、刮板等组成。按实现碾轮和碾盘相对运动的方法，可分为盘动式轮碾机、轮动式轮碾机两种基本形式。

图 2—7 所示是顶部传动的盘转式轮碾机。在支架 2 的中间为装有碾轮 8 的水平轴 9，水平轴由两根短轴用专门的联轴器连接而成，联轴器中间有孔，松动地套在立轴 7 上。水平轴两端有滑块 3 嵌在支架上的导槽 4 中，可沿导槽上下滑动。这样碾轮就可以自动地上下调整其高度。装有石质衬板 11 的碾盘 10 固定在立轴上，由立轴带动旋转。碾盘的四周装有筛板架 15，筛板架上安装环形分布的筛板 12，筛孔的尺寸为 2～8mm。在筛板架下面装有两块活动刮板 13。筛板架、筛板和活动刮板均随碾盘一道旋转。在筛板的下面有固定的环形料槽 14，以承接通过筛板的物料。碾盘上还有大小各两块装

在刮板架 18 上的固定刮板 16 和 17。固定刮板的作用是将已粉碎的物料从碾轮跑道刮到筛板上过筛，合格物料则漏在固定底盘上的弧形槽内，随后被与碾盘一起转动的卸料刮刀刮到出料口卸走，同时将筛面上不合格的物料送到碾轮下继续粉碎。刮板与碾轮之间的间隙大小可通过升高或降低刮板进行调节。产品的粒度可以通过调节筛孔大小和给料多少来控制。干磨粉尘太大，现在工厂多采用湿磨，但湿磨不及干磨产量高。

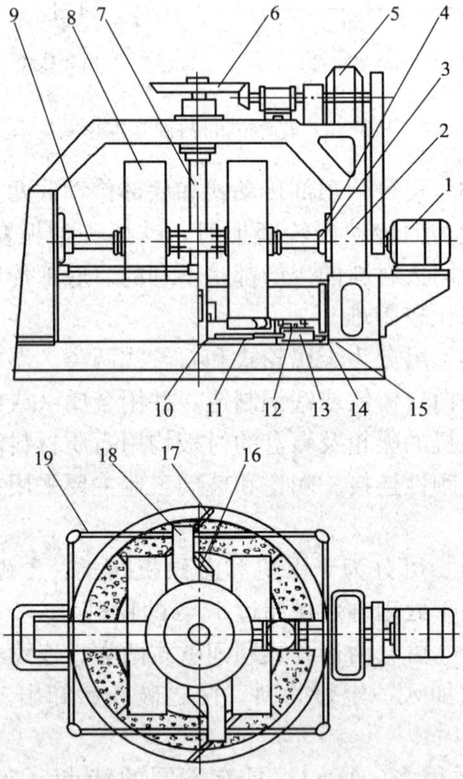

图 2－7　盘转式轮碾机示意图

1—电动机　2—支架　3—滑块　4—导槽　5—减速箱　6—圆锥齿轮　7—立轴
8—碾轮　9—水平轴　10—碾盘　11—衬板　12—筛板　13—活动刮板　14—料槽
15—筛板架　16—固定小刮板　17—固定大刮板　18—刮板架　19—栏杆

碾轮由轮毂和石质轮圈组成。轮圈用夹板和螺栓固定在轮毂上。碾轮可绕水平轴转动，如图 2－8 所示。如果工艺上允许物料中混入少量铁质，那么轮圈以及碾盘上的衬板都可用耐磨的锰钢制造。

电动机通过减速箱和锥齿轮带动立轴旋转，碾盘也随着转动并带动碾轮绕水平轴旋转。处于碾轮道上的物料在碾轮碾盘的挤压和研磨作用下被粉碎后，由固定刮板刮到筛板上。小于筛孔尺寸的物料通过筛板落入料槽中，并由活动刮板送到卸料口卸出，大于筛孔尺寸的物料则由固定刮板刮回碾轮跑道上再次被粉碎。

固定刮板有着重要的作用，其安装高度和角度是否适当，对轮碾机的操作性能影响较大。刮板安装过高，刮板与碾盘之间的间隙太大，已粉碎的物料不能及时卸出，轮碾

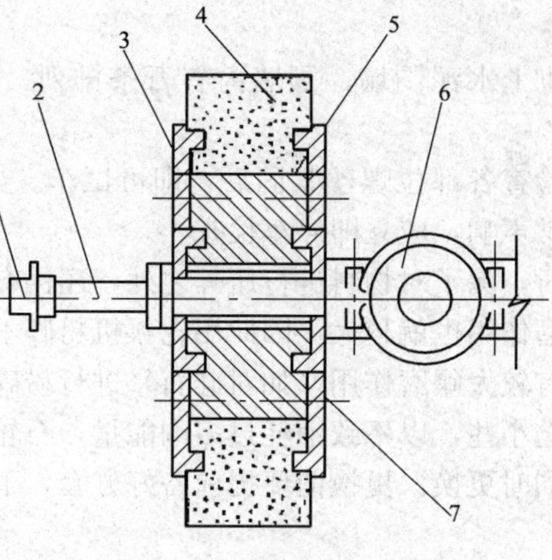

图 2—8　碾轮结构图

1—滑块　2—水平轴　3—夹板　4—轮圈　5—轮毂　6—专门的联轴器　7—螺栓

机的生产能力就要降低；反之，间隙太小，刮板运动阻力增大，磨损加快。此外，刮板的角度装得不好，刮到碾轮下面的料层较薄，生产能力也会降低。刮板的高度和角度由经验决定，一般以刮板和碾盘之间的间隙为 3～5mm 为宜。

盘转式轮碾机一般用于物料的干法粉碎，因此，通常都装有密封式通风罩，采用负压操作，以防粉尘外逸。

（二）轮碾机的安装和使用

石质轮碾机又可分干轮碾和水轮碾。向中碎设备加料，应设置料仓及机械化喂料设备，如电磁振动给料机、圆盘喂料机等。给料仓的倾斜角度不小于 60°。给料仓的容量对于干法轮碾机和反击式破碎机按 1～2 班的加工量考虑。对于水轮碾机，则应和球磨机装料量相协调。中碎设备的给料粒度，由调节颚式破碎机出料口来控制。

采用水轮碾机中碎时，要严格控制加水量。碾细（小于 20 目）的浆料自动流入搅拌池内，然后由泵打入球磨机或真空吸入磨机中。每台轮碾机应配备两个搅拌池，以便交替使用。

盘转式轮碾机操作较平稳、安全，但结构复杂，主轴轴承的载荷较大，装修比较困难。同时由于结构上的原因，一般只能用于干法粉碎。轮转式轮碾机由于质量很大的碾轮有着绕主轴的公转运动，产生很大的离心力，易发生石质碾轮甩出和轮圈碎裂事故，操作安全性较差。因此，须在轮碾机四周设置防护栏杆。轮转式轮碾机的优点是结构简单，主轴轴承载荷较小，装修方便。同时它既可用于干法粉碎，亦可用于湿法粉碎。

轮碾机在安装和使用时应注意以下几点：

（1）轮碾机在安装时，一定要使立轴垂直碾盘。找正时可先将立轴吊起，移动碾盘，使碾盘中心孔对准立轴，然后将立轴垂直落入孔中。

（2）两个碾轮一定要质量相等，旋转半径相等。如果为了增大滚压面积而使两个碾轮旋转半径不等，则要调整两轮质量以平衡离心力。但这样做很麻烦，为了安装方便，一般不采用。

（3）轮碾机周围应砌上水泥围墙，围墙内有石条排列，以防碾轮甩出，确保运转安全。

（4）待安装完毕，检查各部位螺丝紧固后，即可试车。如运转正常，无异常声响，即可投入生产。如有异常声响，应立即停车检查。

（5）轮碾机在工作时，除了对物料进行压碎之外，还伴有碾磨。碾轮越宽，相对滑动现象就越大，因而碾磨作用也就越大。因此用轮碾机粉碎不同料性的物料时，轮宽的选择应具体分析。若要有较大碾磨作用（如对硅石）进行粉碎时，碾轮可选宽一些；若主要靠压碎时，轮宽可选小些，以不致消耗过多的能量，石轮磨损很快，一般两个月就需更换，必须一对石轮同时更换。更换前要提前备好方套，下到新石轮的槽中，用水泥灌好。

（6）安装时要注意石轮的位置，石轮太靠近碾盘中心时，水料不宜冲出去，出料慢，因而受到反复碾压，料过细，易造成悬浮料；石轮若远离碾盘中心，水料直冲出去，料粒粗，达不到粉碎要求。由于受到设备安装高度的限制，石轮和碾盘不能同时更换。

（7）操作时要空车启动，运转正常后再送料；停车时，需提前 15min 关闭送料设备，待碾底料卸空后再停车。

使用轮碾机时要特别注意安全操作。启动前要认真检查碾轮轮圈有无损坏，连接螺栓是否松动，防护装置是否完好。开车后禁止用手伸入碾盘喂料或用杠棒翻动碾盘上的物料。要按操作规程往各润滑点加注润滑油。

表 2—3 列出了轮碾机的规格和主要技术性能。

表 2—3　　轮碾机的规格和主要技术性能

型号		ϕ350×100	ϕ400×100	ϕ1120×300	ϕ1480×480	ϕ1600×600
结构特点		盘转式	盘转式	盘转式	轮转式	盘转式
生产能力/（kg/h）		40～60	50～80	1500	2000～4000	2500～4500
主轴转速/（r/min）		50	45	23	29	24
碾轮	直径/mm	350	400	1120	1480	1600
	宽度/mm	100	100	300	480	600
	材料	铁质	石质	石质	石质	石质
	单个质量/kg	70	90	1365	2250	3200
	平均转动半径/mm	145	145	383	526	600
外形尺寸	长×宽×高/mm	950×800×720	1192×790×980	3340×1960×2530	3910×2700×3421	3415×2820×3116
电动机	功率/kW	1	1.5	10	17	30
	转速/（r/min）	1410	1410	1450	970	970
设备重/kg		400	830	8000	10500	14400

知识点五　环辊式磨机对原料的细碎

环辊式磨机俗称雷蒙机，其优点在于粉碎效率高，粉碎比大（大于 60）与细度高（通常可达 325 目）。但当细磨长石与石英等硬质原料时，磨辊由于转速高而磨损大，使磨料中混入不少的铁（折成 Fe_2O_3 的带入量为 0.1%～0.2%），这就要求后续工序加强除铁措施。环辊式磨机的出料粒度是通过设备上部的风筛机（分级器）来控制的，达到要求细度的粉料由风筛扫出机外，再通过旋风分离机收集。环辊式磨机是一种综合性、连续生产产量大、单位电耗小，大粉碎比、细度均匀且可控制的粉碎机械。但由于出来的粉料通常是同一粒度，故不宜用于制备有粒级要求的粉料。另外要有高大的厂房建筑，工作时粉尘较大。

环辊式磨机的型式和种类很多，其中以摆辊式磨机为常用。我国生产此类磨机的型号有 3R－2714、4R－3216、5R－4018 等数种。

（一）构造和工作原理

环辊式磨机（雷蒙机）主要由粉磨装置、分级器、喂料器及机架等部分组成，如图 2－9 所示。

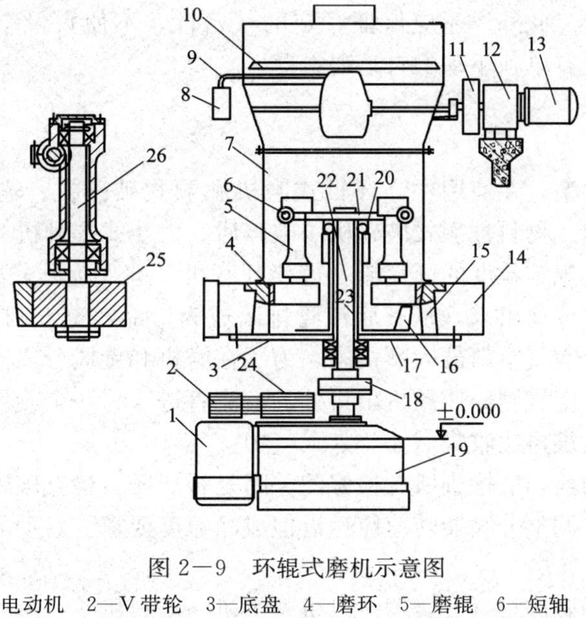

图 2－9　环辊式磨机示意图

1，13—电动机　2—V 带轮　3—底盘　4—磨环　5—磨辊　6—短轴　7—罩筒　8—滤气器　9—管子　10—空气分级器　11—V 带轮　12—电磁转差离合器　14—风筒　15—进风孔　16—刮板　17—刮板架　18—联轴器　19—减速器　20—进料口　21—梅花架　22—主轴　23—空心立轴　24—V 带轮　25—辊子　26—辊子轴

粉磨装置在雷蒙机下部，3 是底盘，其边缘上为磨环 4，底盘中间装有空心立柱 23，作为主轴的支座。主轴 22 装在空心立柱的中间，由电动机 1 通过减速器 19、联轴器 18 带动旋转。在主轴的上端装有梅花架 21，梅花架上有短轴 6 用来悬挂磨辊 5，使磨辊能绕短轴摆动。磨辊内套着能自由转动的辊子轴 26，轴的下端装辊子 25。每台磨机共有3～6只（常为 4 只）磨辊，沿梅花架四周等距排列。

在梅花架下面，固定着套于空心立柱外面的刮板架 17，在刮板架上，正对着每只磨辊前进方向都装有刮板 16。当主轴旋转时，磨辊在离心力作用下紧压在磨环上，因此，磨辊除了有绕主轴中心旋转的公转运动外，还有由于磨环和磨辊间的摩擦力作用而产生的绕磨辊轴中心旋转的自转运动。给料机加在底盘上的物料被刮板刮起，扬撒在磨辊前面的磨环上，并被随之而来的磨辊研磨粉碎。

分级器 10 对物料起粒度控制和分级作用，使环辊式磨机在圈流式粉碎流程下作业。它由径向辐射状叶片轮和传动装置组成，叶轮由传动装置带动以一定的转速转动。磨机工作时，通过风机鼓入的空气经风筒 14、进风孔 15 进入磨机。已粉磨到一定粒度的物料被气流吹起，自下而上运动，由于气流中的粗颗粒质量较大，所以当它们到达空气分级叶片后，被甩在叶片周边，周边处气流速度小，粗颗粒在重力作用下沉降回底盘被重新粉碎；而细粉则随气流穿过分级叶片送往分离器收集成粉料。很显然，改变叶轮转速，便可改变产品的细度，转速越高，细度越小。空气分级器的调速，过去采用三角胶带无级变速器，目前则采用电磁调速电动机直接变速，这种电动机通过电磁转差离合器可以在规定的转矩和调速范围内作平滑的无级变速，结构紧凑、调节方便。

由于磨机底盘上料层的厚薄对粉磨工作效率影响很大，所以必须根据磨机的操作情况自动地调节加料量。此外，还应保证一定的气密性，不使大量空气涌入磨机内。因此，环辊式磨机都设有单独驱动的自动喂料器。

（二）使用

为了提高生产效率，在使用中，环辊式磨机和颚式破碎机、输送机及分级设备联动，如图 2—10 所示。物料被颚式破碎机 1 破碎后，由斗式提升机 2 输送至喂料器 8 进入磨机 7 粉磨，达到规定粒度的同气流一道离开磨机，进入旋风分离器 5。在旋风分离器中，大部分物料被分离出来，从其底流管排出成为产品，空气则从顶部溢流管溢出，经过风机后，大部分空气重新鼓入磨机内。为了在磨机和旋风分离器内造成负压，以防止粉尘外逸，小部分空气则经通风机出口处的溢流管进入另一个旋风分离器和袋式收尘器，其中的固体颗粒被再次收集后才放入大气中。

环辊式磨机开动前，应检查所有检修门关闭是否严密，检查破碎机的颚板间隙是否符合进料粒度尺寸，调整分级器转速应达近似成品粒度要求。启动与停机必须遵循以下顺序。

启动：提升机→破碎机→分级器→风机→主机→给料机。

停机：给料机→主机→鼓风机→分级器（注：提升机输运物料至料仓一定量后，先停止破碎机而后再停止提升，此项应由储料量现时变动）。

环辊式磨机底盘上料层的厚度对其操作影响很大。料层太薄，磨辊几乎直接压在

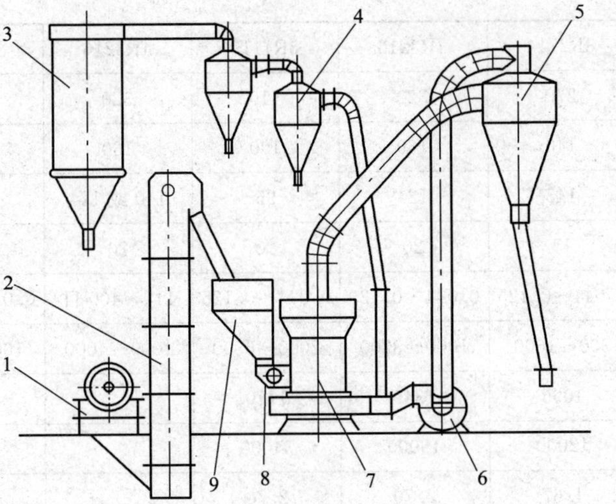

图 2—10　环辊式磨机及其附属设备的布置示意图
1—颚式破碎机　2—斗式提升机　3—袋式收尘器　4，5—旋风分离器　6—通风机
7—环辊式磨机　8—喂料机　9—料斗

磨环上，会发生强烈的金属碰击，加剧磨辊和磨环的磨损并使磨机的生产能力降低。料层太厚，料层将进风口堵小，空气流动阻力增大，流速减小，已磨细的物料不能被及时带走，结果在磨机内越积越多，越磨越细，由于磨辊的粉碎力很大，微料物料不能在磨辊和磨环之间形成衬垫层，也会出现磨辊和磨环直接摩擦，这种现象称为塞车，使生产能力降低，此时应立即停止加料。若停止加料后一两分钟仍不能恢复正常运转，则应立即停机处理。总之在使用中，喂料速度要适宜均匀，保证正常的料层厚度。

在雷蒙磨内的各道轴承（包括主轴、磨辊轴和空气分级机叶轮轴等）以及传动机构，都是在充满粉尘的环境中工作的，工作条件甚为恶劣，因此，除了采用严密的机械密封装置外，还利用磨机内形成的负压，用管子把大气引入各运动部分的气封环内，形成气封，以阻止粉尘进入轴承内。如发现粉尘大量外逸，应检查各密封处和管路是否漏风，收尘器底流管闸门关闭是否严密，溢流系统是否堵塞等，同时应调节有关管道的通风闸门。

粉磨细度的控制除了调节分级器转速外，还要注意到收尘器、鼓风量等操作状态各因素的影响。

典型的环辊式磨机的规格及技术性能见表 2—4。

表 2—4　　**环辊式磨机的规格及技术性能**

型号	3R2714	4R3216	5R4119	4R3216	4R3216	5R4018
磨环内径/mm	830	970	1270	970	970	1270
磨辊数目/个	3	4	5	4	4	5

续表

型号		3R2714	4R3216	5R4119	4R3216	4R3216	5R4018
磨辊直径/mm		270	320	410	320	320	410
磨辊厚度/mm		140	160	190	160	160	190
主轴转速/（r/min）		145	124	95	140 或 124		
最大进料粒度/mm		15	20	20	20	20	20
产品粒度/mm		0.044～0.125	0.044～0.125	0.044～0.125	115～400 目	0.044～0.125	0.044～0.125
生产能力/（kg/h）		300～1600	1000～3200	2000～6300	1000～4000	1000～3200	2000～6000
分级机叶轮直径/mm		1096	1340	1710			
通风机风量/（m^3/h）		12000	19000	34000			
通风机风压		1.67	2.70	2.70			
电动机功率	磨机/kW	22	28	75			
	分级机/kW	3	5.5	7.5			
	给料机/kW	1.1	1.1	1.1	81	37	75
	提升机/kW	3	3	5.5			
	通风机/kW	13	30	55			
外形尺寸/mm		8700×5000×7819	8200×5800×10580	10500×6500×13530	7961×4965×11880		
设备重/kg		9115	14200	14367	约 15000		

（三）常见故障的产生原因及排除方法

表 2—5 列出了环辊式磨机一般故障的产生原因及排除方法，供参考。

表 2—5　环辊式磨机一般故障的产生原因及排除方法

故障现象	产 生 原 因	排 除 方 法
生产能力下降	（1）刮板磨损过多，物料不能铲起撒到磨环上 （2）刮板尾部装得过高，物料不能撒到正前方的磨环上 （3）辊子磨损过多或表面磨成凹槽 （4）磨环表面磨成凹槽 （5）进料粒度过大 （6）产品粒度过小。原因是旋风分离器底流管闸门关闭不严或管道损坏，造成大量漏气或是通风机进风闸门开度太小，使磨机的气流速度降低导致产品粒度变小	（1）更换刮板 （2）重新安装刮板，调整尾部高度 （3）更换辊子 （4）更换磨环 （5）调节颚碎机出料口 （6）检修闸门和管道，把通风机进风管闸门开度加大

续表

故障现象	产 生 原 因	排 除 方 法
磨机的电动机电流增加	(1) 加料过多 (2) 机械故障 ①磨辊轴承损坏，辊子不能自转 ②主轴轴承损坏 ③电机轴承损坏或转子与定子相碰 ④底盘上有铁块	(1) 停止加料 (2) ①～③检修损坏部分④清理底盘上的物料
磨机响声增大	(1) 加料过少 (2) 加料过多后转为塞车。这时磨机的电流并不增加，通风机电动机的电流下降	(1) 增加加料量 (2) 停止加料，停料后如不能恢复正常运转则应停机清理
风机振动	(1) 风叶上积粉或磨损不平衡 (2) 地脚螺栓松动	(1) 清除叶片积粉或更换叶片 (2) 拧紧地脚螺栓
磨辊装置进粉轴承损坏	(1) 断油或密封圈损坏 (2) 长期缺乏维修和清洗	(1) 按规定时间及时加油 (2) 定期清洗，更换油
加料口处粉尘外逸	(1) 旋风分离器底流管闸门关闭不严或管道破损，造成大量漏气 (2) 溢流管上的袋式收尘器堵塞	(1) 检修闸门和管道 (2) 清理袋式收尘器

知识点六　运输机械运输原料

(一) 运输机械的分类及作用

1. 运输机械的作用

运输机械是指用于固体物料的提升、降落及运送工作的机械设备。陶瓷生产中，经常要用这些机械来运送大量原燃辅料、半成品及成品，这样，不仅可以降低工人的劳动强度，提高劳动生产率，还为大规模和连续化、机械化生产创造了条件。

2. 运输机械的分类

根据构造和工作原理的不同，常用的起重运输机械分为起重机械和连续运输机械两类。

起重机械是指专门用于提升物品的机械，如电动葫芦，起重吊车。连续运输机械是指用于连续输送物品的机械，如带式输送机、斗式提升机和螺旋输送机。与起重机械相比，连续运输机械装卸料可以连续进行，输送成本较低，但是一般不宜运送质量很大的单件物品。

(二) 带式输送机

带式输送机在硅酸盐工业中应用很广，它既可输送散状物料，又可运送成件物品，是一种连续式输送机械。它的种类很多，按机架结构分为固定式、移动式和半固定式。按输送带的带芯材料分为棉帆布、尼龙帆布和钢绳芯输送带。按输送带分为光面带、花纹带和波纹挡边的横格带。按驱动型式分为单滚筒驱动、两个或三个滚筒驱动和中间带条驱动等。

1. 构造和工作原理

带式输送机不论是何种类型均是由输送带、驱动装置、滚筒、托辊、张紧装置、加卸料装置、清扫器、制动器、止逆器、机架等组成。如图 2－11 所示。

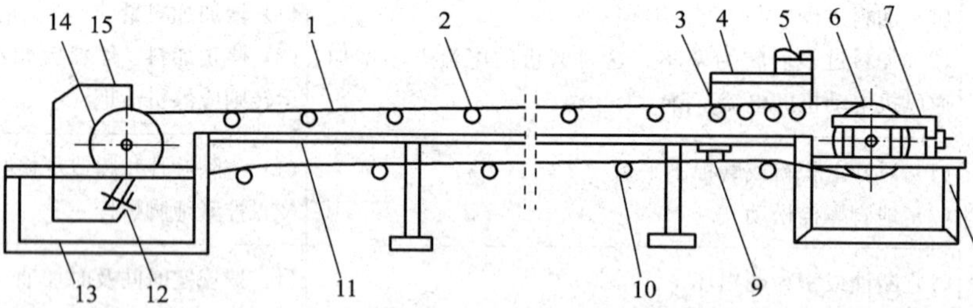

图 2－11　带式输送机

1—输送带　2—上托辊　3—缓冲托辊　4—导料板　5—加料斗　6—改向滚筒　7—张紧装置　8—尾架　9—空段清扫器　10—下托辊　11—中间架　12—弹簧清扫器　13—头架　14—传动滚筒　15—头罩

滚筒由机架支撑，输送带绕过滚筒成闭合状，其上下均由托辊支承，并由张紧装置将其张紧在两滚筒间。当驱动装置带动传动滚筒运转时，由于摩擦力的作用，输送带即在传动滚筒和改向滚筒及托辊上运行，加在带上的物料或物品就可被输送到指定地点，由卸料装置或人工卸下。

带式输送机各组成部分分述如下：

（1）驱动装置　它是输送机的动力来源，有开式和闭式两种。开式驱动装置由电动机、减速器和联轴器等组成。在闭式驱动装置（电动滚筒）中，电动机、减速器均放在滚筒空腔内。由于滚筒和驱动装置组装成一体，结构紧凑，体积小，质量轻，密封性好。易于安装布置，应用逐渐增多，但维修较困难。

（2）滚筒　分传动滚筒和改向滚筒。

传动滚筒又称主动滚筒。它经常安装在卸料端，其主要作用是利用摩擦力把动力传递给输送带。传动滚筒有铸铁和钢板制的两种，全部采用滚动轴承支承。有时为了增加滚筒与胶带之间的摩擦力，可在滚筒的外表面包以橡胶和木条。

改向滚筒又称从动滚筒。只作为改变胶带运动方向之用，不需要传递动力，负荷较轻，故其大部分结构尺寸都比传动滚筒小。

滚筒直径 D 根据输送带的层数确定：

$$D = AZ$$

式中　D——滚筒直径，mm；

Z——胶布层数；

A——常数，传动滚筒取 125～150mm ，从动滚筒 100～125mm；

计算后根据标准来选用。

滚筒的长度应比输送带的宽度大100～200mm。

(3) 输送带　带式输送机中，输送带既是承载构件，又是牵引构件。通常采用橡胶输送带，它是以数层帆布为带芯，层间用橡胶黏合，上下两面和左右两侧覆以橡胶而制成。帆布层主要用来承受拉力，输送带越宽，帆布层越多，承受的拉力越大，但层数增多，输送带的横向柔性会减小，输送带就会跑偏。橡胶层主要是保护帆布，防止对帆布的磨损和腐蚀。

输送带的封闭接头有硫化接头和机械接头两种，硫化接头强度高，耐腐蚀，使用较广。机械接头简易方便，强度低，较少采用。

(4) 托辊　托辊是用于引导和支承输送带及带上物料的，以防其下垂。

按用途不同，托辊可分为承载托辊、空载托辊、过渡托辊、调心托辊及缓冲托辊等几种。承载托辊用来支承输送带及其物料，使之稳定运行；空载托辊用来支承空载段输送带；过渡托辊设置在滚筒与第一组承载托辊之间使输送带从槽形过渡到平行，以减少输送带的附加应力；调心托辊能调节输送带的跑偏；缓冲托辊安装在加料处，以减少物料对输送带的冲击，从而提高输送带的使用寿命。

承载托辊又分为槽形和平行两种。输送散状物料时一般采用槽形托辊，输送成件物品时则采用平行托辊。如图2—12所示。

(5) 张紧装置　张紧装置的作用是给输送带一定的张力，防止输送带在滚筒上打滑和在两组托辊间因荷重而下垂。张紧装置通常装在从动滚筒一端。常用的张紧装置有螺旋式、车式和重锤式三种。

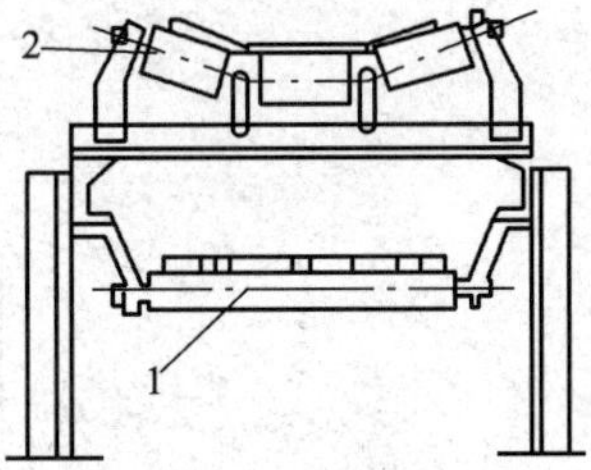

图2—12　托辊的结构形式
1—平行托辊　2—三节槽形托辊

螺旋式张紧装置适用于长度较短（小于80m），功率较小的输送机。

车式张紧装置（图2—13）是利用重锤通过钢丝绳作用在改向滚筒小车上的拉力使输送带张紧的。其结构较为复杂，但是其张力可以调节，并保持恒定。适用于输送机较长，功率较大的场合。

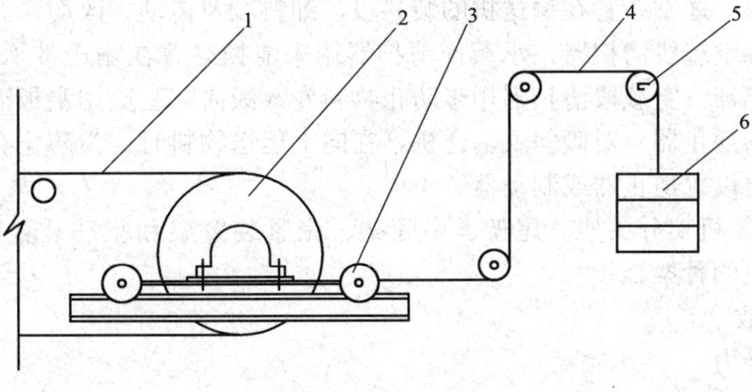

图2—13　车式张紧装置
1—输送带　2—改向滚筒　3—小车　4—钢丝绳　5—定滑轮　6—重锤

重锤式张紧装置（图 2－14）适用于采用车式张紧装置有困难的场合，其结构简单，张力恒定，调节范围大，又便于布置。但是改向滚筒多，物料容易掉入带与张紧滚筒间而损坏输送带。

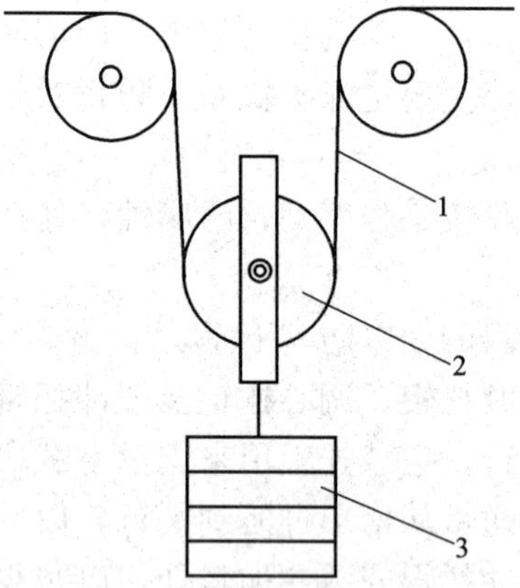

图 2－14　重锤张紧装置

1—输送带　2—改向滚筒　3—重锤

（6）加料装置　常采用加料漏斗和各种给料机进行加料。

（7）卸料装置　卸料装置分终端卸料和中途卸料两种。终端卸料无需卸料装置，而中途卸料则需要卸料设备，常用的设备有刮板和卸料车。

刮板卸料是在输送带需要卸料的部位装设一金属板或木板，当移动的物料碰到刮板时即向一侧或两侧卸料。其结构简单，不需要辅助设备，但对带的磨损较大，动力消耗也大，只适用于平行输送带。

卸料车（图 2－15）装设在输送机两侧的轨道上，可沿着输送机长度方向移到需要卸料的地点，在往料仓卸料时可达到多点卸料的目的。但其构造复杂，造价高，动力消耗大，因多次改向，工作条件较差。

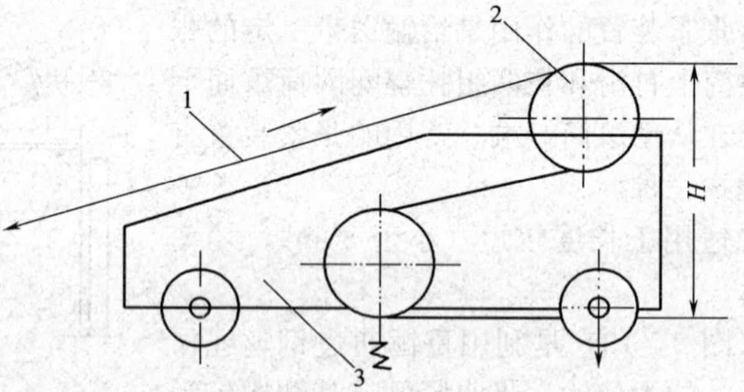

图 2－15　卸料车

1—输送带　2—改向滚筒　3—卸料车

（8）清扫器　通常布置在输送机的装料段、卸料段及传动、改向、张紧滚筒处。有承载面清扫器和空载段清扫器。承载面清扫器用来清扫黏着在输送带承载面上的物料，一般用弹簧清扫器。空载段清扫器用来防止物料卷入滚筒，一般用刮板清扫器。

（9）制动器逆止器　对倾斜式输送机，在向上运送物料时，为防止有载状态停车时输送带逆行，要设置逆止器或制动器。

（10）机架　机架分头架、尾架、中间架、张紧装置架和驱动装置架等几大部分。它是带式输送机的骨架。

2. 主要参数

（1）输送能力

①连续输送散状物料：

$$Q = 3600k_1 A\rho v$$

式中　Q——输送能力，kg/h；

k_1——输送机倾斜度修正系数，见表2—6；

A——带上物料的横截面积，m^2；

ρ——带上物料的容积密度，kg/m^3；

v——带速，m/s。

表2—6　　倾斜度修正系数

倾角/(°)	0～7	8～15	16～20	21～25
k_1	1～0.95	0.95～0.90	0.90～0.80	0.80～0.75

②输送成件物品：

$$Q=\frac{3600mv}{L}\left(\frac{\text{kg}}{\text{h}}\right)$$

式中　m——单件物品的质量，kg；

L——带上物品的间距，m。一般L应大于成件物品在输送带上的长度。

③ 输送物品的件数n：

$$n=\frac{3600v}{L}\left(\frac{\text{件}}{\text{h}}\right)$$

(2) 输送带宽度

① 输送散状物料：

$$B=\sqrt{\frac{Q}{k_1k_2\rho v}}$$

式中　B——输送带宽，m；

k_2——截面系数，其值可查有关表格。

根据上式计算出的数值，圆整为整数后，再从带的宽度系列中选用标准值。

② 输送成件物品：输送成件物品时，带宽应每边比物品宽50～100mm。

(3) 带速　参见表2—7。

表2—7　　输送带速度建议值　　单位：m/s

带　宽/mm	300～400	500～650	800以上
磨损性较小的物料（如黏土喷雾干燥粉料）	1.0～1.6	1.25～2.0	1.6～2.0
有磨损性的中小块物料（如矿石砾石炉渣）	1.0～1.25	1.0～1.6	1.25～2.0
磨损性大的大块物料（大块硬质矿石）	—	1.0～1.6	1.0～1.6

一般带速越高，输送能力越大，对较长的水平输送机可选用较高的值。但带速过大，输送带易出现跑偏现象，物料易被抛出，带也易磨损，所以对粉尘大的物料，带速应小，一般小于1m/s。采用刮板卸料时，因刮板对带的磨损大，所以带速应小于2m/s。若输送成件物品，带速应小于1.25m/s。如果是人工检选，则带速应小于0.3m/s。

(4) 功率　一般在(2.2～5)kW。

3. 使用

（1）加料装置须在输送机稳定运行后方可供料。加料要均匀，防止出现偏载和超载现象。在受料处，物料的落下速度与方向应尽量与带的运行速度大小相近，方向相同。尽量减少装料处物料的落差。

（2）运转过程中，经常检查运转是否平稳，有无周期性噪声。运转不良和声音异常的辊子应及时更换。

（3）如果是电动滚筒应尽量做到空载启动。

（4）空载托辊的辊子表面黏附粉尘，会引起输送带跑偏，应经常或定期检查辊子和托辊架间是否嵌入异物。

（5）为保证输送机安全运行，一般在输送机的头尾部均设有输送带跑偏检测保护装置，当跑偏不十分严重时，它发出报警信号，提醒操作人员注意；当跑偏严重时，它会发出信号使输送机停机，以防发生恶性事故。

（6）停机前应先停止供料，正常情况下，禁止输送机在负荷情况下停机。

（7）定期检查各运动部分的润滑情况，但在运行过程中禁止进行润滑保养，除非无危险。

（8）经常检查和调整带的张紧程度，防止输送带过松。

（9）输送机运转时，所有人员不得从输送带下横穿。重锤下方严禁站人。

（10）如输送带局部损伤，应及时修理，以防损伤扩大。

带式输送机的优点是输送距离长，输送能力高，动力消耗低，结构简单，工作可靠，维修方便，运行平稳，噪声小，可多点装卸料。但它只能直线输送，如果要输送粉状物料，输送角度又大时，就不能使用普通的带式输送机，而要使用新研制出的吊挂管状带式输送机或大倾角带式输送机。

4. 常见故障产生的原因及排除方法（表2—8）

表2—8　　常见故障产生的原因及排除方法

现　象	原　因	排除方法
噪声大	（1）轴承磨损严重或损坏 （2）电动机和减速器不同心	（1）更换 （2）重新调整中心
油温升高	（1）油量不足 （2）油变质 （3）超载 （4）频繁启动	（1）按规定补充油量 （2）更换 （3）调整超载 （4）防止频繁启动
输送带跑偏	（1）机架滚筒安装质量不高 （2）输送带质量不好 （3）输送带接头不正 （4）输送带局部损伤 （5）给料位置不正 （6）清扫器性能不佳	（1）提高安装质量 （2）更换 （3）提高接头质量或更换 （4）修补或更换 （5）调整物料落点 （6）修理或更换

续表

现　象	原　　因	排除方法
输送带损伤	(1) 物料内混入异物 (2) 托辊缺损 (3) 输送带严重跑偏后被机架挂住 (4) 清扫器倾覆或卷入 (5) 物料卷入滚筒	(1) 及时清理并修理 (2) 更换 (3) 及时调整并修补 (4) 经常检查并修理 (5) 及时清扫

(三) 斗式提升机

斗式提升机是一种在带式输送机的基础上发展起来的散状物料垂直提升用的连续式输送机，它是在带或链等挠性牵引件上，均匀安装着若干料斗来连续运送物料的机械。

斗式提升机的特点是占地面积小，布置紧凑，提升高度大，一般为 12～20m，最高可达 30～60m，密封性好，可减少粉尘，但是料斗和牵引件易磨损，对过载的敏感性大，出口处粉尘较大。

1. 构造和工作原理

斗式提升机主要由牵引件、滚筒、料斗、驱动装置、加料及卸料装置和张紧装置等组成。一般传动滚筒和驱动装置放在提升机上端，从动滚筒位于提升机下部，张紧装置装在从动滚筒一端，牵引件上装着一系列料斗，全部运行部件都封闭在金属外壳内，以防粉尘外逸，在机壳的适当部位还开有检视门，用于检修和观测，如图 2—16 所示。

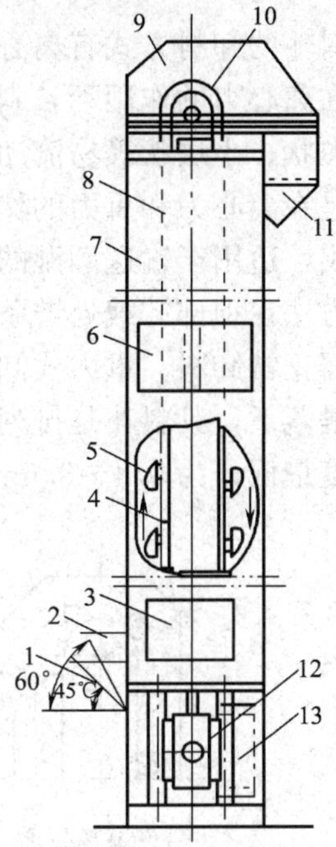

图 2—16　斗式提升机

1—低位装料口　2—高位装料口　3，6，13—孔口　4，8—牵引件　5—料斗　7—外壳　9—头罩　10—传动滚筒　11—卸料口　12—张紧装置

物料从提升机下部的加料口加入料斗，当驱动装置带动传动滚筒转动时，牵引件及料斗就不断向上移动，当料斗转过传动滚筒顶端后，料斗翻转，将物料从提升机上部的卸料口卸出。

2. 分类

斗式提升机的种类很多，按运送货物的方向分为：垂直式和倾斜式；按卸料方式分为：离心式、离心重力式和重力式；按装料方式分为：掏取式和流入式；按料斗的型式分为：深斗式和浅斗式；按牵引件的型式分为：链式和带式。

胶带适用于中等输送能力，提升高度小于 40m，磨蚀性小的散状物料，在陶瓷厂应用较广。链条适用于输送能力和提升高度较大、温度较高的物料。

料斗一般用钢板冲压而成，为适应不同物料的输送要求，料斗可制成深斗、浅斗和导槽料斗。深斗适用于干燥松散易卸出的物料；浅斗用于潮湿、易结块、难卸出的物料；导槽料斗是有挡边的尖角形料斗，适用于输送块状、磨蚀性强的物料。

提升机的装料方式有掏取式和流入式两种，如图 2—17。掏取式是料斗从加到提升机底部的物料中直接挖取，它适用于磨琢性小的散状物料，因运行阻力不大，所以运行速度较高，通常为 0.8～2m/s。流入式是物料从加料口直接流入料斗，它适用于块度较大、磨蚀性较强的物料，为了防止物料撒落，料斗布置紧密，料斗运动速度较低，一般不超过 1m/s。

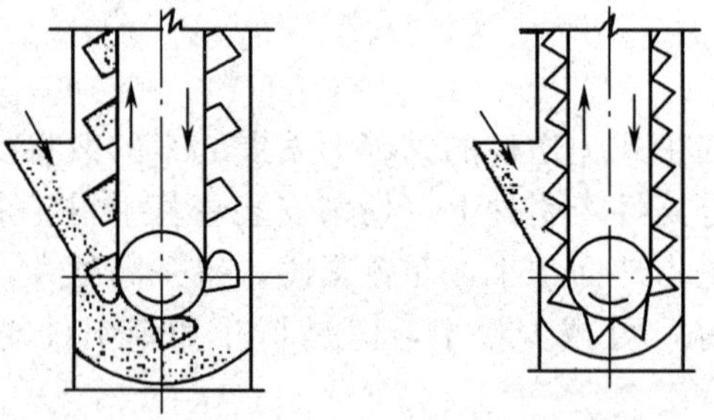

(a) 掏取式　　(b) 流入式

图 2—17　斗式提升机装料方式

料斗的卸料方式有离心式、离心重力式和重力式三种，如图 2—18 所示。离心式卸料是在离心力的作用下，料斗内任一点物料都将沿着斗的外壁而卸出，常用于输送粉状、粒状、小块状等易流动的物料，料斗运动速度较高，通常在 1～2m/s。离心重力式卸料是在离心力和重力的作用下，一部分物料沿着料斗的外壁，另一部分沿着料斗的内壁卸出，适用于输送潮湿的或流动性差的粉状物料，料斗的运动速度为 0.6～0.8m/s，这种方法在顶部卸载处链条的下降段须向内偏斜，以免自由落下的物料砸在前一料斗底部妨碍正常卸料。重力式卸料是物料在重力作用下沿料斗内壁卸出，顺着前一料斗的背部导槽落下，其料斗是排列紧密的导槽料斗，常用于输送大块的磨琢性强的物料，其运动速度最低，为 0.4～0.6m/s。

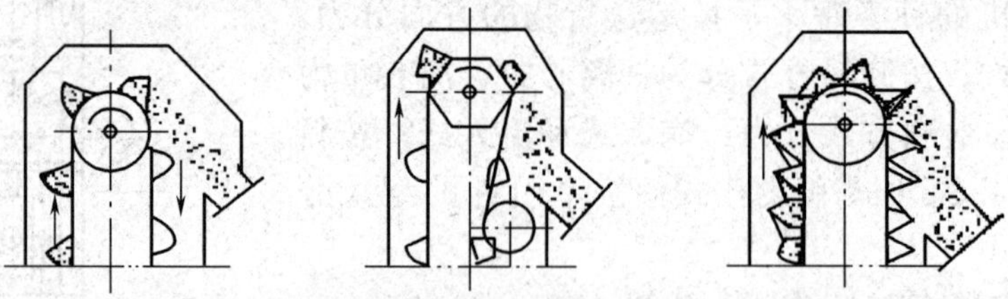

(a) 离心式　　(b) 离心重力式　　(c) 重力式

图 2—18　斗式提升机的卸料方式

3. 主要参数

(1) 输送能力

$$Q = \frac{3600 \upsilon\rho\varphi k V}{S}$$

式中　Q——输送能力，kg/h；

φ—— 料斗的填充系数，与物料性质有关，见表 2—9；

υ——料斗的提升速度，m/s；

ρ—— 物料容积密度，kg/m^3；

k—— 加料不均匀系数，一般取 0.65～0.85；

V——料斗容积，m^3；

S——料斗间距，m；见表 2—10。

表 2—9　　料斗填充系数

物料情况	填充系数
粉末状物料	0.75～0.95
粒度在 20mm 以下的粒状物料	0.7～0.9
粒度在 20～50mm 的小块物料	0.6～0.8
粒度在 50～100mm 的中块物料	0.5～0.7
粒度大于 100mm 的大块物料	0.4～0.6
潮湿的粉末状和粒状物料	0.6～0.7

(2) 提升速度　提升速度的大小与所用的卸料方式有关，如前所述，离心式卸料速度最高，重力式最低，离心重力式则处在两者之间。我国生产的斗式提升机的提升速度为 1～1.25m/s。

表 2—10　　斗式提升机的型号规格及间距

型号	料斗宽度/mm	深斗			浅斗		具有引导侧边的料斗		
		料斗间距 S/mm	料斗容积 V/L	V/S	料斗容积 V/L	V/S	料斗间距 S/mm	料斗容积 V/L	V/S
D135	135	300	0.75	2.5					
D160	160	300	1.1	3.67	0.65	2.17	160	1.5	9.4
D200	200	300	2.0	6.67	1.1	3.67			
D250	250	400	3.2	8.0	2.6	6.5	200	3.6	18
D350	350	500	7.8	15.6	7.0	14.0	250	7.8	31.2
D450	450	600	14.5	24.2	15.0	25.0	320	16.0	50.0

(3) 功率　斗式提升机的功率主要用于克服提升物料时的阻力、传动滚筒及牵引件的运动阻力和料斗掏取物料时的阻力。

近似计算传动轴功率时可按下式进行：

$$N_0 = \frac{HQ(1.15 + k_1 k_2 \upsilon)}{367}$$

式中　N_0—— 传动轴功率，kW；

H——提升高度，m；

Q——输送量，t/h；

k_1、k_2——系数，其值见表 2－11；

υ——提升速度，m/s。

配用电机的功率 N：

$$N=\frac{kN_0}{\eta}\quad (\text{kW})$$

式中　k——传动效率；

η——功储备系数。其值与提升高度有关，当 $H<10$m 时，取 1.45；H 在 10～20m 之间时，取 1.25；$H>20$m 时，取 1.15。

表 2－11　　　　系数 k_1、k_2 值

生产能力 Q/（t/h）	斗式提升机型式					
	带　式		单　链　式		双　链　式	
	料　斗　型　式					
	深斗、浅斗	三角斗	深斗、浅斗	三角斗	深斗、浅斗	三角斗
	系数 k_1					
<10	0.6		1.1			
10～25	0.5		0.8	1.10	1.2	
25～50	0.45	0.60	0.6	0.83	1.0	
50～100	0.4	0.55	0.5	0.70	0.8	1.10
>100	0.35	0.5			0.6	0.9
系数 k_2	1.60	1.10	1.3	0.80	1.3	0.80

4. 选型及使用

（1）斗式提升机料斗的型号和规格的选择 根据 $V/S=Q/(3600\upsilon\rho\varphi k)$ 计算出 V/S 值再查表 2－10，从中找出与计算值较接近的 V/S 值，即可定出料斗容积、间距和提升机型号。

（2）新安装的斗式提升机一般要进行不少于 2h 的空载试车，合格后还应进行不少于 16h 的负荷试运转。

（3）提升机应在空载下启动，停车时，应先停料，待机内物料全部卸出后，再停车。

（4）斗式提升机对过载特敏感，所以加料要均匀，不得加料过多，以免被物料堵塞。

（5）要定期从观察孔观察提升机的运行情况，调整牵引件的张紧程度，以防振动或跑偏而与机壳相撞。

（6）被输送物料中的最大料块尺寸应满足

$$d_{\max} = \frac{B}{k_3}$$

式中　$d_{\max}$——物料的最大尺寸，m；

B——料斗宽度，m；

k_3——系数，与物料的粒度组成有关，当物料中最大颗粒的含量为10%～25%时，取2～2.5；当最大颗粒含量大于50%时，取4.25～4.75。

思考题

1. 黏土精选的目的是什么？
2. 简述原料的煅烧、淘洗、粉碎的目的和意义。
3. 请简述颚式破碎机的结构及工作原理。
4. 怎样调节颚式破碎机的产品粒度？颚式破碎机的安全装置是怎样起安全作用的？
5. 轮碾机的作用是什么？
6. 请简述环辊式磨机的结构及工作原理。
7. 环辊式磨机在操作使用过程中应注意什么问题？
8. 什么是起重运输机械？陶瓷生产中常用的起重运输机械有哪些？其作用是什么？
9. 带式输送机由哪几部分组成？各部件的作用是什么？使用时应注意些什么？
10. 简述斗式提升机的结构和工作原理，并说明斗式提升机加料和卸料方式有哪些？各有什么特点？如何选用？在使用时应注意哪些事项？

项目三　注浆坯料的制备技术

学习目标

1. 掌握陶瓷注浆坯料的制备技术
2. 能制备出酒瓶、艺术陶瓷等形状复杂物件所用的注浆坯料

知识要求

1. 熟悉陶瓷注浆坯料的制备工艺流程
2. 了解电解质的种类、性质以及对泥浆的稀释机理
3. 了解振动筛、球磨机、磁选机、搅拌机等设备的结构、工作原理及使用方法
4. 了解注浆坯料的质量要求

技能要求

1. 会合理选择注浆坯料的制备工艺流程
2. 会正确使用电解质
3. 能正确使用振动筛、球磨机、磁选机、搅拌机等设备

注浆成型用坯料含水率为30%～35%，是陶瓷坯料与水分组成的悬浮液。对注浆料来说，要求它在含水率较低的情况下具有良好的流动性、悬浮性与稳定性，料浆中各原料与水分均匀混合，料浆还应具有良好的渗透性等。上述这些工艺性能，主要是通过调整坯料配方与加入合适的电解质来解决。正确选择制备流程与工艺控制也可以在某种程度上改善泥浆性能，如泥浆搅拌可促使泥浆的组成均一，保持悬浮状态，减少分层现象。陈腐不但可以使水分均匀，促使泥料中的空气排除，同时也可以增加坯料的黏性和强度。一般泥浆在使用前需存放1～3昼夜。

知识点一　选择注浆坯料的工艺流程

（一）工艺流程的选择

注浆坯料的制备有三种方案可供选择：①在球磨以前与制备可塑坯料时一样，在球

磨放浆以后不经压滤，在调整含水量后，直接加解凝剂化成泥浆，这样与可塑坯料同一配方，工艺简化；②与第①方案一样，但经压滤成泥饼后再加入解凝剂，搅拌成浆，这样可滤去可溶性的硫酸盐，使泥浆性能稳定，质量提高；③注浆泥对可塑性的要求不高，可少用强可塑黏土，相应地提高高岭土用量，以提高白度。此时可将已粉碎好的硬质原料与软质原料、解凝剂一起置球磨机内混合并磨细，放浆后过筛吸铁即可使用。

注浆泥中常掺用一定量的回坯泥，回坯泥料如是干的应现浸泡淘洗过筛，如是湿的应先经球磨过筛，然后在搅拌池中与新鲜泥浆混合。

有条件时，注浆泥也应予以真空处理，办法是设一高位槽，用管道与泥浆池连接，将高位槽抽成真空，泥浆即被吸入接受真空处理，然后用另一管道通至注浆成型操作台使用。

注浆坯料的制备工艺流程和可塑坯料的制备工艺流程基本相似。常见的几种坯料的制备工艺流程如下：

长石等 - - - -┐
软质黏土→人工精选┘→球磨→过筛除铁→压滤→练泥→陈腐→真空练泥→泥段搅拌化浆→过筛除铁→注浆料备用

流程一

高岭土粉┐
瓷石雷蒙粉┘→加水搅拌化浆→过筛除铁→压滤→练泥→陈腐→泥段搅拌化浆→真空脱泡→供压力注浆备用

流程二

软质原料→拣选┐
硬质原料→粗碎┘→球磨（加水、电解质）→搅拌池→过筛除铁→注浆料备用

流程三

电解质 - - -┐
各种粉料→配料┘→加定量水化浆→注浆料备用

流程四

流程一中采用经过压滤的泥料进行化浆，滤去了原料中混入的可溶性盐类，从而改善了泥浆的稳定性，适合生产质量要求较高、形状复杂的制品。在泥料化浆时，将泥段切割成小块再入池，加入一定量的电解质如水玻璃和碳酸钠或水玻璃和腐植酸钠等。

流程二中使用了真空脱泡，从而使泥浆的空气含量降低，生坯强度得到提高。真空脱泡是压力注浆料的必经工序。

流程三是只球磨不压滤的较简单的浆料制备工艺流程。球磨机起到研磨、混合、化浆的作用。这种流程所需设备少、工序少、成本低。但是泥浆的稳定性较差。

流程四是最简单的浆料制备工艺流程，浆料的性质取决于所用粉料的颗粒形状和所加水量。

（二）注浆坯料的质量要求

为了使注浆料能在石膏模型内形成良好的坯体以及顺利地脱模成坯件，对注浆泥料的性质要求如下。

（1）浆料具有良好的流动性　以保证泥浆在管道中顺利地输送及注入模型时顺利流到模型的各个部位。

（2）浆料的含水率应尽可能的低　以缩短模型的吸浆时间，减小模型的吸水负担，更快、更好地达到坯件形状和厚度的要求。一般要求泥料的含水率在30%～35%，在加入解凝剂后可达到相当于含水50%～60%时的流动性。

（3）要有良好的悬浮性和稳定性　以保证泥浆在贮存、输送及注入模型过程中不变质、不分层和不沉淀。

（4）要有良好的渗透性　从而加快泥浆中水分向模型中的扩散，提高成坯的速度。

（5）坯件必须有一定的干坯强度　不含有空气，以保证在后道工序的操作中不会破坏坯件。其干坯的抗折强度应不低于1MPa。

（6）收缩率要小　注浆坯料的干燥收缩率一般为2%～4%，烧成收缩率为10%左右，总收缩率在12%～15%。

（7）注浆坯料的细度　依产品种类不同以及坯件的大小、厚薄不同而要求有所不同。一般来说，坯料的细度大，则泥浆的悬浮性稳定性就好，但吸浆时间会长。因此，对于一般中小件日用瓷坯料来说，坯料细度宜控制在万孔筛筛余为0.5%～1.0%，而大件产品的坯料细度则控制万孔筛筛余为1.5%～3%。

（8）泥浆的相对密度　在工业生产中习惯用相对密度来控制泥浆的含水率。一般控制在1.65～1.9。相对密度可以通过加水或减少水量来调控，应根据产品的生产情况以及石膏模的新旧程度、模型温度、模型水分等来控制。

波美度（°Bé）与密度的换算如下式：

①用于较水为轻的液体：

$$°\text{Bé}（15.5℃）=\frac{140}{\text{密度}（15.5℃）}-130$$

②用于较水为重的液体：

$$°\text{Bé}（15.5℃）=145-\frac{145}{\text{密度}（15.5℃）}$$

（三）加快吸浆速度的途径

日用陶瓷中的鱼盘、壶类以及卫生陶瓷一般均用注浆法成型，这些制品体积大、坯体厚、质量大、形状复杂，对泥浆性能要求高，特别要设法缩短吸浆时间即提高吸浆速度。

加快吸浆速度的途径主要有以下三种：

（1）注重泥浆组成

①塑性料与瘠性料的配比，要通过试验，得出最佳值。

②浆料的颗粒组成、细度、添加物的种类和数量要通过试验确定。

（2）改善注浆工艺条件

①泥浆温度从15℃升高到55℃，吸浆速度提高32%～42%；泥浆温度每升高10℃，注浆时间可缩短1/4。采用石膏模温度30～35℃，泥浆温度30～40℃可增加泥浆流动性及缩短吃浆时间。

②对泥浆真空处理可提高吸浆速度12%～15%，提高半成品及成品的品质。

③泥浆的预榨泥，除去原料中可溶性盐类，可以稳定泥浆性能，提高泥浆密度，缩短吸浆时间。将软质原料和硬质原料分别处理，配料后搅拌榨泥，再将泥饼化浆，这种泥浆吸浆速度快，泥浆性能稳定。榨泥处理是为了排除可溶性盐类、可溶性有机胶体及部分细微颗粒。这样可提高吸浆速度1～2倍。

④黏土类原料在300℃下进行干燥处理，可提高吸浆速度1倍。

⑤在一定条件下降低泥浆水分，提高泥浆密度，可缩短吸浆时间和石膏模干燥时间。

⑥强化注浆，采用真空注浆、压力注浆、电泳注浆、离心注浆、热浆热模注浆等新工艺。

（3）改善石膏模型的性能　石膏模的扩散系数（D_g）与吸浆速度有一个最大值。用调整膏水比、石膏浆的搅拌时间、真空处理和浇注时间来控制石膏模的扩散系数。真空处理的石膏浆其模型强度可提高30%～35%，吸水率提高8%～12%，吸浆速度提高16%～27%。

泥浆在注浆成坯过程中，其成坯速度与泥浆成坯后的结构致密程度有关，当泥浆中的颗粒分散极好（完全悬浮）时，浇注过程中，这些分散的颗粒堆积成坯后结构致密。而当泥浆产生絮凝（结团）时，浇注过程中，这些絮凝的团粒堆积成坯后，结构疏松。从吸浆速度考虑是希望泥浆絮凝。但符合要求的泥浆除要求一定的吸浆速度外，还应有一定的流动性、厚化度、生坯强度等。加入解胶剂（水玻璃、Na_2CO_3、$Na_5P_3O_{10}$等）以提高流动性；加入絮凝剂（高价金属氧化物、硫酸盐及其他有机絮凝剂）以改善吸浆速度；加入有机胶体以提高生坯强度和稳定泥浆性能。在泥浆流动性、稳定性、吸浆速度、生坯强度诸性能不可兼得时，则根据各地区各瓷厂所采用原料的性能、工艺特点及所生产产品而变通选择取舍之。

知识点二　电解质对泥浆的稀释

注浆泥料既要求含水率尽可能的少（30%～35%），又要求流动性好，单靠调节水分是不能解决这个矛盾的，工业上借加入电解质（解凝剂）来达到这个目的。

注浆泥料的制备流程基本上和塑性泥料制备流程相似。一般有经过压滤与不经过压滤两种方法。不压滤法是按配比将各种原料、水和电解质一起装入球磨机混合研磨，直接制成注浆泥浆。或将球磨好的各种原料按配比在搅拌机中加水和电解质混合成均匀的泥浆。

上述方法虽操作简单，设备费用低，但泥浆稳定性较差。要制取高质量的稳定泥浆宜采用经过压滤的方法。这种泥浆的制备方法是将球磨后的泥浆经过压滤脱水成泥饼，然后将泥饼碎成小块，与电解质和水在搅拌池中搅拌成泥浆。经过压滤的泥料，由于在压滤时滤去了有害的可溶性盐类（Ca^{2+}、Mg^{2+}以及其他有影响的阴离子如SO_4^{2-}），可以改善泥浆的稳定性，适用于生产质量要求较高、形状较复杂的产品，但由于它所需要的设备较多，成本较高，因此在一般情况下很少采用。

（一）泥浆的稀释机理

1. 吸附现象

泥浆的矿物组成为高岭土、石英、长石等。由于晶格力的作用，位于晶体表面的原子的引力没有饱和，使晶体表面在电性上是活泼的，从液相中可以吸引和吸附上离子，从而发生离子吸附现象。这一现象使得矿物质点周围形成了离子球面。在纯水和矿物的情况下，此球面是由氢离子所构成的。如果是高岭石，则称为“氢高岭土”或“氢黏土”，此时的高岭石本身像酸一样，在氢离子被置换后形成某种一价、二价或三价的金属盐类。例如，氢离子被钠离子所置换，则得到“钠高岭土”；如被钙离子所置换，则得到“钙高岭土”。依此类推。一般情况下，被黏土吸附的阳离子数量取决于黏土物质本身的性质。

在阳离子交换吸附过程中，阳离子按活性程度由大到小排列如下：

$$Li^{+} > Na^{+} > K^{+} > Mg^{2+} > Ca^{2+} > Sr^{2+} > Ba^{2+} > Al^{3+} > Fe^{3+}$$

2. 矿物质点与水结合的状态

当矿物与水润湿时，水分子与矿物质点表面形成牢固结合水，并在表面上作定向排列。水与矿物质点的这种结合，称为溶剂化，而由定向水分子形成的膜称为“溶剂化膜”。在溶剂化膜中，定向水分子层的厚度是不一样的，它取决于矿物的本身性质和在水中有无各种不同的电解质。在溶剂化膜中水的性质与标准状态下的水的性质也不同。

紧接着定向水分子吸附层的是扩散层水膜，随着远离质点表面，水分子的定向性降低，水的性质也渐渐地改变，接近于正常的水，此扩散水膜称为“疏松结合水”。

处于水介质中的阳离子也被水膜所包围。相同离子价的阳离子半径越小，此水膜越厚。在交换吸附过程中一个阳离子被另一个阳离子置换时，阳离子以及它的溶剂化膜一起被置换。根据阳离子的交换顺序和阳离子溶剂化膜的性质，我们可以确定：被锂置换后的黏土物质，其溶剂化膜最厚，而钠、镁、钙的黏土的溶剂化膜厚度渐渐减小。

3. 泥浆的稀释

黏土和高岭土在水中浸散时，水分有三种形式：牢固结合水（用于形成溶剂化膜）、疏松结合水（用于形成扩散膜）以及稀释水（用于填充泥浆质点间的容积）。

在离子球面内吸附离子的活性越大，包围着质点的扩散水膜越厚，也就是离子从泥浆所含总水量中吸过来的水量越多。减小疏松结合水膜的厚度，并使该水转到稀释水范围内去，可以增加稀释水的总含量。泥浆的这种作用，实际上是由加入电解质来实现的。

泥浆的稀释过程有三个阶段：

（1）悬浊液稳定阶段　当加入电解质的量小于该物料的吸附量时，由于 Na^+ 容易解离且水化程度大，所带水膜较厚，物料所吸附的部分阳离子（一般为 Ca^{2+}）被电解质的 Na^+ 所置换，因而使颗粒间排斥力增大，粒子易于分散，由此产生了解凝作用，使泥浆悬浮性能良好，并处于稳定状态。曾被质点聚集体机械地占有的水解脱出来。但是因为疏松结合水量在这个阶段有些增加，所以不发生稀释作用，相反，泥浆的黏度还有所增加。

（2）稀释阶段　当继续加入电解质时，由于 Na^+ 浓度的增加，其中少量 Na^+ 将黏土质点的负电荷中和，使吸附着的 Na^+ 解离作用降低，由此疏松结合水层的厚度减小，部分水转变为自由水，结果产生了泥浆的稀释现象。

（3）稠化阶段　如果再加入电解质，则疏松结合水膜的厚度达到临界值，呈现出水膜再也不能阻止质点相互吸引的现象。质点开始连成聚集体，也就是泥浆开始凝聚。此时部分自由水被封闭在连起来的质点之间。由于自由水的减少，泥浆的黏度又增加了。

黏土及坯料的稀释曲线有一个转折点，此点相当于该电解质稀释的最大效能。实践证明，如果在泥浆中加入电解质的数量比最高稀释作用所需的量少些，则泥浆的工艺性能最佳。当然，电解质的加入量决定于泥浆原料的性质，一般不超过0.5%（以干物料为基础）。正确地选择电解质的种类和用量，能使泥浆达到最佳的稀释状态，从而减少泥浆流动时所要求的水分，增加物料的分散程度，使注浆的坯体不会黏结在石膏模上，易脱模，降低坯体的开裂现象，同时，还可以缩短注浆所用的时间，降低收缩，减少变形，提高坯体的质量。

（二）电解质的种类

在制备泥浆时，经常采用电解质来调整泥浆的性能。常用的电解质的种类有三类：

（1）能产生碱性溶液并能离解成阳离子（或离子团）以及氢氧离子的电解质，属于这样的有弱酸性的碱盐 Na_2CO_3、Na_2SiO_3、$Na_4P_2O_7$ 等和碱金属的氢氧化物 NaOH、LiOH 等。

（2）能产生保护胶的电解质，如单宁、SiO_2/Na_2O 摩尔比大于 2 的水玻璃、腐植酸钠、木质素、亚硫酸盐纸浆废液、碱性的麦秆浸出液等。

（3）能产生不溶性盐类的物质，如草酸、柠檬酸、五倍子酸。这些弱有机酸只是在与碱性电解质混合后才能对泥浆性能产生良好的影响。

工业常用的电解质为 Na_2CO_3、Na_2SiO_3 两种。Na_2CO_3 在储藏中应特别注意防潮，因为受潮变为 $NaHCO_3$，对黏土发生凝聚作用。SiO_2/Na_2O 摩尔比大于 4 的水玻璃放置很久后会析出胶体 SiO_2，在制造日用瓷制品时一般控制 SiO_2/Na_2O 的摩尔比为 2.3～

2.8，对含低可塑性原料多的坯料这个比值可以控制在2.5～3.1。

使用Na_2CO_3为解凝剂时，泥浆水分疏散快，成型迅速，但坯体的致密度与强度差。富含有机质的二次黏土单用Na_2CO_3一种电解质，就能得到很好的效果。使用Na_2SiO_3可得到比较致密而强度较大的坯体，但在修坯时显得硬而脆，不易操作。在还原焰中烧成时，用Na_2CO_3的坯体易吸烟，用Na_2SiO_3的就不明显。有时为了调整坯体的软硬和尽量降低烧成缺陷，把Na_2CO_3和Na_2SiO_3两者混合使用，此时应注意要先把Na_2CO_3和原料一起入磨，到接近规定细度时再加入Na_2SiO_3，继续研磨1h左右出磨。如果把两者同时入磨，则纯碱有使水玻璃水解产生多硅酸盐离子而发生聚合的倾向，这样就部分地抵消了它们的稀释作用，泥浆容易稠化。

电解质NaOH一般不用来作为稀释剂，因为它与黏土表面所吸附的Ca^{2+}进行交换后所生成的$Ca(OH)_2$溶解度大而依然产生Ca^{2+}，这样黏土泥浆发生凝聚现象而达不到稀释的目的。

一般电解质的用量为干坯料的0.3%～0.6%。含黏土较多的泥浆要求电解质多些。电解质的正确用量与黏土的性质有关，其用量应通过实验来决定。

知识点三　球磨机制备坯料泥浆

球磨机是当代最广泛地被选用于陶瓷原料的粉磨与混合机械。当它细磨坯料或釉料时，能起到良好的研磨与混合作用。为了防止研磨过程中铁质的混入，球磨机内均采用石质材料或橡胶材料作衬里，并以瓷球或硅石为研磨体。球磨机在较高效率阶段，物料细度达0.040～0.060mm，筛余量小于3%；在特殊情况下，细度可达0.010mm以下。

球磨机采用橡胶衬里，不但能增加球磨机的有效容积，提高台时产量，还可以降低能耗，减小噪声，改善车间的工作环境。这种球磨机磨出来的浆料颗粒较粗，颗粒分布范围窄，会影响注浆料的使用性能，但对再制成干压粉料和可塑坯料没有影响。

间歇式湿球磨几乎是日用陶瓷工业制备坯釉料的唯一形式。其原因是采用湿球磨时水分对原料颗粒表面的裂缝有劈尖作用，并能防止原料结团，因此，粉碎效率比干球磨高，制备的可塑泥与泥浆其质量比干球磨好，有利于提高除铁效率以及没有粉尘飞扬等。但与其他细碎设备相比，间歇式湿球磨动力消耗大，同时粉碎效率依然很低。因此，如何提高球磨效率就成为一个重要的课题。

（一）构造和工作原理

图3－1为间歇式球磨机构造示意图。筒体6用钢板卷制后焊接而成。筒体中部有加料口7供加料、卸料和检修筒体内部时人员进出之用。筒体内腔镶有衬板12。筒体两侧为端盖，端盖中间有短轴，由两个轴承支承。轴承下面为轴承座10和机架11。电动机1通过离合器4和减速器3及传动齿轮带动紧固在端盖一侧的大齿圈而使筒体旋转。

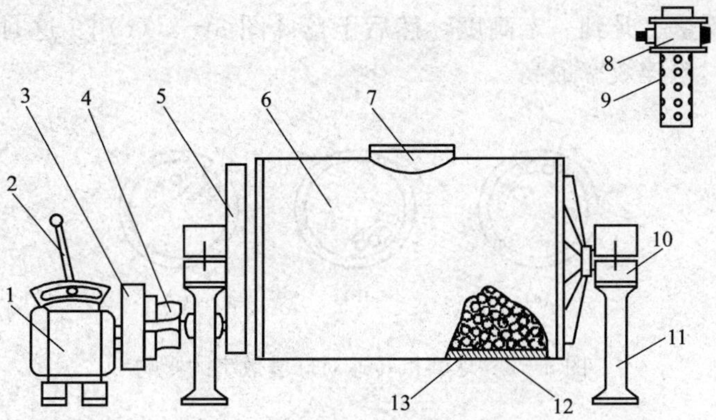

图 3－1　间歇式球磨机示意图

1—电动机　2—离合器操纵杆　3—减速器　4—离合器　5—大齿圈　6—筒体
7—加料口　8—旋塞阀　9—卸料管　10—轴承座　11—机架　12—衬板　13—研磨体

球磨机工作时（见图 3－2），筒体内装填着按工艺要求配比好的物料、水和研磨体 13。筒体旋转时，研磨体由于离心力的作用贴在筒体内壁与筒体一起旋转，达到一定高度时，由于重力作用而被抛出，以一定的速度自由降落，从而将物料击碎。除此以外，在球磨机筒体回转过程中，研磨体尚有滑动现象，当研磨体发生相对滑动时，也给物料以研磨作用。

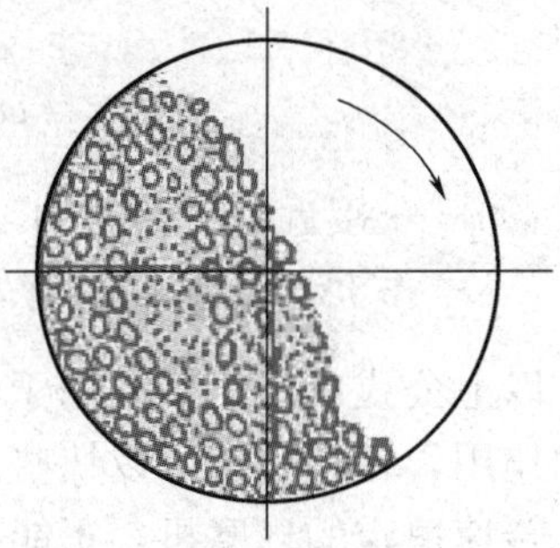

图 3－2　球磨机工作原理图

当物料磨到要求的细度后，则停机卸料。卸料时，先使加料口朝上，打开盖子，装上带孔的卸料管 9，再将筒体转动使加料口朝下，打开卸料管中的旋塞，于是筒体内的料浆就自动流出，而研磨体则被阻留在筒体内。为了加快卸料速度并充分卸料，通常在卸料的同时往筒体内通入压缩空气，使料浆在压缩空气的作用下流出。

（二）影响球磨机粉碎效率的因素

球磨机是一种内装一定研磨体的旋转筒体。当筒体旋转时带动研磨体旋转，靠离心力和摩擦力的作用，将研磨体带到一定高度。当离心力小于其自身的重力时，研磨体落下，冲击下部的研磨体及泥料，泥料便受到冲击和研磨。所以，球磨机对粉料的作用可以分为两个部分：一部分是研磨体之间和研磨体与筒壁之间的研磨作用；另一部分是研磨体下落时的冲击作用。提高球磨机的粉碎效率就要从提高这两方面的作用入手。影响粉碎效率的因素有以下几方面。

1. 球磨机转速

球磨机转速直接影响研磨体在球磨机内的运动状态。由图 3－3 可以看出，当转速太快，超过球磨机临界转速时，研磨体将附在球磨机内壁随球磨机旋转［图 3－3（a)］，而失去冲击作用。如转速太慢，低于临界转速很多时，研磨体上升不高就滑行下来，冲击作用也很小［图 3－3（b)］，理论上把研磨体的离心力超过重力而不能自由落下时的最低转速称为临界转速。当球磨机转速略低于临界转速时，研磨体及物料能在离心力的作用下沿筒壁上升到一定高度，然后下落［图 3－3（c)］。这时物料受到最大的冲击和研磨作用，粉碎效率最高。

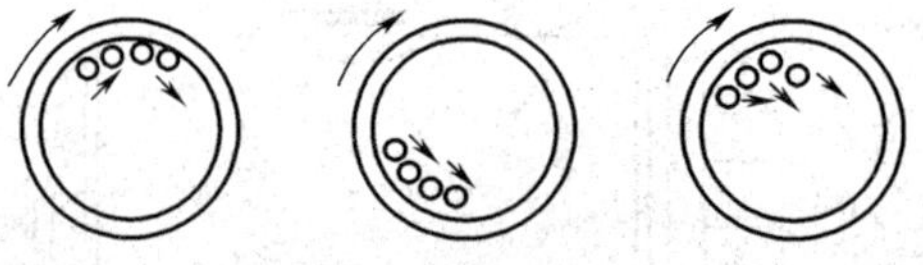

图 3－3　球磨机转速对球磨效率的影响

球磨机的临界转速是随球磨机圆筒直径的大小而变化的。圆筒直径越大，临界转速就越小。根据生产实践和理论分析，球磨机的工作转速按下式表示：

$$D<1.25\text{m 时}，\quad n=\frac{40}{\sqrt{D}}(\text{r/min})$$

$$D=1.25\sim1.7\text{m 时}，\quad n=\frac{35}{\sqrt{D}}(\text{r/min})$$

$$D>1.7\text{m 时}，\quad n=\frac{32}{\sqrt{D}}(\text{r/min})$$

式中：n——接近临界转速的工作转速，r/min；

D——球磨机圆筒的有效内径，m。

以上公式可以直接利用于干磨工艺。对于湿磨工艺，考虑到研磨体的滑动和泥浆的流动作用，工作转速可以快些。

转速恒定的球磨机，不能有效地粉碎不同性质的物料，也不能适应细磨过程中颗粒细度及泥浆黏度不断变化的球磨条件。从而限定了球磨机生产效率的提高。20 世纪 70 年代国外研制出了采用可变速的环形电动机直接驱动的大型球磨机，获得了很高的粉碎效率。近几年来，我国也在这方面进行了大量的科研工作。有资料显示，根据陶瓷原料性质的差异及粉碎过程粒度的变化规律，合适的变转速球磨制度与固定转速相比，在其他条件相同的情况下，可以缩短球磨时间 15%～25%，而且可以获得比较理想的颗粒分布。

2. 研磨体的相对密度、大小与形状

增大研磨体的相对密度，可以加强它的冲击作用，同时可以减小研磨体所占的空间，提高装载量，所以相对密度大的研磨体可以提高研磨效率。

大的研磨体冲击力大，而小的研磨体因其与粉料的接触面积较大，故研磨作用大。研磨介质的大小以及级配取决于球磨机的直径可用下式来表示：

$$d=\left(\frac{1}{24}\sim\frac{1}{18}\right)D$$

式中　D——球磨机圆筒有效直径，m；

d——研磨介质最大直径，m。

研磨体的大小与被粉碎的物料性质也有关系。当脆性料较多时，研磨体应大些，黏性料较多时，研磨体可小些。根据工厂实际经验，大球直径40～70mm占50%、中球直径30～40mm占25%、小球直径小于30mm占25%时的粉碎效率最大。

研磨体以圆棒形较为适宜，因圆棒接触面积较球形大，对物料的研磨和撞击作用大，故球磨效率高。

研磨体可用鹅卵石或瓷质材料。高铝质瓷料制成的研磨体相对密度大，在相同吨位的球磨机中相对地可以多装物料，粉碎时冲击力也较大，其自身的磨损小。有条件时可以自制高铝质瓷棒作研磨体。

3. 料球水的比例

球磨机中加入的研磨介质越多，则在单位时间内物料被研磨的次数就越多，球磨效率越高。但研磨介质过多会由于占住球磨机有效空间，反而导致球磨效率的降低。

球磨机加入水量的多少，也影响球磨效率。加水过多，不仅占据球磨机的有效空间，而且由于黏附在研磨介质上的物料少，减弱了球石对物料的研磨效率。加水过少，泥浆流动性差，泥浆将黏结在球石上成团，甚至球石彼此黏结在一起，失去球石互相撞击研磨的作用。另外，考虑到原料的吸水率时，应当注意若原料吸水率大时要多加些水。实际经验指出，球磨可塑坯料时，料∶球∶水＝1∶(1.5～2)∶(0.8～1.2)，球磨效率最高；球磨釉料或注浆料时，料∶球∶水＝1∶(1.5～2)∶(0.4～0.7)，效果最佳。

为了提高研磨效率，可在球磨时加入电解质（助磨剂），电解质与水一样对颗粒表面的微裂缝产生劈尖作用，这就减弱了颗粒间的分子引力，提高了粉碎效率。如加入0.5%～1%的亚硫酸纸浆废液或$AlCl_3$可提高球磨效率30%左右。水玻璃、碳酸钠等也可以作为助磨剂使用。

4. 加料粒度

加料粒度越细则球磨时间越短，但过细的加料粒度势必增加中碎的负担，通常球磨机的加料粒度为2mm左右。

5. 加料方式

当球磨陶瓷坯料时，应先把硬质原料如长石、石英、瓷粉及少量黏土（为使硬质原料在细磨过程中不沉淀）先磨若干小时后再加软质料黏土，这样可提高球磨效率。在球磨釉料时，应先加色料，以提高釉面呈色的均匀性。

6. 球磨机的装载量

球磨机中研磨介质，水以及物料的总装载量对于球磨效率有很大影响。通常球磨机的总装载量以容积计算时，约占球磨机空间的4/5。

7. 球磨机直径

从研磨效率来看，筒体大则效率高，这是因为筒体大研磨体也可相应增大，研磨和冲击作用都会提高，进料粒度也可增大。所以大筒体的磨机，可大大地提高球磨细度，而且产量大，成本低，可以制备性能一致、组分均匀的粉料。目前，普通陶瓷用的球磨机向大型化、自动化方向发展。

小直径的球磨机，对物料的研磨作用大于冲击作用，所得到的颗粒比较圆滑；大型球磨机，由于其冲击作用大于研磨作用，破碎能力强，所以得到的颗粒为多角形，在生产中应引起注意并可以通过调整研磨体的级配关系得到改善。

以上影响因素互相制约，互相影响，在生产中应根据产品的种类、原料的性能、设备情况等一并加以分析，制定合理的工艺参数，使球磨粉碎达到最高的粉碎效率。

（三）球磨机的使用

球磨机虽然是连续旋转的，但由于质量大，特别是大、中型球磨机，运转时还会产生振动，故应安装在坚固的基础上，基础重量可按机器重量的3～5倍考虑。

球磨机安装调整后必须进行空载运行，注意筒体转动方向是否正确，同时多次开合离合器、调整其至正常工作。在使用中，应加强各运动部件的润滑，经常观察其运行情况，如发现不正常噪声及漏浆，应立即停机检修。

球磨机的加料通常用下面两种方法：一种是在球磨机上方装设单轨电动葫芦，配好的原料用电动葫芦运送到球磨机上加入；另一种是在球磨机上方建筑操作平台，平台上与球磨机加料口对应的地方开有加料孔，配好的原料从平台上经溜管加入球磨机中。球磨机加水最好配用定量水表。如果被磨物料已经是泥浆，则可用泵送入于球磨机内，加料更为方便。这时应注意按规定的加料量加入。

球磨机操作规程如下：

（1）开车前检查好机械和电器各部分，检查各连接螺栓是否松动；各润滑点润滑是否正常，传动装置是否正常可靠，防护装置完好，电器仪表是否灵敏，电机碳刷接触良好；盘车一周，检查设备转动部分或周围有无障碍物，并消除。启动时周围不准站人。

（2）检查无误后，按启动按钮启动电机，注意电流变化。磨球机连续启动不得超过两次，第一次与第二次隔5min以上，如果第三次启动，必须同电工、钳工配合检查后，方可启动。不得与其他设备同启，要交错启动，以免跳闸。

（3）磨球机正常运转后，要严格按给水、给矿、添加研磨体的规定，禁止超负荷运转，空转时间不超过15min，以免打坏衬板。

（4）运行中要注意检查筒体是否漏浆，认真观察电流、电压、给料、给水是否正常，每半小时检查一次电机及主轴，温度不超过60℃，发现问题及时处理。

（5）运转中要注意观察中空轴、油环是否转动带油，中空轴温度是否正常，如发现中空轴发热，应立即采取强制冷却措施，不得马上停车，以免造成“抱轴”。同时注意检查各润滑部位油量、温度，定时加油。

（6）球磨机停车前应先停止给矿，待机内精矿处理完后，停止给水。按停车钮，拉下电闸。

（7）在无通知停电时，首先拉下刀闸，按停止按钮，停止给矿、给水。

（8）停车后，清理设备和环境卫生，保证文明生产。

（四）选型

细碎的粒径范围0.08～0.12mm或更小。多采用间歇式石衬或橡胶衬湿法球磨机。球磨机的进料粒度由轮碾机出料口的筛孔或雷蒙磨的风选来保证。球磨机的选型依据的原则应根据工厂的规模、技术力量、用途、产量要求、球磨的工艺特点和时间、配套设施条件（如供电供水厂地情况）等情况来决定。

一般大型球磨机操作强度大，单位功耗低。但是设备笨重，安装维修困难，使用上也不够机动灵活。中、小型球磨机体积小，质量轻，机动灵活，适应性强，安装维修方便，但是操作强度小，单位功耗高。球磨机的台数根据需要粉磨的物料量和球磨机的生产能力由计算确定，总台数不宜太多。

在中国的具体情况下，大量实践说明按下述原则选型是适宜的：

（1）陶瓷墙地砖生产中选用大型球磨机；在卫生洁具和日用陶瓷中选择中小型球磨机为宜；釉料生产中一般选用小（中）型球磨机。

球磨机实际台数 Z 由下式确定：

$$Z \geqslant k\frac{WT}{G_0}$$

式中 W——生产任务，kg/h；

k——裕量系数，一般 $k=1.05\sim1.1$；

G_0——每台机每次的装料量，kg/次；

T——球磨机的周期，h。

（2）对细度要求在0.04～0.06mm以下的物料粉磨，球磨机粉磨效率很低，应避免选用。

球磨机装、出料总时间可按1～1.5h计算，一并计入球磨周期内。球磨周期根据原料性质和球石配比来决定，一般情况下坯料取10～12h、釉料取48～60h。球磨机的投料方式有两种：一种是粉料入磨，磨机上方有喂料仓，喂料仓的倾斜角度一般不小于60°，球磨机加水量可用水表或计量罐控制；另一种是浆料入磨，可以采用压力进浆或真空入磨，泥浆量由计量罐或计量标尺控制，球磨机出料多采用压缩空气加压排出，以缩短出浆时间，压缩空气的压力一般0.1～0.2MPa。

工业上广泛使用间歇式球磨机作为细磨设备，其规格按装料量计有0.05、0.1、0.2、0.3、0.5、1、1.5、2.5、3、5、6、8、10、14、15、18、20、23、25、30、40、60、100t/次；内衬有石衬、氧化铝衬与橡胶衬；传动方式有中心传动、外齿传动、皮带传动等方式。其技术参数列于表3－1。

表3－1 间歇式球磨机的主要技术参数

规格/(t/次)	容量/L	筒体转速/(r/min)	筒体尺寸（直径×长度）/mm	主电机功率/kW	设备重/t	结构形式
0.05	200	46.00	600×700（实内594×688）	1.5		整体机架
0.1	330	40.60	700×900（实内694×888）	2.2		整体机架
0.2	680	38.20	700×900（实内694×888）	3	1	整体机架
0.3	1200	35.00	900×1100（实内894×1084）	4	1.6	整体机架
0.5	2000	30.00	1300×1500（实内1290×1480）	5.5	1.6	整体机架
1.0	3500	24.00	1600×1800（实内1588×1776）	11	2.2	整体机架

续表

规格/（t/次）	容量/L	筒体转速/（r/min）	筒体尺寸（直径×长度）/mm	主电机功率/kW	设备重/t	结构形式
1.5	5000	23.00	1800×2000（实内 1788×1972）	15	5	整体机架
3	7700	19.00	2100×2400（实内 2084×2258）	22	8	整体机架
5	10700	17.50	2400×2600（实内 2380×2394）	30	9.3	移动式
6	13800	16.20	2600×2800（实内 2580×2594）	37		移动式
8	18200	14.46	2800×3200（实内 2780×2990）	37	14.5	移动式
8	18200	14.46	2800×3200（实内 2780×2990）	55	14.5	水泥基础
10	24550	13.70	3000×3800（实内 2976×3530）	45	15	水泥基础
10	24550	13.70	3000×3800（实内 2976×3530）	75	15	水泥基础
15	34000	13.30	3200×4600（实内 3172×4278）	75	19.1	水泥基础
15	34000	13.30	3200×4600（实内 3172×4278）	90	19.1	水泥基础
18	33000	12.00～13.00	3200×4500	90	19.7	
20	41200	13.00	3300×5225（实内 3272×4908）	75	22	水泥基础
20	41200	13.00	3300×5225（实内 3272×4908）	110	22	水泥基础
23	43000	12.5	3600×1650	110	25	
25	45000	12.80	3300×5800（实内 3268×5336）	90	28.9	水泥基础
25	45000	12.80	3300×5800（实内 3268×5336）	132	28.9	水泥基础
30	52000	12.00	3400×6350	132	30	
35	58000	12.00	3532×6468（实内 3500×6000）	160		水泥基础
40	67000	11.60	3600×7200（实内 3564×6700）	160	32.2	水泥基础
40	67000	11.60	3600×7200（实内 3564×6700）	200	32.2	水泥基础
50	85000	11.00	3836×8000（实内 3800×7500）	200		水泥基础
60	100000	10.80	4040×8600（实内 4000×8000）	200		水泥基础
60	100000	10.80	4040×8600（实内 4000×8000）	250		水泥基础
60	100000	10.80	4040×8600（实内 4000×8000）	280		水泥基础
100	170000	10.00	4000×15000	315	72.5	

近年来，咸阳陶瓷研究设计院与湖南五菱机械股份有限公司联合研制开发了连续式球磨机，实现了原料制备的连续化、自动化生产。一端连续入料、一端连续出料，泥浆通过泵不断输送，在末端设过滤筛，达到要求的泥浆经过筛子到达浆池备用，筛上的泥浆送回球磨机继续研磨直到通过筛子为止。其技术性能见表3－2。

表 3—2 连续式球磨机技术参数

型号	筒体尺寸/m	生产能力/(t/h)(以白坯为准)	筒体转速/(r/min)	主电机功率/kW	辅助电机功率/kW	分仓
TCLM2210	ϕ2.2×10	5～7	16～17	132×2	11×2	根据用户工艺要求确定，一般分 2～3 仓
TCLM2214	ϕ2.2×14	6～9	16～17	200×2	11×2	
TCLM2814	ϕ2.8×14	12～15	12	355×2	30×2	
TCLM2815	ϕ2.8×15	13～16	12	355×2	30×2	
TCLM3015	ϕ3×15	15～18	12	355×2	30×2	

国外 SACMI 公司、B/T 公司均能生产陶瓷连续式球磨机，主要技能参数大同小异。

(五) 常见故障的产生原因及排除方法

表 3—3 列出了球磨机常见故障的产生原因及排除方法，供参考。

表 3—3 球磨机常见故障的产生原因及排除方法

故障现象	产生原因	排除方法
轴承发热	(1) 短轴或轴承安装不正 (2) 润滑油油质不合格或混有杂物 (3) 油环不工作，润滑油中断	(1) 检查短轴和轴承，重新找正或找平 (2) 清洗轴承，更换润滑油 (3) 修理或更换油环，更换润滑油
球磨机振动	(1) 齿轮啮合不良或过度磨损 (2) 地脚螺栓或轴承座固定螺栓松动或断裂 (3) 传动轴承过度磨损	(1) 调整齿轮啮合间隙或更换齿轮 (2) 拧紧或更换螺栓 (3) 修理或更换轴承
突然发生强烈振动和撞击声	(1) 齿轮啮合间隙中落入铁质杂物 (2) 小齿轮窜动 (3) 齿轮轮齿折断 (4) 地脚螺栓或轴承座固定螺栓松动或断裂	(1) 清理杂物 (2) 修理或更换轴承 (3) 修理或更换损坏了的齿轮 (4) 拧紧或更换螺栓
端盖与筒体连接处漏浆	连接螺栓松动或断裂	拧紧或更换螺栓

知识点四 泥浆的筛分

(一) 筛分的定义和作用

把固体物料按其尺寸大小不同分为若干级别的操作过程称为分级。为了完成分级操作，可以把物料放在具有一定大小孔径的筛面上进行摇动或振动，使小于筛孔尺寸的物料颗粒通过筛孔，而大于筛孔尺寸的物料颗粒则留在筛面上，这种分级方法称为筛分。

用于筛分或过筛的机械设备，称为筛分机械。通过筛孔的物料称为筛下料，留在筛面上的物料称为筛上料，而进入筛分过程的物料称为筛分原料。

在陶瓷生产中，筛分的作用主要有：

(1) 使原料颗粒适合于下一制造工序的需要。例如，轮碾后的原料需经筛分除去较大颗粒，以保证球磨机进料块度的均匀性。

(2) 在粉碎过程中及时筛去已符合细度的颗粒，使粗粒获得充分粉碎的机会，可提高设备的粉碎效率。

(3) 确定颗粒的大小及其比例，并限制原料或坯料中粗（允许的）颗粒的含量，因而可以提高成品的品质。

(二) 筛分机械的分类

筛分有干筛和湿筛两种。干筛的筛分效率主要取决于物料湿度、物料相对于筛网的运动形式以及物料层厚度。当物料湿度和黏性较高时容易黏附在筛面上，使筛孔堵塞影响筛分。当料层较薄而筛面与物料之间的相对运动越剧烈时，筛分效率就越高。湿筛的筛分效果主要取决于料浆的稠度和黏度。

常用的筛分设备有如下几种：

(1) 摇动筛　这种筛分机是利用曲柄连杆机构使筛面做往复直线运动。摇动筛是用于分离 12mm 以下的物料。一般用于中碎后细粒的分离，并与中碎设备构成闭路循环系统。摇动筛可用于干筛分与湿筛分。

(2) 回转筛　回转筛的运动过程中由于筛面仅做回转运动，在筛分时物料与筛面之间的相对运动很小，使相当大一部分细粒分层于上层，没有被分离出去，所以筛分效果较差。多角筛比圆筒筛筛分效率高，在生产上使用较多。回转筛的转速不能太快，否则物料会紧贴在转筒的内壁上而失去筛分作用。

(3) 振动筛　振动筛的筛面除发生偏移运动外还发生上下振动。由于这种筛具有振幅小（常用 1～3mm）、振动频率很高的特点，增加了物料与筛面的接触与相对运动，防止了筛孔的堵塞，故其筛分效率较高，通常用于中碎后原料的筛分。振动筛不适于筛分水分高、黏性大的物料，因为受振动后颗粒间容易黏结成团，影响筛分进行。

目前，振动筛应用较多，尤其是机械振动筛使用更为普遍。

(三) 振动筛的结构和工作原理

振动筛根据产生振动动力的方法不同有偏心振动筛、惯性振动筛、自定中心振动筛、电磁振动筛等。但由于惯性振动筛的振幅不大（1～5mm），但频率高（1500～3000 次/min），结构简单，电耗低，筛分效率高，不容易堵塞，适宜粗细粉料的筛分，故工业上广为采用。

振动筛一般由振动器、筛箱、支承或悬挂装置、传动装置等部分组成。下面介绍应用较多的惯性振动筛。从结构原理来看，最具代表性的有三种：方形惯性振动筛、圆形惯性振动筛和带激振器的惯性振动筛。

1. 方形惯性振动筛

图 3－4 所示为方形惯性振动筛的示意图。筛框 1 安装在弹簧 2 上，带有圆盘 3 的主轴 4 由安装在筛框上的一对轴承 6 支承，圆盘共有两只，其上面装有偏重 5，构成了筛机的振动器。

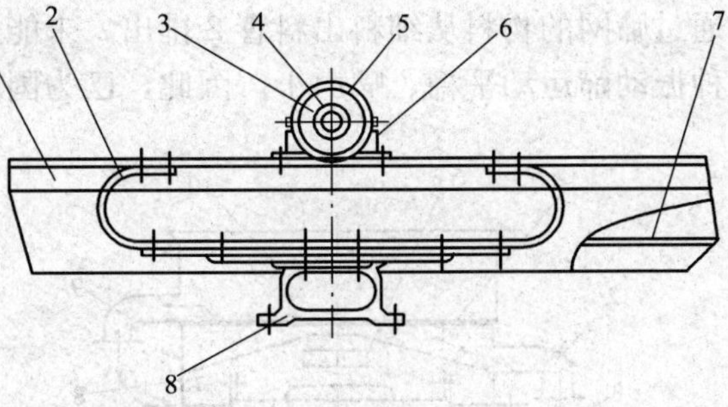

图 3－4　方形惯性振动筛示意图

1—筛框　2—弹簧　3—圆盘　4—主轴　5—偏重　6—轴承座　7—筛面　8—机座

当带有偏重的主轴旋转时，由于离心力的作用，使整个传动机构随筛框一起振动，从而使物料在筛面上产生剧烈的相对运动，实现筛分目的。

2. 圆形惯性振动筛

图 3－5 所示为筛分料浆用的圆形惯性振动筛。筛框 4 和振动器 3 装在筛架 5 上，筛架由橡胶立柱 6 支承并与电动机一同装在机架 9 上。电动机 1 经由三角胶带 2 带动振动器旋转。筛网 7 张紧在筛框的下面。操作时，由于振动器的离心力作用，筛架产生高频率振动。料浆从筛框上面加入，筛下料通过筛网后经由集浆料斗流到浆池里，留在筛面上的筛上料则定期用人工清除或停机后取出筛框用水冲洗。

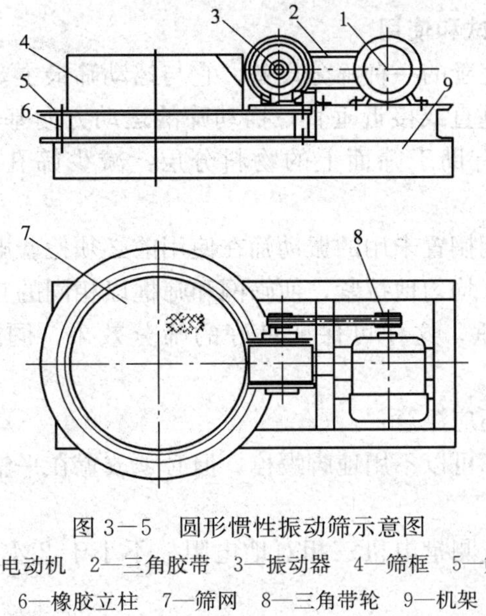

图 3－5　圆形惯性振动筛示意图

1—电动机　2—三角胶带　3—振动器　4—筛框　5—筛架

6—橡胶立柱　7—筛网　8—三角带轮　9—机架

3. 带激振器的惯性振动筛

图 3－6 所示为带激振器的惯性振动筛的示意图。双伸轴的电动机 7 与支架 4、底座 8 连接在一起成为一整体，筛框 10 装在底座上面，两者之间用夹子夹紧，使框架的装卸比较方便。底座通过弹簧 3 支承在机座 5 上。在电动机两端的轴伸上装有偏心块 6 和 11，两偏心块之间的夹角可以调节。筛网 1 张紧在筛框的下面。当电动机旋转时，在偏心块产生的离心力的作用下，电动机连同支架、底座、筛框和筛网等均做高频振动。物料从筛框上面加入，通过筛网的物料从细料出料管 2 排出，未能过筛的粗粒物料则从粗料出料管 9 卸出。这种振动筛运动平稳、噪声小，因此，已为国内外陶瓷厂广泛采用。

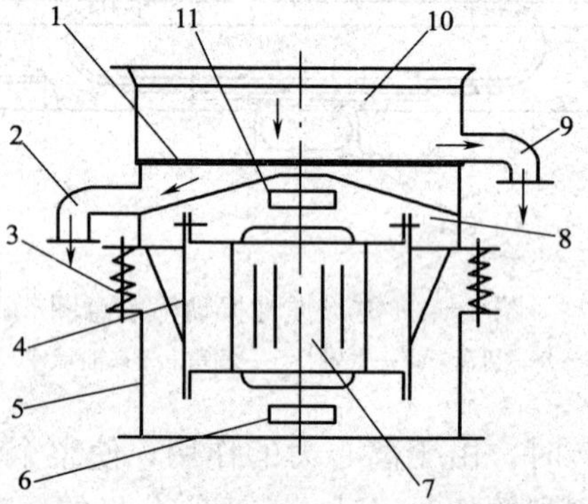

图 3－6　带激振器的惯性振动筛示意图

1—筛网　2—细料出料管　3—支承弹簧　4—支架　5—机座　6—下偏心块

7—电动机　8—底座　9—粗料出料管　10—筛框　11—上偏心块

由于振动器具有上下两个偏心块，激振力的合力不通过振动部分的质心，振动筛在做圆轨迹振动的同时还做旋回运动，因此通常又称为旋振筛。

（四）振动筛的安装、调试和使用

振动筛是目前比较完善的一种筛分设备。它与摇动筛最主要的不同在于振动筛的筛面振动方向与筛面相互垂直或接近垂直，摇动筛的运动方向基本上平行于筛面。因此，振动筛的运动特性大大有助于筛面上的物料分层，减少筛孔堵塞现象，能强化筛分过程。

刚安装的新筛和长期搁置未用的振动筛在使用前必须检验电动机的绝缘是否良好。

筛网一定要在筛框上均匀地拉紧，使筛网和筛框以相同的频率和振幅振动，而不发生抖动和筛网的局部下垂，这样可保证良好的筛分效果，同时又可延长筛网的使用寿命。

对于旋振筛来说，还应注意：

（1）一般双锤振动筛可以不用地脚螺栓，但必须放置在平整的水平基础上，以免排渣能力受到影响。

（2）电机接线前，应测量电机三相对地电阻，不小于 2MΩ。接线后，应注意电机的旋转方向，从上向下俯视，振块做逆时针旋转。

（3）将上、下两振块调整到下振块超前约30°，为了保证排渣良好，可在筛面上放一些粗物料仔细进行调整，直到能完全迅速从渣口排出为止。

（4）将画有十字细线的纸贴在与筛面处于同一水平的外壳处，启动振动筛。这时可清楚地目测到其纵向和横向振幅。调节振块的活动部分，向外移即增大偏心距，使振幅加大。反之使振幅减小。一般调整上振块可增大或减小横向振幅，调整下振块可增大或减小纵向振幅。对陶瓷料浆，一般将纵向振幅调整到3～4mm，横向振幅调整到2mm左右。

要随时清除筛网上的杂物，下班前要用清水将筛网清洗干净。但注意不要用水直接冲洗电动机，以免电器部分受潮。发现筛网破损应及时更换。

最好采用莲蓬头喷洒料浆，以减小料浆对筛网的冲击，延长筛网使用寿命。另一方面，对改善过筛效果也有好处。

表3－4为惯性振动筛的规格及主要技术参数。

表3－4　　惯性振动筛部分产品的规格及主要技术参数

型号	NJS430	XT208	TCIS500×800	TCIS600×900	TCIS粉料振动筛	ϕ630	ϕ1000
结构特点	圆形筛面	方形筛面	方形筛面 不锈钢筛网	方形筛面 不锈钢筛网	圆形筛面 不锈钢筛网	圆形筛面 不锈钢筛网	圆形筛面 不锈钢筛网
筛面尺寸/mm	ϕ430	370×750	500×800	540×840	500×800	ϕ630	ϕ872
筛面尺寸/层	1	2	1	1	1	3	2
筛网规格/目	150	上：100 下：120	5	50	5	150，180，200	上：80 下：120
频率/Hz	47	47.5	23.5	25	23.5	23.3	23.3
振幅/mm	1～3	1～3	1～3	1～3	1.1	1～3	1～3
生产能力/(kg/h)	3000～5000	8000～10000	1000～2000	1000～2000	1000～2000	5000～7000	10000～12000
泥浆含水率/%	40～60	40～65	5～8	40～60	5～8	40～60	40～60
电动机型号	Y8012V1	B11	JZ－2.54	YZD104	JZ－2.54	Y90L4	Y90L4
功率/kW	0.75	1.1	0.6	0.55	0.6	1.5	1.5
转数/（r/mm)	2825	2825	1430	1500	1430	1400	1400
外形尺寸（长×宽×高）/mm	960×660×550	1220×760×1170	1330×905×1496	1060×790×530	1330×766×1500	1185×880×1175	1460×1030×1467
设备重/kg	73	97	94.3	130	93.5	410	350

（五）常见故障的产生原因及排除方法

表3－5列出了振动筛常见故障产生的原因及排除方法，供参考。

表 3—5　　振动筛常见故障产生的原因及排除方法

故障现象	产 生 原 因	排 除 方 法
过浆速度过慢或料浆从渣口排出	（1）筛网未绷紧 （2）纵向振幅偏小 （3）筛网孔被堵塞 （4）供浆过快	（1）重新绷紧筛网 （2）调整下偏心振块，增大纵向振幅到飞溅不严重为止 （3）清洗筛网 （4）放慢供浆速度
料浆飞溅严重	纵向振幅过大	调整下偏心振块的活动部分，减小偏心距
排渣不良	（1）电机转向不对 （2）筛网未绷紧 （3）上下振块水平夹角不对 （4）横向振幅偏小 （5）传动皮带过紧（对皮带传动结构）	（1）任意对换两相电源接头 （2）调整筛网中部螺栓绷紧筛网 （3）调整下振块使夹角 30°～40°之间微调到最理想角度为止 （4）调整上振块活动部分，加大横向振幅 （5）适当调整皮带松紧程度
振动频率不正常	（1）电机两相运转 （2）传动皮带过松（对皮带传动结构）	（1）检查接线和保险丝，加以紧固或更换 （2）适当调紧皮带
不正常噪声和机械声	（1）电机轴承破损 （2）弹簧变形损坏	（1）更换电机轴承，加足润滑油 （2）更换损坏的弹簧，注意与弹簧座固紧，以免工作时脱出

知识点五　磁选机对泥浆的除铁

泥料中含铁杂质可分为金属铁，氧化铁与含铁矿物。这些含铁杂质有的来自原矿，有的来自制备过程中机器的磨耗混入。原矿中夹杂的铁质多半为含铁矿物，如黑云母、普通角闪石、磁铁矿、褐铁矿、赤铁矿与菱铁矿等。

原料中的铁质矿物大部分可采用选矿法与淘洗法除去，但这种措施，仅对一些含有铁质的粗粒原料较为有效。成细粉状的铁质可用磁铁分离器进行磁选。

磁铁分离器有干法与湿法两种。干法一般用于分离中碎后粉末中的铁质，而湿法是分离泥浆中的铁质。

目前常采用的干法除铁设备，有电轮式磁选机、滚筒式磁选机和传动带式磁选机等。由于物料与磁极间均存在间隙，因此，干式磁选机实际有效磁场强度很低，只有在薄层料流的情况下对强磁性铁矿物有效，因此其磁选效率很低。

在湿法除铁中，一般采用过滤式泥浆磁选机。操作时先在线圈中通入直流电，使带筛格板的铁芯磁化，泥浆由漏斗加入，然后在静水压的作用下，由下往上经过筛格板，则含铁杂质被吸住，而净化的泥浆由溢流槽流出。由于泥浆通过筛格板时呈薄层细流状，因此，湿法磁选机的除铁效果较好。

除铁效率与泥浆相对密度和泥浆量等有关，泥浆相对密度一般控制在 1.7 以下。

过滤式泥浆磁选机是用于泥浆除铁的设备，又称泥浆除铁器。目前我国生产的SH－XTQ型和CST－162系列泥浆除铁器，不仅能除去金属铁之类的强磁性铁质，还能除去泥浆中氧化铁之类弱磁性矿物。

(一) 构造和工作原理

目前陶瓷厂普遍使用的过滤式磁选机如图3－7所示。

整个装置由支架支承。在外壳2周围装有许多板式散热器，外壳上部有上盖、出浆管道6和电磁阀7，外壳下部经管道、手动阀门4和进料管3相连，外壳2内装有电磁铁的线圈1，在分选腔中放有若干个格子板5（又称藕片）作为电磁铁的铁芯，由格子板组成的铁芯和作为铁轭的外壳构成了闭合磁系。线圈通电后，工作磁通经格子板、外壳和底座构成闭合磁路并在分选腔内形成不均匀磁场。

泥浆从进料管3加入，经阀门4向上流动。泥浆通过格子板时，其中的磁性颗粒为磁力所吸引，吸附在格子板上，分选后的泥浆则通过电磁阀7和出料管6流出。

磁选机工作一段时间（一般为10～15min）后，需要清除格子板上吸附的磁性杂质，这时应停止送入泥浆，切断励磁电流，把格子板取出清洗干净。

磁选机装有常闭电磁阀7，当突然停电时，电磁阀自动关闭，切断泥浆流动的管道，可防止格子板上的磁性杂质由于停电而大量混入泥浆中。

这种型式的磁选机的优点是泥浆流动平稳，对格子板无冲击力，吸附在格子板上的磁性杂质不会重新落入泥浆中；格子板便于彻底清洗；可以用阀门4调节泥浆的流速和控制泥浆在分选腔内过滤的时间，以达到较好的除铁效果并提高产量。缺点是进浆需要一定压力（一般为0.05MPa）。因此，要在结构上考虑密封措施。

过滤式泥浆磁选机的另一种结构如图3－8所示，其特点是泥浆用管子直接送到格子板中进行分选，其工作原理与前一种完全相同。

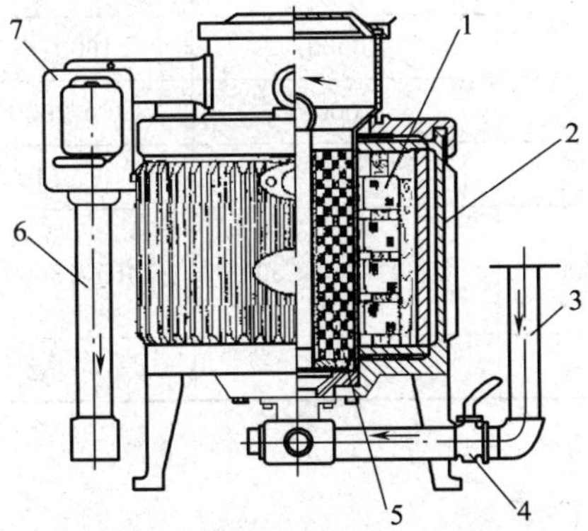

图3－7　过滤式泥浆磁选机示意图

1—线圈　2—外壳　3—进料管　4—阀门　5—格子板　6—出料管　7—电磁阀

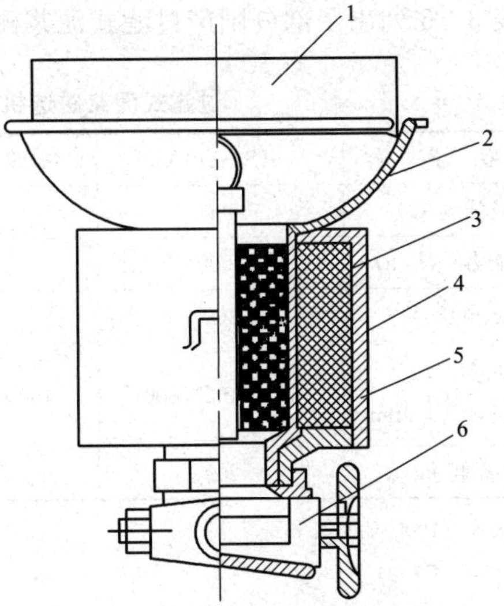

图3－8　63型过滤式泥浆磁选机示意图

1—过滤器　2—漏斗　3—格子板　4—线圈　5—外壳　6—阀门

（二）选型和操作使用

磁场强度、磁场梯度和物料的磁化特性是选型的依据，也是影响除铁效果的三要素。

正确地使用磁选机，一是安全使用，二是合理使用。主要应注意：

（1）在使用前应检查具有冷却线包和电绝缘作用的变压器油是否加到油标线位置，油量过少容易使线包过热而老化烧毁。

（2）磁选机和整流器应外壳可靠地接地。

（3）磁选机的安装布置有两种方案：串联和并联。并联时流量可增大但除铁次数少；串联时流量不增多但受多次除铁。

（4）操作开始时，先启动磁选机再进浆；操作完毕时，先关闭进浆阀再关机。

（5）不通浆时，磁选机空运转时间不得超过 5min，因为泥浆本身起着冷却作用，长时间的不通浆运转会造成过热甚至烧毁。

（6）供浆不宜过浓。试验证明，对于同一机型，处理相同成分的料浆，当含水量分别为 59%和 71%的情况下，除铁效果相差十几倍。所以，为提高磁选机的除铁效果，料浆含水量必须控制在 65%以上。

（7）磁选机的流速一般在 25～30m/min 为宜。因为供浆速度越快，磁性颗粒在分选腔中的停留时间越短，并对格子板上已吸附的磁性杂质的冲刷力也增加，因而使除铁效果下降。如采用高位槽对磁选机供浆，高差以 1～1.2m 为宜。

（8）格子板应按操作规程定时清洗，损坏的必须及时更新，并按说明书规定的数目放置。因为格子板是磁系的一部分，如果少放了格子板，就增大了气隙，使磁阻增大，磁场强度大大降低，从而降低了磁选机的除铁效果。

为提高除铁效率，可将湿法磁选机多级串联使用。另外，将振动筛（6400 孔/cm^2 筛）和磁选机配合使用，能更好地除去含铁杂质。

表 3－6 列出了部分国产过滤式泥浆磁选机的规格和主要技术性能。

表 3－6　　过滤式泥浆磁选机的规格和主要技术性能

型　号	TS－170A	Sh－XTQ	LSY－173	TS－100
磁场强度/Oe	10000	12000	10000	1600～3500
生产能力/（L/h）	2000	3000	7000	2000
励磁电压/V	200	68	114	110
外形尺寸（长×宽×高）/mm	655×462×800	450×580×700	1500×850×500	465×300×490
设备重/kg	200	250	500	52

注：Oe=（1000/4π）A/m

（三）常见故障的产生原因及排除方法

常见故障的产生原因及排除方法见表 3－7。

表 3－7　　常见故障的产生原因及排除方法

故障现象	产　生　原　因	排　除　方　法
不能工作	（1）电源未接通 （2）主线圈开路	（1）检查整流器有无输出 （2）检查主线圈之间、主线圈与接线端之间的断点，将其连接
外壳带电	（1）未装接地线 （2）线圈受潮或老化 （3）变压器油有污垢杂质或过量水分 （4）线圈连线对壳短路	（1）牢固装接地线 （2）线圈干燥处理，老化严重者更换线圈 （3）过滤变压器油或更换新变压器油 （4）将故障查出处理
温升过高冒烟	（1）工作电压过高 （2）线圈绝缘老化，匝间短路 （3）变压器油过少 （4）未通浆或泥浆浓度过高	（1）按说明书要求调定 （2）更换新线圈 （3）补充至油标线 （4）调整浓度至含水率为 65％

陶瓷工业使用的除铁设备目前常用于泥浆的湿式除铁，电磁除铁设备一般为抽出滤芯（格子板）冲洗铁渣的间歇式磁选机，近年来又出现了自动排渣磁选机，其性能见表 3－8。

表 3－8　　电磁除铁设备技术参数

型产号	生产能力/（t/h）	工作场强/Gs	电源	耗用功率/kW	外形尺寸/mm
KCTⅢ	5～20	15000～18000	3×380V　10A		
CX220	1～15	30000	380V　200V	5、10	1200×600×220
CX280	1～5	35000	380V	10	1600×800×280
KCT（Ⅲ）	5～30	15000～18000	3×380V		
JHCX－D18000 Gs 干粉磁选机	3～4	18000	380V	10	
JHCX－W18000 Gs 浆液磁选机	13～15	18000	380V	10	
JHCX－W6000 Gs 干粉磁选机	2～3	6000	380V	10	

随着强磁性永久磁材的发展，永磁除铁机械越来越多地使用于陶瓷工业中。流槽式除铁器全部采用 6000～7000Gs 的强磁性永久磁棒；工作腔背景场强为 3000～15000 Gs 的高梯度强磁性永磁自动清洗除铁机已应用于陶瓷工业，其参数见表 3－9，结构图如图 3－9 所示。

表 3－9　　　　永磁除铁设备技术参数

型　号	生产能力 /（t/h）	磁滚筒规格 /mm	磁场强度 /Gs	电源电压 /V	电机功率 /kW	外形尺寸 /mm
二合一振动筛选强力除铁机	1～5	25×600	9000	380V		700×180×1540
粉料、颗粒全自动强力除铁机	1～3	100×600	6000、9000	380V	0.75	
	2～4	100×1000				
GN－RCYC 全自动悬挂自卸式除铁机	5～30			380V	0.75	1700×600×450
GN－350 全自动湿式除铁机		350×500	5000～6000	380V	0.12	600×900×880

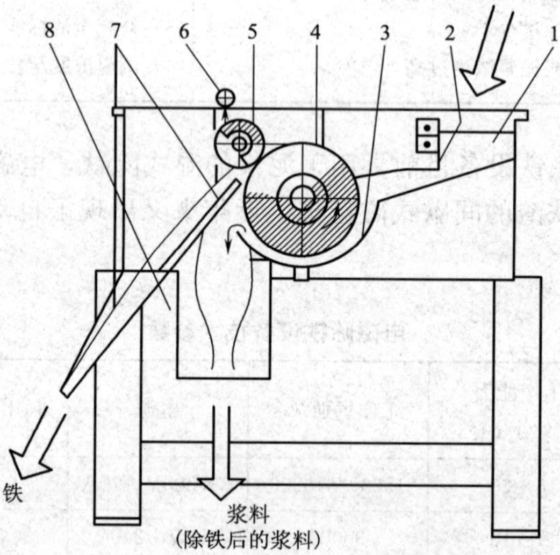

图 3－9　GY－F－1000 型强力自动清洗除铁器的结构图

1—入料槽　2—截留挡板　3—过滤槽　4—主磁铁轮　5—副磁铁轮　6—自动喷水管　7—铁粉卸料滑板　8—液浆卸料口

知识点六　搅拌机搅拌泥浆

泥浆搅拌工序不仅是使贮存的泥浆保持悬浮状态，防止分层，而且还用于黏土或回坯泥的加水浸散，以及用于粉料配料时的化浆等。

常用的泥浆搅拌机有框式搅拌机与螺旋桨式搅拌机两种。框式搅拌机虽然结构简单，但搅拌效率较低。尤其当泥浆沉淀后很难再将其搅拌均匀，故工厂中采用螺旋桨式搅拌机较多。这种搅拌机由于螺旋片倾斜角向下，有把泥浆往上翻动的作用。因此，即使泥浆已经沉淀，也可将沉淀的泥浆翻起来，使泥浆搅拌均匀。

（一）螺旋桨式搅拌机

1. 构造和工作原理

螺旋桨式搅拌机的构造如图 3－10 所示。它主要由垂直安装的立轴 3、螺旋桨 1、搅拌池 2 和传动部分等组成。

当螺旋桨在泥浆中转动时，迫使泥浆产生剧烈的运动。其中除了有切向和径向运动外，还有速度较大的轴向运动，这种轴向运动能促使泥浆强烈对流循环，从而使泥浆得到有效的搅拌和混合。搅拌机的桨叶一般为 2～4 片，常用 3 片，它结构紧凑，能产生较强烈湍动，效率高。

2. 搅拌池的结构设计

搅拌池多用混凝土浇筑而成，要求较高的也可在池壁铺贴上瓷砖，如图 3－11 所示。

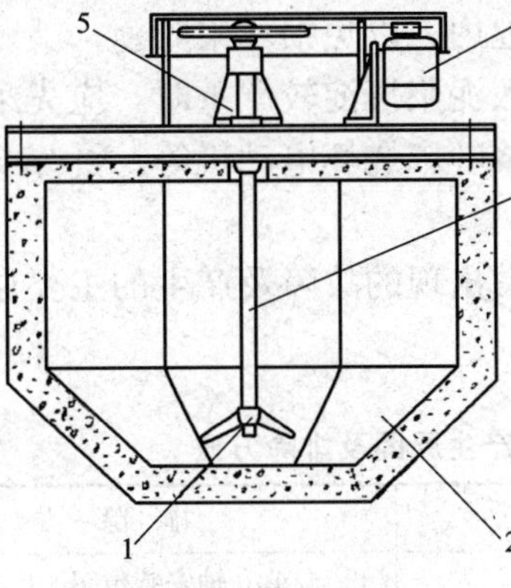

图 3－10 螺旋桨式搅拌机结构示意图
1—螺旋桨 2—搅拌池
3—立轴 4—电动机 5—机体

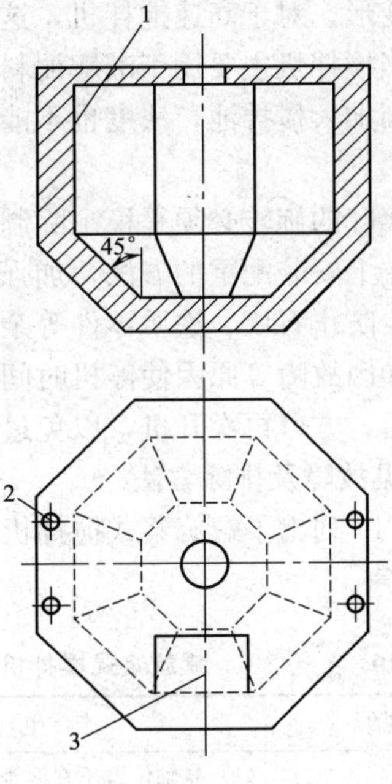

图 3－11 搅拌池结构示意图
1—瓷砖 2—地脚螺栓预留孔 3—人孔

为减小料浆随螺旋桨整体转动，提高桨叶与料浆间的相对运动速度而有较好的搅拌效果，浆池的横截面一般多做成正多边形，现常采用八边形。边数过多，效果不大；边数过少，易产生死角。如采用圆形浆池，则料浆在搅拌时会随桨叶一起旋转，搅拌作用差。

同时，根据搅拌时料浆的运动特性，在螺旋桨的下方，流线比较集中，而在搅拌池底部附近的四周，料浆的流速很小，往往成为搅拌不到的死角。为了避免这种情况，搅拌池底部通常做成半锥角为 45°的棱锥形，底面直径一般为上部直径的一半左右。

另外，为保证安全及防止杂物掉入，搅拌池池口须用木板等盖严，或采用直接用混凝土浇注留人孔的结构。

3. 使用

螺旋桨式搅拌机结构简单，安装方便，操作容易，搅拌作用强烈，混合效果好，故在陶瓷生产中得到了广泛应用。

螺旋桨式搅拌机存在的主要不足是桨叶磨损快，要注意采取有效措施延长其寿命。另外，在使用中还要注意以下几点：

（1）安装时应使搅拌机立轴轴线位于搅拌池的中心，螺旋桨应和池底保持正确的距离。

（2）传动部分要加防护罩；对非封闭式浆池和封闭式浆池人孔，要用木板等盖严，确保使用安全，同时可以避免落入脏物影响泥浆质量。

（3）主轴的转向要与螺旋桨的旋向相适应。对左旋螺旋桨主轴应顺时针方向转动。

（4）当搅拌池中无液体时，禁止开动搅拌机，防止搅拌轴在空气中空转时，可能产生的弯曲变形。对于高速搅拌机，这点尤为重要。

（5）当搅拌机主要用于潮解泥料、制备泥浆时，应先开机运转，再加料作业，而且泥料应逐渐加入搅拌池，块度也不能太大，以防发生过载和桨叶急剧磨损甚至折断等不良后果。

（6）桨叶的旋转必须平稳。除制造时要做平衡试验外，在使用时，还可采取在桨叶下方的轴端上安装配重的方法，加强桨叶运转平稳性。

（7）要防止石块、铁质零件等杂物掉入浆池内，以免损坏桨叶。

（8）如因故障等原因使停机时间过长，导致泥浆沉淀较严重时，应先采取措施稀释沉淀泥浆后，方可再次开机，以免过载，损坏桨叶、烧坏电动机等。

4. 常见故障及排除方法

表 3—10 列出了螺旋桨式搅拌机在使用中常出现的故障及产生的主要原因和排除方法，供参考。

表 3—10　　螺旋桨式搅拌机常见故障的产生原因及排除方法

故障现象	产生原因	排除方法
搅拌效果不良	（1）立轴位置不在浆池中间 （2）立轴转向不对 （3）螺旋桨过度磨损	（1）调整立轴安装位置 （2）改变立轴转向 （3）更换螺旋桨
轴承损坏	（1）润滑不良 （2）立轴弯曲 （3）螺旋桨静平衡性不好，离心力大	（1）保持良好的润滑 （2）校直或更换立轴 （3）校正螺旋桨静平衡
主轴弯曲或损坏	（1）立轴直线度差 （2）螺旋桨静平衡性不好，离心力大 （3）无浆时空转 （4）加料块度大、池内有石块等杂物	（1）校直或更换立轴 （2）校正螺旋桨静平衡 （3）池内无液体时禁止空转 （4）减小加料块度、清除池内杂物
螺旋桨损坏	（1）铸造质量差，有缩孔等缺陷 （2）加料过快、块度太大 （3）浆池内混入石块、铁质零件等杂物	（1）提高铸造质量 （2）料要逐渐加入且要限制块度 （3）清除池内杂物

(二) 平桨 (框式) 搅拌机

平桨（框式）搅拌机一般装在容积较大的浆池中，以低速搅拌泥浆，近年来也广泛用于在各种容积的釉浆罐中低速搅拌釉浆。下面重点介绍在浆池中使用的平桨搅拌机。

1. 构造和工作原理

图 3－12 所示为平桨搅拌机构造示意图。主要由电机、减速器、机架、主轴、桨叶、搅拌池等组成。减速器多采用摆线针轮减速器或双级行星减速器，其减速比大，结构紧凑；桨叶由水平布置的长桨叶和垂直布置的短桨叶构成，一般分上下两层交错布置，桨叶多用优质硬木制作，也可用型钢制成（小型平桨搅拌机的桨叶现常用不锈钢板焊接成斜的“┣”形），固定在主轴上；主轴上端用联轴器与减速器连接，下端用滑动轴承支承；搅拌池用混凝土浇筑而成，截面为圆形，顶部留有人孔，对搅拌釉料用的平桨搅拌机（又称伺服罐）常用不锈钢板焊接成六角形的搅拌罐。

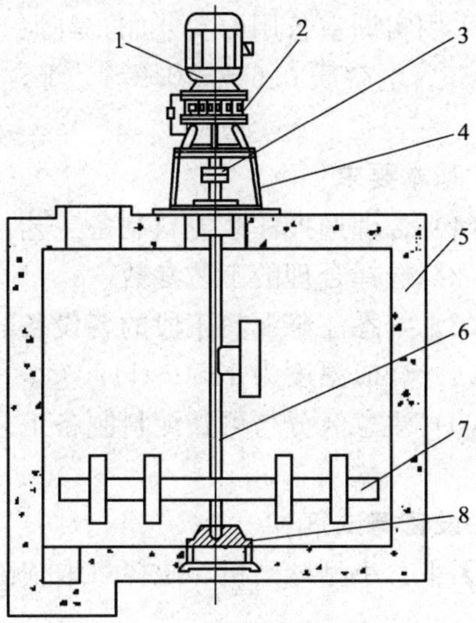

图 3－12　平桨搅拌机构造示意图
1—电动机　2—减速器　3—联轴器　4—机架
5—搅拌池　6—主轴　7—桨叶　8—下支承座

工作时，桨叶在电机带动下转动，使料浆产生切向和径向运动（根据桨叶的形状，有的也产生较强的轴向运动），从而使料浆得到有效的搅拌和混合。

2. 常用规格和主要技术参数

表 3－11 列出了某陶机厂生产的平桨搅拌机的规格和主要技术参数。

表 3－11　　平桨搅拌机的规格和主要技术参数

参数 \ 型号	TCTJ200	TCTJ260	TCTJ350	TCTJ450	ϕ3500	ϕ4500	ϕ7000
桨叶直径/mm	ϕ2000	ϕ2600	ϕ3500	ϕ4500	ϕ3500	ϕ4500	ϕ7000
主轴转速/（r/min）	16.5	16.5	11.5	11.5	12	12	8
电机功率/kW	7.5	7.5	11	11	5.5	7.5	15
减速机型号	XLD7.5－9－59	XLD7.5－9－59	XLD11－10－87	XLD11－10－87			
浆池直径/mm	ϕ2500	ϕ3000	ϕ4000	ϕ5000	ϕ4000	ϕ5000	ϕ7500
浆池容积/m^3	15	20	40	50	40	60	185

任务　注浆坯料的制备

（一）任务题目

采用实训室备用原料［如：红泥50%、白泥20%、木节土10%、石英10%、钾长石10%、电解质0.6%～0.9%］等，制备注浆坯料。

（二）基本要求

（1）合理选择注浆泥料制备工艺。

（2）选择合理的工艺参数。

（3）熟悉注浆泥料工段的各设备的结构、工作原理、设备性能、操作及使用范围。

（4）烧成温度为1150～1170℃。

（5）注意区分与可塑泥料制备工艺的异同点。

（三）设备与试剂

天平、小型球磨机、磁棒（取代磁选机用）、过滤筛、量筒以及陶瓷原料多种。

（四）实训工艺流程

坯料的制备大体上包含如下的工艺流程：

原料称量→装磨→球磨→颗粒度测试→出料→过筛→除铁→注浆料备用

（五）操作步骤

注意：本次任务由于所买原料已经经过了预处理，所以（1）—（5）步骤可以省略。

（1）选料　进厂矿料、石英、长石、硬质黏土，软质黏土，必须经过挑选弃除劣质材料及夹层杂质。

（2）洗涤　水洗杂土（软质黏土除外）。

（3）粉碎　用水碓、机碓或破碎机、轮碾机将矿石加工成粗颗粒（软质黏土可免）。

（4）过筛　筛出超大颗料，继续粉碎。

（5）除铁　用干式磁选机吸除铁杂或来自原矿及粉碎过程中机器磨耗而混入的铁屑，以提高成瓷的白度、透光度，减少斑点缺陷。

（6）配料（总量为1kg）　根据配方要求，将各种粉料称出所需质量，混合装入球磨机料筒中。

（7）湿球磨　在装好粉料的球磨机料筒中，加入清洁水，料∶球∶水＝1∶(1.5～2)∶(0.4～0.7)，以及电解质，用量为干坯料的0.3%～0.6%。靠球磨筒中的卵石的撞击和摩擦，将泥料颗料继续磨细，球磨时间约4h。直到泥浆的颗粒度达到0.1%～0.5% 250目筛余（大件为1%～2%），大小球各50%，水的用量应参考原料的特性，黏土含量高，水分也应相应增加（注：工厂实际球磨约 14h）。

（8）过筛　用粗网孔筛使球料分离。

（9）除铁　用磁棒在贮浆桶里搅拌以除去铁杂质，反复多次。

（10）采用注浆法成型所需的泥料至此制备完毕，并存放 1～3 天以增加其黏度和强度，将共存放入库以备成型取用。

（六）注意事项

（1）注浆成型的坯料要求具有良好的流动性，悬浮性、稳定性、渗透性。

（2）添加 Na_2CO_3（纯碱）和 Na_2SiO_3（水玻璃）两者电解质混合使用，此时应注意要先把 Na_2CO_3 和原料一起入磨，到接近规定细度时再加入 Na_2SiO_3，继续研磨 1h 左右出磨。

（3）工厂实际球磨坯料时应先投入硬质料如石英、长石等，数小时后再投入软质料如黏土，以提高球磨效率。

（4）注浆泥料的制备流程也可以采用可塑泥料制备流程前半部分，即将可塑泥料制备流程工艺中球磨后的泥浆经过压滤脱水成泥饼，然后将泥饼碎成小块与电解质（水玻璃）以及水在搅拌池中搅拌成泥浆，并存放 1～3 天以增加其黏度和强度。

思考题

1. 常用的注浆坯料制备工艺流程有哪些？它们各有什么优缺点？
2. 注浆坯料的质量要求有哪些？
3. 简述泥浆的稀释机理。常用的稀释剂有哪几类？使用时应注意哪些问题？
4. 简述球磨机的结构及工作原理。
5. 分析影响球磨粉碎效率的因素。
6. 筛分的主要作用是什么？
7. 在陶瓷长石生产中，对物料进行磁选的目的是什么？
8. 简述过滤式泥浆磁选机的结构及工作原理。
9. 简述搅拌机的结构及工作原理。

项目四　可塑坯料的制备技术

学习目标

1. 掌握陶瓷可塑坯料的制备技术
2. 能制备出碗、盘、杯、碟等圆形、敞口物件所用的可塑坯料

知识要求

1. 熟悉陶瓷可塑坯料的制备工艺流程
2. 了解隔膜泵、压滤机、真空练泥机等设备的结构、工作原理及使用方法
3. 了解可塑坯料的质量要求

技能要求

1. 会合理选择可塑坯料的制备工艺流程
2. 能正确使用隔膜泵、压滤机、真空练泥机等设备

原料的加工与坯料制备工序其实是一贯的，有时交叉进行，如筛选与除铁，就需要多次进行，不仅在原料加工时需要，在配合成坯料后还需进行，因此两者很难划分界限。

知识点一　选择可塑坯料的工艺流程

（一）工艺流程的选择

可塑坯料制备的工艺流程主要有以下四种：

高岭土（不子）→称量- - - - - - - →
瓷石→雷蒙机粉碎→袋装进厂→称量入池
→搅拌化浆→过筛除铁→泥浆池→压滤
↓
真空练泥→陈腐→二次练泥→可塑坯料

流程一

（注："不子"是指在景德镇将高岭土、瓷石等原矿在当地舂细、淘洗后制成砖式，名为"不子"或"白不子"，"不"音"敦"，上声）

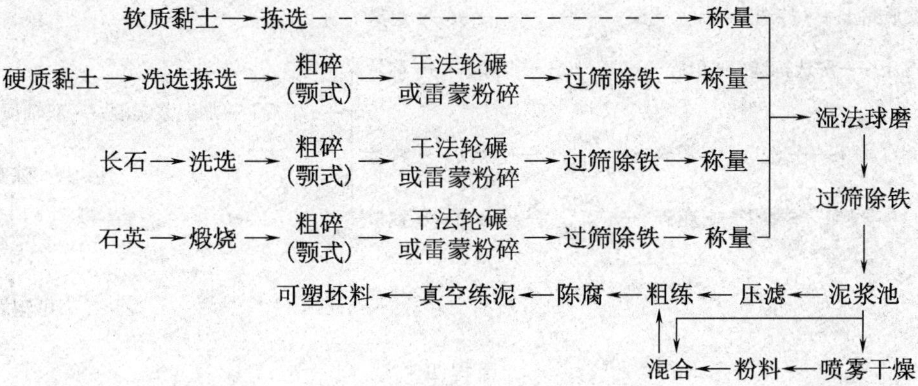

流程二

（1）流程一　采用粉料进厂进行称量配料，混合化浆。这种坯料制备工艺流程的特点是：不用球磨，减少投资，减少能耗；原料生产专业化、规格化，提高和保证了原料的质量，有利于产品质量的稳定；雷蒙机粉碎会带入杂质，加重了除铁的负担；雷蒙粉的颗粒级配不合理，影响了泥料的可塑性；混合雷蒙粉，由于原料的密度不同，使得同一批混合粉中的前后组成有差别；粉尘较大，工人的工作环境较差。

（2）流程二　将分别粗碎后的硬质原料和软质原料按配方称量再一起投入球磨。这样得到的可塑坯料其均匀性好，颗粒级配较理想，且细颗粒较多，有利于可塑性的提高。但球磨效率低，能耗大，干法轮碾或雷蒙粉碎时粉尘大，工人工作环境差，需要除尘设备。

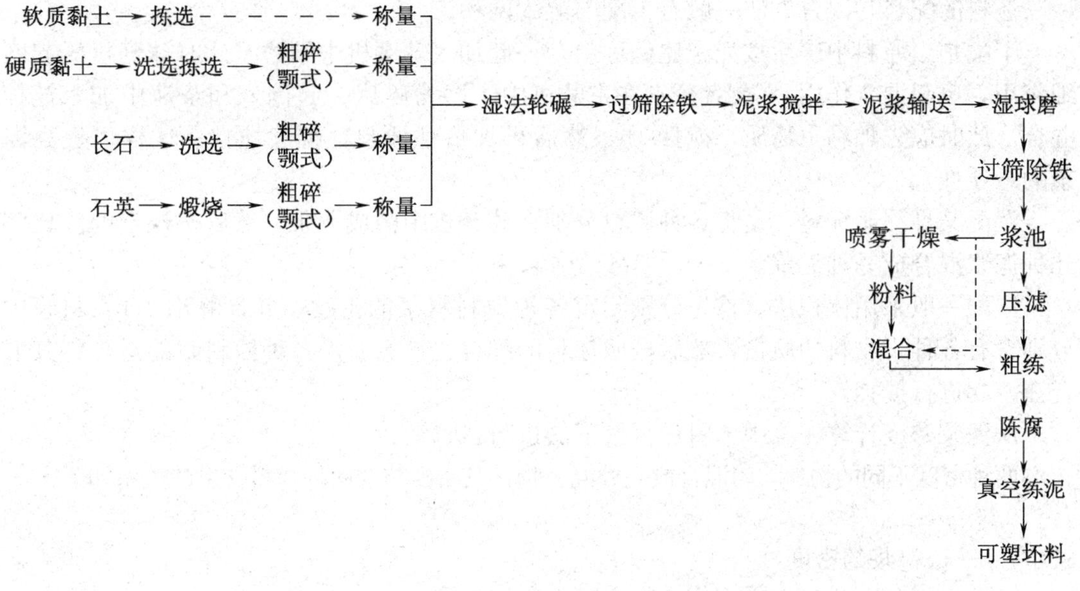

流程三

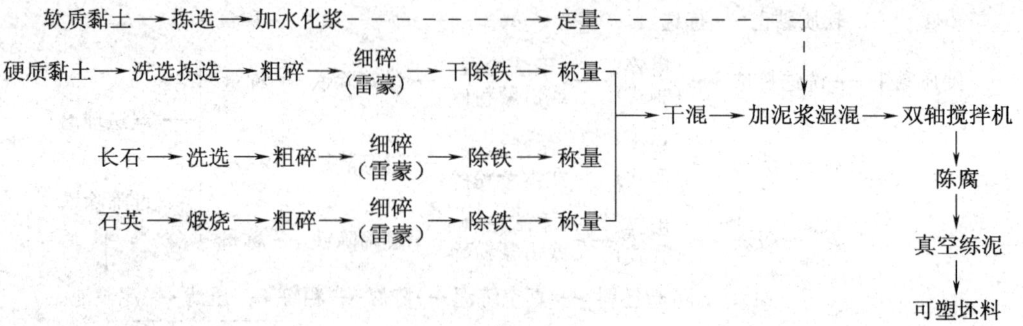

流程四

(3) 流程三　采用了湿法轮碾，解决了粉尘问题。进行湿法装磨，降低了工人的劳动强度并提高了装磨效率。但是，这种方法的配料准确性较差。将硬质原料和软质原料称量进行湿碾后的泥浆流入浆池，再用砂浆泵打入球磨机进行湿磨的过程中，由于硬质原料和软质原料密度不同，砂浆泵将一个浆池中的泥浆先后分别打入几个球磨机，各球磨机中泥浆的组成一定有差别。解决这一问题的方法是按一池一球磨进行称量湿轮碾。但又增加了浆池的数量。

(4) 流程四　采用干粉干混再加泥浆湿混工艺，减轻了劳动强度和减少了压滤工序，便于连续化生产。但坯料的均匀性和可塑性较差，而且雷蒙粉中带入一定量的铁杂质，降低了原料的质量。

(二) 配料方式

坯料的配料与混合方法一般有干配与湿配两种。

干配是当原料中碎后按配合比例称料，一起加入球磨机中细磨（此时球磨机既起磨细作用，也起混合作用），或者分别在雷蒙机中干磨粉碎后一起倒入和浆池中加水搅拌混合（此时应先加黏土物质，搅拌 1h，然后再加瘠性原料，继续搅拌，这样可提高泥浆的悬浮性）。

湿配又称泥浆配料，是将各种原料分别在球磨机中磨成泥浆，然后按规定的配比将几种泥浆混合成一种泥浆。

湿配一般采用体积法。首先分别测定各种原料料浆的密度，并计算出 $1cm^3$ 料浆中分别含有各种干物料的质量，然后按照坯料的配合比计算所需各种原料浆的量，将其混合在一起进行搅拌。

从泥浆密度计算泥浆中干料量可按下法进行：

两种密度不同的物料均匀混合成一种混合物，其密度与这两种物料含量的关系如下：

$$\rho=\rho_1 x+\rho_2(1-x)$$

式中：ρ——料浆的密度

ρ_1、ρ_2——两种不同物料的密度

x——两种不同物料中之一的含量

（三）可塑坯料的质量要求

日用陶瓷坯料通常是指将陶瓷原料经过配料和加工后，形成具有成型性能、符合质量要求的供成型用的多组分混合物。成型方法的不同，对坯料的基本工艺性能要求也有所不同，而这些要求又是制定坯料配方的重要依据。

可塑法成型的坯料其主要性能要求如下：

（1）具有良好的可塑性　可塑性是塑性坯料的主要工艺性能，是成型的基础。为了保证泥料在各种成型操作条件下能够顺利延展成为要求的形状，要求泥料具有好的可塑性。

（2）在具有可塑性的条件下，坯料含水率应尽可能低些　可塑坯料的含水率取决于物料的性质和采用的成型方法。一般在19%～26%。如手工成型（拉坯、印坯）的塑性坯料其水分在24%以上，旋压成型水分在21%～25%，滚压成型水分在20%～22%。坯料含水率的大小应与坯料的可塑性指要求相适应。只有这样才能制备出良好的塑性坯料。

（3）收缩率不能太大　坯料的收缩率包括干燥收缩率、烧成收缩率及总收缩率。坯料的收缩率的大小对于坯体造型与尺寸的稳定性起着重大的作用，同时，还可以衡量坯料的成型性能和烧成性能。特别是在调整坯料的配方及坯料的性能时有着重要的意义。另外，涉及模型及匣钵等配套用品的尺寸变动以及产品规格尺寸的稳定，更应全面考虑。坯料的干燥收缩率一般为4%～7%，烧成收缩率为9%～11%，总收缩率为13%～16%。收缩率可通过瘠性物料和塑性物料相对含量来调节。

（4）干坯强度较高　坯体的干坯强度是指坯体干燥后的机械强度的大小，是衡量坯体干后性能好坏的重要指标，是坯料结合性能的具体体现。常用抗折强度来表示。坯体的干坯强度越高，则修坯、施釉、作画等在生坯上的操作越顺利，坯件破损程度就越小，半成品率就越高。影响干坯强度的主要因素是所用黏土的种类及结合性能的强弱。一般情况下，坯料中引入结合性能良好的黏土并对坯料进行细粉碎就能获得较高的干坯强度，有利于半成品质量的稳定和提高。通常，为保证各生产工序的顺利进行，干坯强度即坯体的抗折强度在1MPa以上。

（5）坯料的细度应合适　坯料细度大小严重影响坯料的许多工艺性能和产品性能。如坯料中的细颗粒增加则会相应提高坯料的可塑性、干坯强度，提高坯体在烧成过程中的固相反应速度、节约能量，提高产品的性能。然而，坯料中的细颗粒含量过高和细颗粒太细时，不仅会加大物料加工难度，还会提高成本，提高坯料在成型时的工作水分，给成型带来困难，而且延长干燥时间，加大坯料的干燥收缩，导致坯体的变形或开裂。生产中一般用万孔筛的筛余量来表示和控制检测坯料细度的大小。坯料的细度是根据所采用的成型方法和产品的性能要求来确定的。一般坯料的细度控制在万孔筛筛余量为1.5%以下。

（6）空气含量低　塑性坯料中含有7%～10%的空气。它们以分散的空气泡的状态存在于泥料中，或吸附在粒子的表面，也可能以较大的空气泡吸附在坯体中。空气泡可以降低泥料的可塑性及提高其弹性，从而影响泥料的操作性能及产品的强度。应通过陈腐、真空练泥等工艺措施排除空气，以改善塑性坯料的成型性能。

知识点二 泥浆泵输送泥浆

泥浆中含有大量的泥沙，如用一般的往复式唧筒泵输送，很快就会把活塞和筒壁磨损，在榨泥时又需要高压力输送泥浆，所以各种离心泵也不适用（离心泵只能用于低压送浆）。陶瓷厂输送泥浆都采用往复式隔膜泵或液压柱塞泵。

（一）往复式隔膜泵

往复式隔膜泵简称隔膜泵，其作用是从贮浆池中吸取泥浆，向压滤机输送压力较高的泥浆。目前，我国能制造输送压力为 2MPa 以上的隔膜泵。

1. 构造和工作原理

图 4－1 所示为隔膜泵结构示意图。它由机架、机械传动系统、柱塞和液缸、隔膜和隔膜室、阀门和阀门室、空气室和压力调节器等主要部件组成。

（1）机架（图中未画） 它是安装和支承机械传动系统及泥浆输送系统的构件，用铸铁或铸钢整体铸造而成，其装配面上需要经机械加工。通过地脚螺钉安装在混凝土基础上，要求机架在保证有足够的强度和刚度的前提下，质量轻、尺寸小。

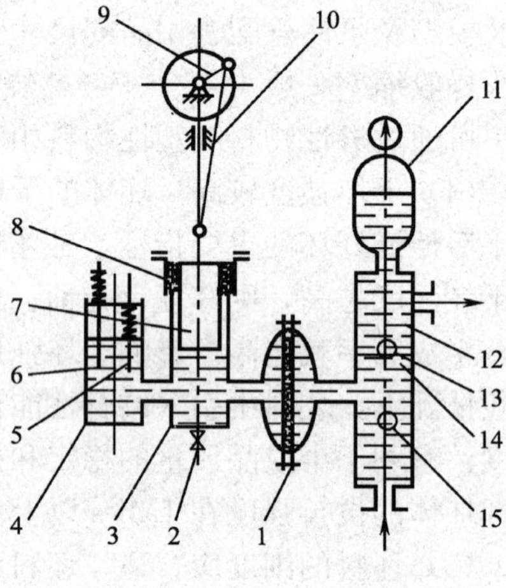

图 4－1 隔膜泵结构示意图

1—隔膜 2—放油阀 3—液缸 4—调压筒 5—调压阀 6—注液阀 7—柱塞 8—密封件 9—曲柄 10—连杆 11—空气室 12—限位板 13—出浆阀 14—阀座 15—进浆阀

（2）机械传动系统 隔膜泵的送浆作用，首先是由于液缸 3 内的柱塞 7 往复运动获得的。为使这种往复运动不产生过大的惯性冲击力，在负荷较大的情况下，通常要求曲柄 9 的转速小于 60r/min。因此，隔膜泵的传动系统，在传递动力的同时还必须有一定的减速比。

机械传动系统包括电动机、减速器或皮带传动和曲柄滑块机构等。

用机械传动和曲柄机构将电机的高速转动转换为低速的往复直线运动主要存在以下问题：①运动转折多，效率低，结构笨重；②曲柄销等磨损后噪声大，密封受到侧压力的影响；③难以实现调速和自动控制。

用液压传动除了液压技术本身的问题外，上述问题可以得到较好的克服或解决。近年来发展速度很快。

（3）柱塞和液缸 圆柱形柱塞 7 一般为空心铸铁件，它可以在液缸 3 内做往复运动。柱塞和液缸的接触表面应按配合要求作精加工。缸的上端有密封装置。柱塞和液缸的数量，可以是一个、两个或多个，前者称为单缸泵，后者称为双缸泵或多缸泵。多缸泵生产能力较大，输送泥浆的流量和压力较均匀，但结构复杂，造价较高。目前应用较广的是双缸泵。

(4) 隔膜和隔膜室 隔膜和隔膜室是这种往复式泥浆泵特有的部件。隔膜的作用是把机械活动部分与泥浆输送部分隔离开来，并在柱塞往复运动时产生弯曲弹性变形，造成缸内容积变化，使隔膜泵完成吸浆和输浆。隔膜通常是一块厚10～25mm的圆形橡皮，有很好的强度和柔韧性、耐油耐热，一般选用低硬度耐油橡胶材料。

(5) 阀门和阀门室 在阀门室中有进浆阀15和出浆阀13。进浆阀下方与进浆管道相连；出浆阀上方与出浆管道相连。目前常用的阀门为球形阀和平板阀，它们都是单向阀。依靠液压向上顶开，依靠自重落下复位。限位板12用来限制阀体离开阀座的距离。为检修、安装方便，阀门室上开有检修孔，平时用盖板封闭着。

(6) 空气室 空气室11是一个圆球形（或圆柱形）的中空壳体，内部充填一定压力（一般为1.013×10^5Pa）的空气。其作用是缓和泥浆泵输出流量和压力的脉动，减少泵体和管道的振动、噪声，提高泵的使用寿命。

(7) 压力调节器 压力调节器由调压筒4、调压阀5和注液阀6等组成。调压筒内装有与液缸中相同的液体，它的底部与液缸相通。调压阀5被压力弹簧压在阀座上，压力大小可以调节。注液阀被拉力弹簧拉紧在阀座上，其拉力也可调。

压力调节是这样进行的：当柱塞7向上运动时，液缸内压力下降，形成负压，在外界大气压与缸内压力差值大到足以克服拉力弹簧的拉力时，注液阀6便向下拉开，调压筒上腔的液体便流入液缸，于是缸内压力不再下降；当柱塞7向下运动时，缸内压力增加，形成正压，当正压值大到足以克服压力弹簧的压力时，调压阀5打开，缸中的液体流向调压筒上腔，缸内压力不再增加。而液缸内的压力是通过隔膜传递给阀门室中泥浆的，缸内压力大小反映了隔膜泵输浆压力的大小。所以，只要调节压力弹簧的压力，即可控制泵输浆压力的大小。由此可见，压力调节器有调压、保险作用，又有补液作用。

隔膜泵的工作原理是：电动机经减速器带动曲柄连杆机构，使柱塞做往复运动。在柱塞上升时，液缸容积增大，缸内压力下降，造成负压。当缸内压力降至小于阀门室中的压力时，隔膜向液缸一侧弯曲变形，这时，阀门室容积逐渐增大，室内压力也随之降低。当出现较大负压时，泥浆在外界大气压作用下，冲开进浆阀15，进入阀门室。当柱塞下压时，缸内容积减小，压力渐增，并通过液体传递给隔膜。当缸内压力大于阀门室中压力时，隔膜向阀门室一侧弯曲变形，充满在阀门室里的泥浆受到隔膜的推力，压住单向进浆阀，当推力大于出浆阀压力时，泥浆冲开单向出浆阀13，进入输浆管道，将泥浆输送到压滤机。只要柱塞不断往复运动，就能使泥浆被隔膜泵吸入和输出。

2. 使用

(1) 开机前，先要检查各运动部件是否有故障，润滑情况是否良好，泵体与配管连接处是否有漏气现象。

(2) 在液缸和调压筒内应加满液体。按输浆压力大小，用正确的方法调节好压力调节器中的弹簧的弹力。

(3) 检查阀门情况，并把泥浆灌入阀门室，以利及时送浆。

(4) 若在出浆管道上装有截止阀，在开机前必须将它打开。

(5) 隔膜泵是一种定量泵，一般来说其流量是不能调节的。如果要调节流量，可在出浆管道上安装旁路支管。切忌在出浆管上装阀门来调节，否则将造成事故。

(6) 隔膜泵具有一定的自吸能力，为了防止泵停止工作后，进浆管内泥浆中固体颗粒沉降堵住浆管底阀，使泵无法工作，允许不装座阀。

表 4—1 为隔膜泵的型号规格和主要技术性能。

表 4—1　　隔膜泵的型号规格和主要技术性能

型　号	规　格	曲柄转速 / (r/min)	最大工作压力/Pa	流　量 / (m^3/h)	缸数	电机功率 /kW	外形尺寸 (长×宽×高) /mm
NB92	ϕ92×150	62	1.0	1.8	1	2.2	1210×760×1380
NB125	ϕ125×184	60	1.0	5	2	5.5	1985×1100×2245
K—100	ϕ100×180	34	1.2	4.6	2	4	1237×1430×1755
GM62	ϕ62×100	44	0.8	0.7	1	1.5	500×400×970
GM125	ϕ125×184	60	1.4	5	2	5.5	1985×1600×2245

3. 常见故障的产生原因及排除方法

隔膜泵常见故障的产生原因及排除方法见表 4—2。

表 4—2　　隔膜泵常见故障的产生原因及排除方法

故障现象	产　生　原　因	排　除　方　法
蜗轮箱发热	(1) 蜗轮蜗杆啮合不良 (2) 蜗轮箱缺油 (3) 轴承过紧	(1) 调节蜗轮轴向位置 (2) 及时补充至规定油位 (3) 适当调松轴承间隙
吸不上浆	(1) 进浆阀或出浆阀卡死 (2) 进浆管路或结合面有漏气现象 (3) 缸座内有空气未排除干净 (4) 调压筒内没加水或水未注满缸座 (5) 泵的吸浆高度过大或进浆管堵塞 (6) 柱塞或密封圈严重磨损	(1) 排除 (2) 调整 (3) 排清空气 (4) 加满水 (5) 重新安装、排除堵塞 (6) 更换柱塞或密封圈
排浆量不足	(1) 进浆管泄漏 (2) 阀门失灵 (3) 调压阀或补水阀泄漏 (4) 柱塞密封不良有泄漏 (5) 隔膜弹性差 (6) 连接处有漏气现象	(1) 清除 (2) 更换阀门 (3) 清除 (4) 更换密封 (5) 更换隔膜 (6) 排除漏气现象
压力上不去	(1) 因某种原因排浆量不足 (2) 出浆管路泄漏 (3) 调压弹簧刚度不足	(1) 见“排浆料不足” (2) 清除 (3) 更换弹簧

4. 发展趋势

(1) 提高泵的排出压强 按我国当前泥浆泵的使用情况，泥浆泵的排浆压强可划分为：

低压泥浆泵——排浆压强在 15×10^5 Pa 以下；

中压泥浆泵——排浆压强在 $(15\sim40)\times10^5$ Pa；

高压泥浆泵——排浆压强在 40×10^5 Pa 以上。

从当前配用于压滤较低水分的泥料（约含水分 20%）和压力喷雾干燥等地方，目前生产最需要的是中压泥浆泵。

(2) 多品种系列化 目前世界上生产的泥浆泵，柱塞直径为 30～235mm，压强高达 200×10^5 Pa，单缸输浆率由很小至 22.5m^3/h。

(3) 研制无隔膜泵 如刚玉材料制成的柱塞泵不需要隔膜，用液隔代替隔膜等。总之，取消隔膜后泵的结构大为简化。

(4) 研制性能更完善的泥浆泵 随着生产工艺的不同，使泵的压强、流量有良好的调节性能。

(二) 液压柱塞泵

液压柱塞泵是利用液压驱动柱塞做往复运动的容积式泥浆泵。

液压柱塞泵是伴随喷雾干燥工艺而发展起来的一种泵型，其结构简单、维修容易、工作可靠。随着柱塞直径的加大，泵流量加大，也成为适于向高层、远距离输浆的泵，同时适用于单泵向多台压滤机供浆（如在污水站），使用范围在扩大。

1. 构造和工作原理

液压柱塞泵的结构部件主要有供油系统、动力油缸和陶瓷柱塞泵等。

(1) 供油系统 供油系统的作用是提供压力油，实现动力油缸内活塞杆的交替往复运动。如图 4－2 所示，油泵 2 在电动机 1 带动下，从油箱吸油，输出的压力油经单向阀 3、换向阀 5 到油缸 7 的上腔（无杆腔），推动活塞杆向下运动，油缸 7 下腔（有杆腔）的油经滤油器流入油缸 6 的下腔，使其活塞杆向上运动，油缸 6 上腔的油经换向阀回油箱。改变换向阀的工作位置，则可使压力油进入油缸 6 的上腔，从而使活塞杆 6 向下运动，而活塞杆 7 向上运动。

油泵的输出油压，可根据工作需要由溢流阀 4 调定。

(2) 动力油缸 动力油缸 6、7 立式安装，串联相接。它们的两根活塞杆与柱塞泵中的陶瓷柱塞直接相连，并带动陶瓷柱塞做上下往复运动。

机控单向阀和相位校正板的作用是保证两动力油缸中的活塞杆有恒定的相位差运动。

(3) 陶瓷柱塞泵 图 4－3 所示为陶瓷柱塞泵结构示意图。它由陶瓷柱塞 1、液缸 6、进浆阀 5 和出浆阀 3 等组成。

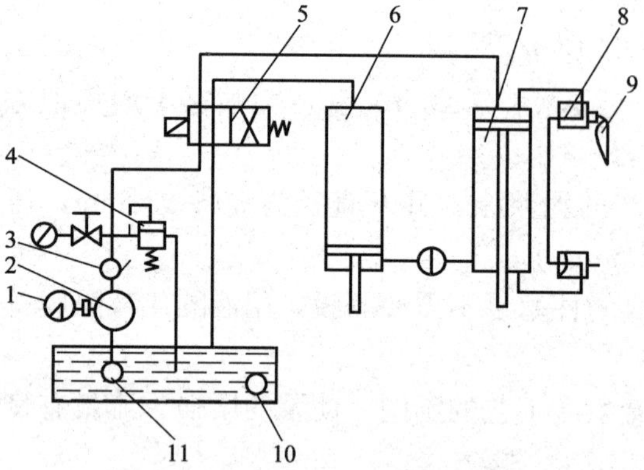

图 4－2　液压双缸柱塞泵液压传动系统

1—电动机　2—定量油泵　3—单向阀　4—溢流阀　5—换向阀　6，7—动力油缸　8—机控单向阀　9—相位校正板　10—冷却器　11—滤油器

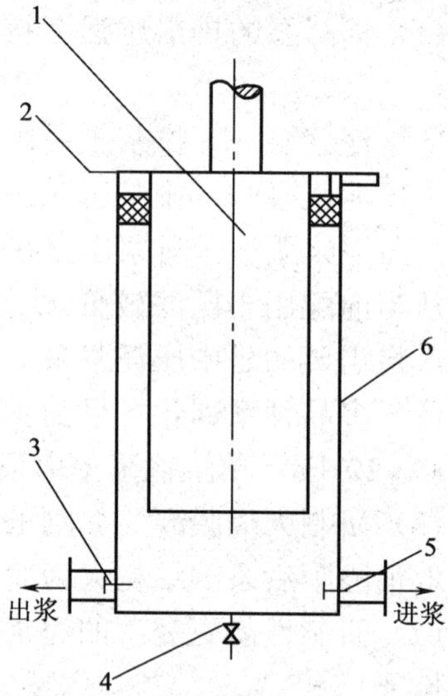

图 4－3　陶瓷柱塞泵结构示意图

1—陶瓷柱塞　2—密封件　3—出浆阀　4—放浆阀　5—进浆阀　6—液缸

两个陶瓷柱塞由动力油缸的活塞杆带动做上下交替的往复运动。当柱塞向上运动时，缸内容积增加，压力降低，形成负压，泥浆在大气压力作用下，冲开进浆阀 5 进入缸的下腔，完成吸浆；当柱塞向下运动时，缸内容积减小，形成正压，当正压增加到一定值后，冲开出浆阀 3，经管道输送泥浆。

液压柱塞泵的工作原理是：由电机启动油泵，通过溢流阀 4 调定油压，压力油经单向阀、换向阀输向动力油缸。通过机动换向阀换位，使压力油交替进入动力油缸 6、7 的上腔，推动活塞杆并带动下端的陶瓷柱塞随之交替上行和下压，完成吸、排浆动作。

表 4－3 为液压柱塞泵的型号规格和主要技术性能。

2. 液压柱塞泵优缺点

（1）优点

① 由于采用液压驱动，可以在高压下平稳工作，另外，不存在容易损坏的隔膜，所以可以获得较高的输浆压力。一般最高压力为 2.5MPa。

② 用陶瓷柱塞代替隔膜的作用，并采用耐磨性和耐腐蚀性较高的高铝材质，可以保证工作的可靠性、工作寿命和泥浆性能不变质。

③ 易实现调速、调压和过载保护。

④ 结构较紧凑、效率较高，便于实现自动化操作。

（2）缺点

① 加工和装配要求较高。如动力油缸和陶瓷柱塞缸的同轴度要求严格。如果陶瓷柱塞偏心，则会造成密封圈受力不均，局部磨损，引起局部漏浆。

表 4－3　　液压柱塞泵的型号规格和主要技术性能

型号	主要参数					有关尺寸						
	流量/(m^3/h)	压力/MPa	电机功率/kW	冷却水量	净重/kg	进浆口高度/mm	进浆口连接	出浆口高度/mm	出浆口连接	地脚尺寸/mm	平台尺寸/mm	最大外形尺寸(长×宽×高)/mm
YB85－0.1～0.9	0.1;0.4;0.6;0.9	2.0	1.5	接 4′或 6′自来水管 1 根即可	420	180	G2″	180	G1 1/2″	1130×420	1300×420	1215×850×1500
YB85－1.5～2.8	1.5;1.8;2.8	2.0	4									
YB110－2.8～3.8	2.8;3.8	2.0	4/5.5		800	157	G2″	489	G1 1/2″	1540×455	1700×520	1600×1070×1860
YB110－5.5	5.5	2.0	7.5		830							
YB120－6.1～7.1	6.1;7.1	1.0	11		850							
YB140D－10	10	2.0	11		900	153	G2″ 3/4″	497	G2			1600×1120×1900
YB140－10～13	10;13	2.0	15		950							
YB200－15～19	15;19	2.0	18.5		1200	151	法兰	571	M95×2	1620×460	1900×520	1670×1280×2100
YB200－24	24	2.0	22		1250							
YB200D－19～24	19;24	1.0	15		1180							
YB250－25～35	25;28;35	1.0	15		1500	177	法兰	627	M100×2	1790×565	2100×700	1950×1480×2250
		2.0	22									
YB300－35～45	35;40;45	2.0	3.0		2800	170	法兰	643	M100×2	2010×565	2320×700	2130×1730×2100

② 陶瓷柱塞制造困难，价格较贵。

③ 采用了部分非标准液压元件。如有的液压柱塞泵，为减少换向冲击采用的先导二位四通换向阀，属非标产品，要专门设计，制造，同时，也给维修带来不便。

知识点三　压滤机对泥浆的脱水

采用湿法球磨制备泥料，泥浆含水率通常在60%左右，而成型工序要求料浆的含水率较低，如注浆法为30%～35%；可塑成型用坯料，其含水率则为19%～26%；干法为4%～11%。因此，泥浆必须经过脱水工序除去多余水分以满足成型要求。把料浆中水分除去的操作称为脱水。

脱水操作一般采用压滤脱水法。也有采用喷雾干燥法制备可塑坯料的新工艺。

压力过滤是指将泥浆输送到具有很多毛细孔的过滤介质中，在压力作用下，泥浆中的水分自毛细孔通过，将固体物料截留在介质上，从而把泥浆中的水分除去的操作，简称压滤。完成压滤操作的设备称为压滤设备。

压滤的工作过程是：用泥浆泵把料浆从贮浆池中吸入，并以一定压力将料浆压入压滤机内，在排除部分水分后得到含水量较低的滤饼。其流程表示如下：

贮浆池→泥浆池→压滤机→卸出滤饼入练泥机

↓排出滤液

压滤机按滤室的构造不同，分为箱式（或称凹板型、单式）压滤机和板框式（或称复式）压滤机两类。

由于箱式压滤机占绝大多数，故这里仅介绍箱式压滤机。

（一）构造和工作原理

箱式压滤机主要由过滤部分、压紧装置、机架等三大部分组成，如图4－4所示。

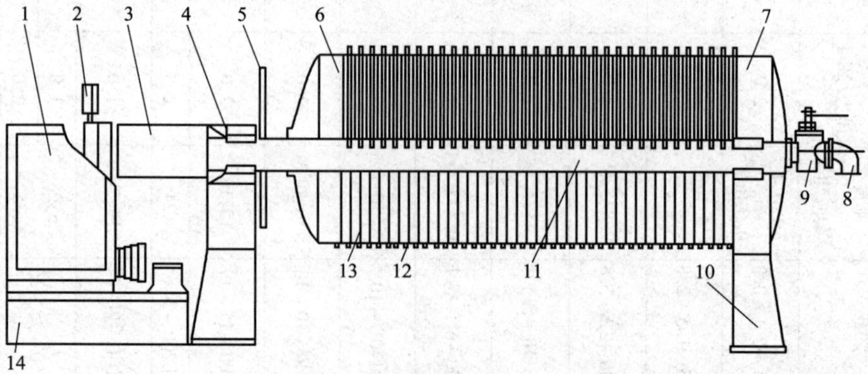

图4－4　箱式压滤机示意图

1—电气箱　2—电接点压力表　3—油缸　4—前座　5—锁紧手轮　6—头板　7—尾板　8—料浆进口　9—旋塞　10—机架　11—横梁　12—滤液出口　13—滤板　14—油箱

1. 过滤部分

压滤机的过滤部分由40～60片滤板、筛板、滤布及头板、尾板等组成。滤板形状主要有圆形和方形两种，材质有铸铁、铝合金以及工程塑料等，滤板外缘有环形槽，装有橡胶圈以防料浆喷漏，中心处有一圆孔，以形成一条料浆通道，中间顺水槽与滤液出口相通，如图4－5所示。工程塑料的滤板在凸缘上一般不设置密封槽。

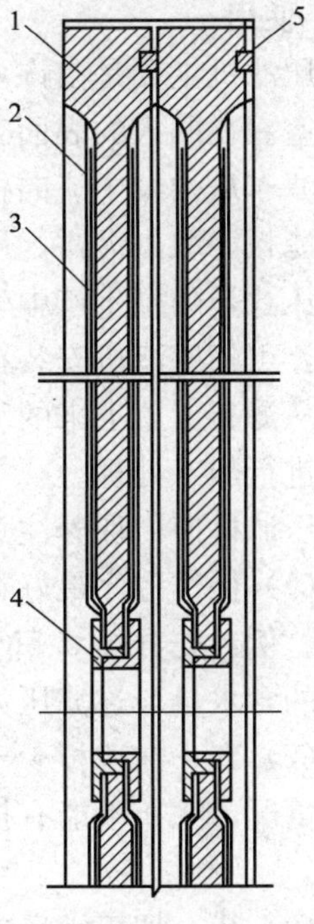

图4－5　滤板的组成图

1—滤板　2—滤布　3—滤布垫板

4—空心螺栓　5—橡胶垫圈

作为滤布垫板的铝质筛板和滤布，用铜质或塑料质空心螺栓（也称滤芯）夹紧于滤板的两侧。筛板作用是保证顺水槽的畅通，防止因滤布贴紧滤板而堵塞顺水槽。滤布多用帆布或尼龙布制成。

头板和尾板也相当于单面的滤板，又称为机头和机尾或堵头和堵尾。尾板固定在机架上，中心也有进浆口，与管道和隔膜泵出浆口相连。头板则直接承受压紧装置的压紧力。

操作压滤机时，首先把装好滤布的滤板全部放置在机架的横梁上，然后用压紧装置压紧。这样，在每两块滤板之间，就构成了一个滤室。滤浆用泵送入，经由尾板的进浆口后分别进入每个滤室。在压力作用下，滤液通过滤布、筛板和滤板上的排水槽，最后汇集于滤液出口流出。固体物料则由于滤布的阻拦而在滤室中形成滤饼。当滤室中充满滤饼，滤液流出速度很慢时即可停止送浆，排除余浆，松开滤板，取出滤饼，然后再装好使用。

在过滤过程中，如发现某一滤液出口流出的滤液混浊不清，则说明该处可能滤布安装不好或有破损，此时应将该处出口堵住，以免损失虑浆。

2. 压紧装置

根据压滤机的工艺过程和操作要求，压紧装置应实现压紧、保压、卸压退回等动作。实现上述动作常采用下述两种压紧装置：螺旋式压紧装置和液压式压紧装置。

螺旋式压紧装置又分手动螺旋式压紧装置和机动螺旋式压紧装置；液压式压紧装置又分全液压压紧装置、液压顶紧机械锁紧的压紧装置。

不管采用哪种压紧装置，都必须产生足够的压紧力将相邻滤板压紧，以防止料浆在压力下从相邻滤板的压紧面之间泄漏出来，保证机器正常工作。

3. 机架

机架部分是机器的主体，用以支撑过滤机构，连接其他部件。它主要由机头、机尾的支承架及导杆组成。在支承架上用螺帽紧固着两平行的导杆，导杆用于支承全部过滤组件，它承受均布载荷引起的弯曲应力和压紧滤板时所产生的拉应力。支承架和导杆应有足够大的强度和刚度。

4. 辅助部分

包括集中排液装置、移板卸料装置、滤饼输送装置、清洗滤布装置。

（二）使用

压滤机主要是由许多双面凹入的方形或圆形滤板所组成，每两片滤板之间形成一个过滤室。在凹入的表面上刻有环形沟纹，泥浆在压力作用下从进浆孔进入过滤室，水分通过滤布从沟纹中流向排水孔排出，在两滤板间则形成了泥饼。当水分停止滤出时即可打开滤板，取出泥饼。压滤时间一般为45～65min，回坯泥的压滤时间则较长。

压滤是陶瓷生产中生产效率低，劳动强度又大的一道工序。为了减轻压滤机的劳动强度，可将压滤机安装在离地面高1.5～2m的平台上，平台下面设有小车或皮带运输机，从滤布上脱下来的泥饼直接落在小车或皮带运输机上，送往泥库陈腐或送往真空练泥机进行加工处理。

压滤机使用保养注意事项如下：

(1) 操作程序最好在开头从低压开始，维持近似于恒速过滤，一段时间后维持恒压过滤。例：先升至0.5MPa压力保持20～30min，然后升至终压1.2MPa，至压滤结束。泥饼的含水量与过滤压力的大小有关。

(2) 禁止在滤板少于规定数量的情况下开机工作，以免损坏机件。加料前检查滤板排列情况，滤布不能有折叠现象，防止发生较大渗漏；卸饼后滤板一定要紧靠压紧排列整齐。

(3) 待一切正常后方可压紧滤板加压过滤，过滤压力和过滤温度必须在规定范围之内，过滤压力过高会引起渗漏，过滤温度过高塑料滤板易变形，加料时悬浮液要浓度均匀。不得有混杂物；卸饼后滤布及滤板必须冲洗干净，不允许残渣黏贴在密封面或进料通道内，否则会影响进料畅通及滤板的密封性，从而相起因滤板两侧压力不平衡，导致滤板变形损坏。

(4) 滤布的选择一定要符合滤浆的过滤技术要求，新滤布制作前应先缩水，开孔直径应小于滤板孔径，配套滤板时布孔与板孔应相对同心，进料孔布筒应贴紧筒壁，否则会造成，过滤不清，过滤速率低，布筒破裂，达不到预期过滤目的后果。

(5) 压滤机在压滤初期，滤波较混浊，当滤布上形成一层滤饼后滤液就会变清。如滤液一直混浊或有清变混，则可能是滤布破损或布孔与板孔偏差，此时要关闭该阀或停止进料更换滤布。滤板间允许有滤布毛细现象引起的少量渗漏。

(6) 移动滤板时，用力应均匀适当，不得碰撞、摔打，以免损坏密封面及滤扳手把。滤布使用一段时间后会变硬，性能下降，为此需做定期检查，若发现有变更影响过滤速率的现象，则可用相应低浓度的弱酸、弱碱进行中和清洗，使滤布恢复功能，无法恢复则及时更换。

(7) 浆料、洗液或压缩空气阀门，必须按操作程序启用，不能同时启用，隔膜挤榨时压缩空气压力不能超过过滤压力。

(8) 使用回坯泥时，必须加入一定量的新料，否则过滤阻力会很大。把料浆加热，可降低泥浆黏度，加快过滤速度，缩短过滤时间，但温度不宜太高（不超过60℃）。

箱式压滤机结构简单，操作方便，但是生产效率低，设备笨重，劳动强度大，而且是间歇式作业，难以实现生产过程的自动化和连续化。它是制备可塑性坯泥脱水用的必备设备。

表4—4列出了箱式压滤机的规格和主要技术性能。

表4—4　箱式压滤机的规格和主要技术性能

型号	滤板		过滤面积/m^2	最高过滤压力/MPa	生产能力/（kg/次）	外形尺寸（长×宽×高）/mm	设备重/kg
	直径/mm	数量/块					
TCLJ360A	360	25	4	1.2	70	2200×580×860	900
YLφ600A	610	40	20	1.0	460	4055×845×1090	4200
YCYL650B	650	35	20	2.0	500	4135×1160×1170	6500
YCYL650A	650	60	35	2.0	850	5360×1160×1170	6600
YCYL45	800	45	40	1.2	900	4566×1260×1000	9000
YCYL50	800	50	45	1.2	1000	4816×1260×1000	9500
YCYL60	800	60	54	1.2	1200	5316×1260×1000	10500

近年来，根据生产要求，压滤机不断向大型化发展，过滤面积可达400m^2。

（三）影响压滤效率的因素

1. 压力的大小

一般来说，压滤效率与所加的压力成正比。但当压力超过一定数值时，则会降低压滤效率，这个值与泥料的性质有关。按陶瓷泥料的物理性质可简单分为可压缩的成分（如黏土）与不可压缩成分（如长石、石英）两种。不可压缩成分其颗粒大小及形状是不随压力大小的变化而改变的，颗粒间的孔隙大小也不会改变。为此，加大压力对过滤效率是有利的。可压缩性成分在承受相当大压力时则产生变形而挤紧，使颗粒间的毛细管孔道变小，这时继续增加压力，就会降低过滤速率，一般压滤压力为（78.4～117.6）×10^4Pa。

2. 加压方式

压滤操作初期加压不宜采用高压，因为泥浆中的黏土微粒容易使最初一层泥饼在过滤介质滤布上排列过于致密，甚至堵塞滤布的孔眼，影响以后泥浆的过滤速率。因此，一般在加压初期采用较低的压力，然后再增加到最终操作压力。

3. 泥浆温度

温度增高，水的黏度降低，因此，提高泥浆温度，可以提高压滤速率。一般适宜的温度为40～60℃。

4. 泥浆相对密度

泥浆相对密度较小时，往往会延长压滤时间。一般泥浆相对密度为1.45～1.55，含水率在60%左右。

5. 泥料性能

颗粒越细、黏性越强的泥料，过滤操作越困难，因此，一般新浆料压滤所需时间短（需30～60min），而回坯泥所需时间长。为了有利于压滤，通常将新浆与回坯泥料浆按一定比例混合后进行压滤。

6. 电解质

泥浆中加入 0.15～0.2%$CaCl_2$ 或醋酸可促使泥浆凝聚，从而构成较粗的毛细管而有利于提高压滤效率。

（四）常见故障的产生原因及排除方法

表 4－5 列出了箱式压滤机在使用中常出现的故障及产生的主要原因和排除方法，供参考。

表 4－5　箱式压滤机常见故障的产生原因及排除方法

故障现象	产生原因	排除方法
滤板上排水孔漏泥浆	（1）滤布已破 （2）拼帽未拧紧或损坏	（1）修补或更换滤布 （2）拧紧或更换拼帽
滤板密封面喷浆	（1）密封圈破损或失去弹性 （2）密封圈装配不妥 （3）密封处有异物 （4）预紧力太低	（1）更换密封圈 （2）重新装配 （3）去异物 （4）在规定范围内，适当增加预紧力
数块滤板同时破裂	滤板中心通浆孔道被堵塞	疏通通浆孔道
压滤机使用一段时间以后，过滤时间越来越长	滤布的毛细孔被料浆中固体颗粒堵塞	定期清洗滤布
过滤时间太长	（1）料浆黏度太大 （2）料浆中固体颗粒粒度太小 （3）进浆流量太小	（1）可采用将料浆在储浆池用蒸汽加热至40～50℃的办法，降低黏度或在料浆中加入适当的添加剂以降低黏度 （2）根据试验选择合适的滤布 （3）适当增加进浆流量
滤饼含水率太高	进浆压力低	在允许的范围内适当增加进浆压力

知识点四　陈腐与练泥

（一）陈腐与真空练泥

经过压滤所获得的泥饼其组织是不均匀的，而且含有 7%～10%的空气。不均匀的泥料，在干燥和烧成时会产生不均匀收缩。而空气的存在，不但降低泥料的可塑性，还会导致气泡、分层、裂纹等缺陷的产生。因此，脱水后的泥料还需进行陈腐与练泥。

1. 泥饼的陈腐

经过细磨后的坯料（包括可塑坯料、注浆坯料、压制坯料），陈放一段时间后可使水分均匀，提高性能，工艺上称为陈腐。

陈腐又称困料或焖料，是在阴暗、潮湿、温暖的密闭小室内（最好在地下室内），将泥饼贮放一个时期（越长越好）。陈腐可以促使泥料中水分的均匀分布，同时在陈腐过程中还有细菌作用，促使有机物的腐烂，并产生有机酸使泥料的可塑性进一步提高。

陈腐泥库要求保持一定的温度和湿度，以利于坯料氧化和水解反应的进行。因此，贮泥库通常要求关闭，并装有喷雾器，供喷水或喷蒸汽之用。

陈腐时间要几十天甚至几个月，周转期很长，不能排除泥料中的空气，且陈腐泥库需占用较大的面积，因此，有些工厂采用多次真空练泥来代替陈腐。

2. 真空练泥

泥料经过真空练泥，可以排除泥饼中的残留空气，提高泥料的致密度和可塑性，并使泥料组织均匀，改善成型性能，提高干燥强度和成瓷后的机械强度。

泥料进入真空室时被切成细泥条或薄片，空气就在真空室内被抽吸走。一般真空室的真空度应保持在 93～99kPa（700～740mmHg）范围内。

现代各种陶瓷生产，从砖瓦、陶管、大缸至电瓷、日用陶瓷等，只要采用塑性成型，几乎全要用练泥机制备泥料。若在真空练泥机的机头前端装上磨具，使挤出的泥坯具有要求的形状和尺寸，即可兼作挤压成型机使用，此时称真空挤泥机。

（二）真空练泥机的结构和工作原理

真空练泥机是一个机组。它是在真空状态下精练泥料的工作机，无论是何种形式的真空练泥机，都是由主机和抽真空系统组成。主机由传动部分、搅泥部分、挤泥部分、机座及其他相关监控装置等组成；抽真空系统由真空泵、过滤装置及相关阀门、管路附件等组成。

根据结构上的不同，真空练泥机可分为单轴式和多轴式两类。其中多轴式又可分为双轴和三轴两种，生产中普遍使用的是多轴式真空练泥机。

1. 双轴真空练泥机

双轴式真空练泥机的构造如图 4－6 所示。它主要由加料混合部分、挤泥出料部分、抽真空系统、机头、机嘴、动力传动装置等组成。

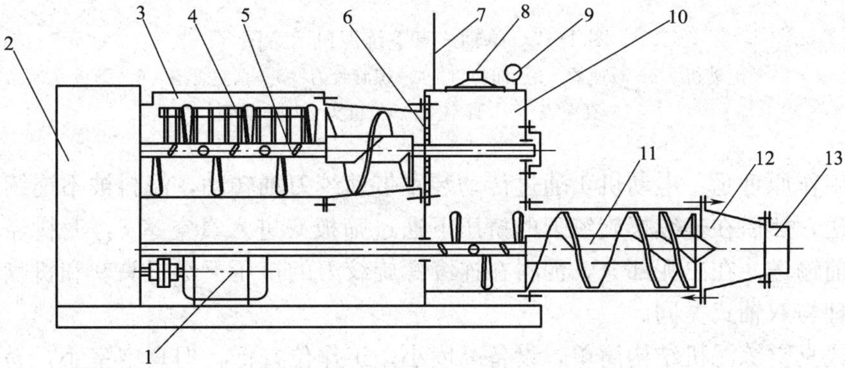

图 4－6 双轴式真空练泥机示意图

1—电动机 2—传动装置 3—加料口 4—梳状挡泥板 5—上绞刀轴 6—筛板 7—真空管道 8—真空室照明灯 9—真空表 10—真空室 11—下绞刀轴 12—机头 13—机嘴

它的工作原理是：电机 1 通过传动装置 2 带动下轴 11 和上轴 5 转动，轴上装有螺旋绞刀，泥料从加料口 3 加入，先经不连续螺旋绞刀破碎、混揉、捏练和输送，再经连续螺旋绞刀的挤压，通过筛板 6 被挤成细小的条状进入真空室 10。在真空室内泥料中的空气被抽走，然后泥料经下轴 11 的挤出螺旋进一步挤压揉练，由机头 12 和机嘴 13 挤出，切断后即成为具有一定截面形状、大小和一定强度、致密度的泥段备下道成型工序使用。在机壳内壁开有的许多纵向（或其他形式）凹槽和加料处装有的固定梳状挡泥板 4，其作用是防止泥料跟随螺旋绞刀一道旋转。

真空室用管子经滤气器与真空泵相通。真空度的大小根据工艺要求而定，一般不宜低于 96kPa（720mmHg）。

双轴式真空练泥机真空室大，挤泥部分长，保证了真空操作，揉练完全。

为了加强对泥料的搅拌和捏练，使泥料混合得更为均匀，有些练泥机在加料部分增加一根平行装设的不连续螺旋绞刀轴，使加料部分实质上成为一台双轴搅拌机，这种练泥机就成为三轴式真空练泥机。

三轴式真空练泥机虽然结构复杂，体积较庞大，但是产量高，泥料的密度、均匀性得到了提高。

2. 单轴式真空练泥机

单轴式真空练泥机如图 4－7 所示。其构造特点是加料部分和出料部分安排在同一根轴上。

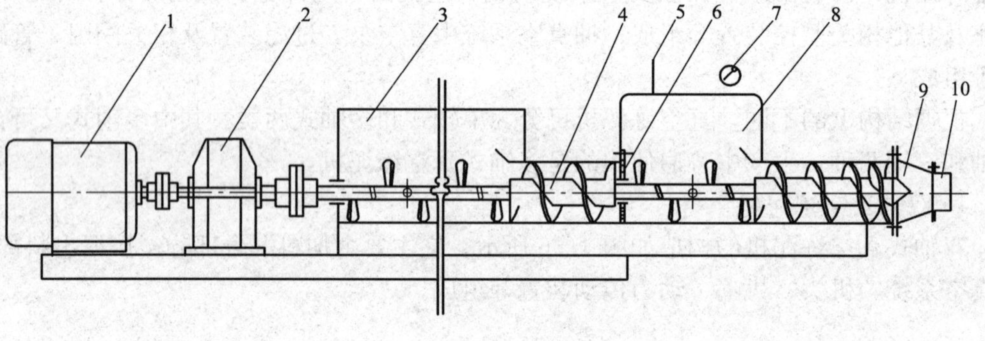

图 4－7　单轴式真空练泥机示意图

1—电动机　2—减速器　3—加料口　4—螺旋绞刀　5—真空管道　6—筛板

7—真空表　8—真空室　9—机头　10—机嘴

它的工作原理是：电动机 1 通过传动装置带动绞刀轴转动，泥料被不连续螺旋绞刀搅拌和输送，然后在连续螺旋绞刀的挤压下通过筛板 6 进入真空室 8，泥料经真空处理后继续向前输送。在出泥部分，泥料在连续螺旋绞刀的挤压下经机头 9 和机嘴 10 挤出。其工作原理与双轴式类同。

单轴式真空练泥机结构简单，设备高度小，工作位置低，但真空室小，易堵塞；轴较长，刚性差，特别是由于结构上的原因，需要在泥料经过的通道上设置一挡轴承。对这挡轴承的密封与润滑都很困难，使用中常因泥料进入轴承内而使轴承很快磨损失效，轴承损坏后也不便更换。因此通常只制成小型的练泥机供试制车间和实验室使用。

（三）影响真空练泥质量的因素

1. 泥料水分

从压滤机出来的泥饼常内外软硬不均，有时边缘已很硬，而内部仍是泥浆。过硬则不易被机内泥刀切碎，导致练泥机发热而影响真空度；过软又容易将真空室堵塞。同时软硬不一的泥饼，练出来的泥段软硬也不一致。

2. 泥料温度

泥饼温度过高容易汽化而影响真空度，温度过低容易造成挤出的泥段层裂。一般冬天室温应保持15～20℃，泥饼温度不低于30℃，但不超过45℃。夏天则温度不应过高，最好用冷泥。

3. 加泥速度

加泥量要根据机器容量大小及泥料性能来决定，不能快慢不均地加入，也不能一大块一大块地加入，加入过快易使真空室堵塞而影响真空度，加入过慢会造成脱节而使泥段产生层裂或断裂。

4. 真空度

真空度当然越高越好，真空度不足会影响泥料性能。

（四）真空练泥机的使用

真空练泥机是陶瓷生产的常用设备，可以单独作为练泥用，也可与挤压成型机相配套使用。

真空练泥机的操作大致按以下步骤进行：

（1）检查练泥机和泥料真空处理装置的完好情况，按使用说明书的规定对各润滑点加足润滑油。

（2）开动真空泵，待真空表达到规定的真空度读数后，方可启动（先开挤出螺旋用电机，再开加料螺旋用电机）。

（3）如真空练泥机有离合器装置，则应先使离合器处于分离状态下开动电机，待电机启动后，才能合上离合器，驱动练泥机。

（4）加料时要均匀且加料量不宜过多。

（5）开始挤出的泥段未经完善的真空处理，不能使用，要重新加入辊槽内。练泥机在工作过程中，应经常对挤出的泥料切片做质量检查，以保证泥料中没有气孔、裂纹和夹层等缺陷，并能使泥料的含水量合乎工艺要求。

（6）应经常检查筛板出泥情况、轴承和机壳的温升情况，注意齿轮啮合的声响，如发现不正常现象，应立即停机检查和修理。

（7）练泥机停机前应先停止加料，待机中泥料尽可能都挤出后，方可停机，以减小下次启动时的载荷。

（8）练泥机停止后，关闭真空泵，盖上加料槽的盖子，用湿布包住机嘴。

上述各点是对真空练泥机操作的基本要求。不同型号的练泥机和真空泵，其操作步骤和要求有所不同，应根据设备的使用说明书来编制设备的操作规程。

我国部分真空练泥机规格和技术性能列于表 4－6。练泥机的规格尺寸以挤压螺旋最大直径（mm）表示。例如 ϕ260 真空练泥机，表示此机的挤压螺旋直径为 260mm，其他结构特点、性能等参阅产品说明书。

表 4－6　　真空练泥机的规格和主要技术性能

型　号	生产能力/（t/h）	出泥部分绞刀转速/（r/min）	电动机			外形尺寸（长×宽×高）/mm	设备重/kg
			型号	功率/kW	转速/（r/min）		
TC－125	0.15	19	JO2－32－6	2.2	940	2100×650×870	400
TL－140	0.2～0.4	20	JO2－42－6	4	960	1860×1200×1000	1100
TCZL20	1	23	JO2－51－4	7.5	1450	2035×540×790	1000
ϕ260A	2～3	24.7	JO2－72－6	22	970	3950×1420×1250	4000
TCZL25	3～5	32	JO2－81－6	30	970	3584×865×1230	3000
TL255－2	3～5	32	JO2－81－6	30	970	3584×865×1230	3000
TCN1340	4～5	38	JO2－72－6	22	970	4000×900×2000	2500
TCMD250A	4～5	32	JO2－72－6	22	970	3635×1420×1300	2500

（五）常见故障的产生原因及排除方法

表 4－7 列出了真空练泥机常见故障的产生原因及排除方法，供参考。

表 4－7　　真空练泥机常见故障的产生原因及排除方法

故障现象	产　生　原　因	排　除　方　法
生产能力降低	（1）绞刀与机壳之间的间隙由于磨损而增大，造成泥料大量回流 （2）筛板堵塞 （3）加料量不足 （4）泥料过干	（1）修理绞刀和机壳衬套，减小间隙 （2）拆下筛板清理 （3）适当增大加料量 （4）适当搭配加入部分含水量较高的泥料
真空室堵塞	（1）由于间隙过大，泥料大量回流到真空室 （2）出料部分绞刀的输送能力降低 （3）泥料水分不均匀	（1）修理绞刀和机壳衬套，减小间隙 （2）修理或调整绞刀、压料滚筒或梳子板 （3）加料时注意干湿泥料的均匀搭配
泥料发热	（1）泥料大量回流 （2）绞刀叶片之间夹有大块异物 （3）泥料过干，与绞刀转速不相适应	（1）见“真空泵堵塞” （2）拆机清除 （3）适当搭配或降低绞刀转速
真空度降低	（1）真空泵性能变差 （2）真空装置大量漏气 （3）滤气器中过滤介质太脏	（1）检查真空泵 （2）查出漏气的地方予以修复 （3）清洗或更换过滤介质

任务　可塑坯料的制备

刀压、滚压、挤压、手工拉坯等成型方法所用的坯料均为可塑坯料。可塑坯料呈塑性状态，是基于黏土的结合性与可塑性，在黏土的基础上加入其他成分与水构成的多相体系。所以可塑坯料的性质与黏土是不可分割的。一般认为可塑坯料是一种被石英、长石等瘠性料所瘠化了的泥料。为了使这种泥料能顺利地被成型为各种产品，要求可塑坯料在含水率低的情况下具有良好的可塑性，泥料中各种原料与水分应混合均匀，泥料中含空气量低。

(一) 任务题目

采用实训室备用原料（如①甲泥 50%、红泥 50%；②甲泥 70%、白泥 10%、红泥 20%），制备出碗、盘、杯、碟等圆形、敞口的物件所用的可塑坯料。

(二) 基本要求

(1) 合理选择可塑泥料制备工艺。

(2) 选择合理的工艺参数。

(3) 熟悉可塑泥料工段的各设备的结构、工作原理、设备性能、操作及使用范围。

(4) 烧成温度为 1150～1180℃。

(三) 设备与试剂

天平、小型球磨机、磁棒（取代磁选机用）、过滤筛、滤布与石膏模（取代压滤机用）、真空练泥机、量筒以及陶瓷原料多种。

(四) 实训工艺流程

坯料的制备大体上包含如下的工艺流程：

原料称量→装磨→球磨→颗粒度测试→出料→过筛→除铁→压滤→泥饼→陈腐→真空练泥→可塑坯料备用

(五) 操作步骤

注意：本次实训由于所买原料已经经过了预处理，所以（1）—（5）步骤可以省略。

(1) 选料　进厂矿料、石英、长石、硬质黏土，软质黏土，必须经过挑选弃除劣质材料及夹层杂质。

(2) 洗涤　水洗杂土（软质黏土除外）。

(3) 粉碎　用水碓、机碓或破碎机、轮碾机将矿石加工成粗颗粒（软质黏土可免）。

(4) 过筛　筛出超大颗料，继续粉碎。

(5) 除铁　用干式磁选机吸除铁杂或来自原矿及粉碎过程中机器磨耗而混入的铁

屑，以提高成瓷的白度、透光度，减少斑点缺陷。

（6）配料（总量为1kg） 根据配方要求，以干料为基准，将各种粉料称出所需重量，混合装入球磨机料筒中。

（7）湿球磨 在装好粉料的球磨机料筒中，加入清洁水，料∶球∶水＝1∶(1.5～2)∶(0.8～1.2)，靠球磨筒中的卵石的撞击和摩擦，将泥料颗料继续磨细、球磨时间约4h。直到泥浆的颗粒度达到0.5%～1.5% 250目筛余，大小球各50%，水的用量应参考原料的特性，黏土含量高，水分也应相应增加。

（8）过筛 用粗网孔筛使球料分离。

（9）除铁 用磁棒在贮浆桶里搅拌以除去铁杂质，反复多次。

（10）压滤 将除铁质后的泥浆分装入滤布中，放入石膏模吸去多余水分（可塑泥含水率为19%～26%）。

（11）陈腐 陈腐可以促使泥料中水分的均匀分布，同时在陈腐过程中还有细菌作用，促使有机物的腐烂，并产生有机酸使泥料的可塑性进一步提高。

（12）真空练泥 经过压滤的所得的泥饼，组织是不均匀的，而且含有很多空气。组织不均匀的泥饼如果直接用于生产，就会造成坯体在此干燥、烧成时的收缩不均匀而产生变形和裂纹，而过多的空气则是造成气泡、分层的直接原因。

泥料经过真空练泥，可以排除泥饼的残留空气，提高泥料的致密度和可塑性，并使泥料均匀，改善成型性能，提高干燥强度和成瓷机械强度。

（13）采用可塑法成型所需的泥料至此制备完毕，将共存放入库以备成型取用。

（六）注意事项

（1）可塑成型的坯料要求具有良好的可塑性。

（2）坯料中各组分应充分混合均匀，颗粒细度达到技术要求，否则将影响坯体干燥收缩，引起变形开裂。

（3）坯料中水分的分布要充分均匀，含水率达到技术要求。

（4）坯料中应尽量不含空气，因为空气泡的存在，将影响泥料的成型性能及制品的透明度和机械强度。

（5）工厂实际球磨坯料时应先投入硬质料如石英、长石等，数小时后再投入软质料如黏土，以提高球磨效率。

思考题

1. 可塑坯料的制备工艺流程有哪些？它们各有什么特点？
2. 可塑坯料的质量要求有哪些？
3. 简述隔膜泵、柱塞泵、压滤机、真空练泥机的结构及工作原理。
4. 简述泥浆压滤的过程。分析影响压滤脱水效率的因素。
5. 箱式压滤机操作应遵循什么制度？在使用过程中，应注意些什么？

6. 真空练泥机在陶瓷生产中起什么作用?
7. 简述坯料陈腐、练泥的目的和意义。

项目五　压制坯料的制备技术

学习目标

1. 掌握陶瓷压制坯料的制备技术
2. 能制备出压制坯料

知识要求

1. 熟悉陶瓷粉料造粒的意义和方法
2. 了解喷雾干燥塔等设备的结构、工作原理及使用方法

技能要求

1. 会合理选择压制坯料的造粒和干燥方法
2. 能正确使用喷雾干燥塔等设备

知识点一　选择压制坯料的工艺流程

对于陶瓷砖生产而言，其成型方法分两类：一类是可塑成型法，即将含水率为16%～25%的塑性泥团通过各种成型机械进行挤压、辊压等法成型；另一类是粉料压制成型法，即将含水率4%～7%的粉料在较高的压力下压制成型。目前，陶瓷墙地砖最广泛使用的成型方法是压制成型，其次是挤压成型和辊压成型。

(一) 压制坯料的工艺流程

压制坯料的制备工艺可采用干法制备，也可采用湿法制备。工厂生产中多采用湿法加工工艺来制备压制粉料，即先参照可塑坯料的制备工艺流程制备好浆料，再采用喷雾干燥工艺或烘干打粉工艺来制备粉料，经过筛（控制粒度），陈腐（约24h）后使用。

压制坯料的制备见以下工艺流程图：

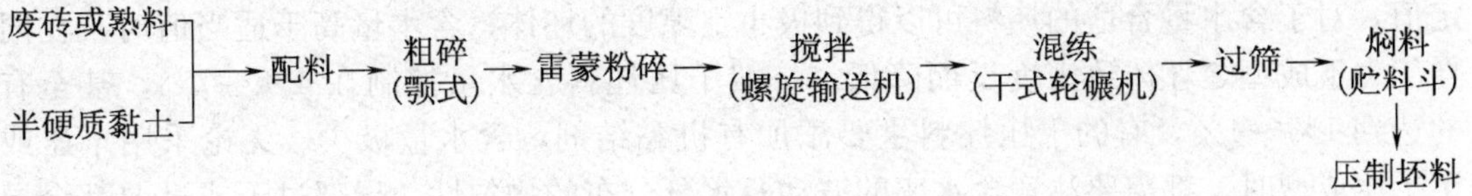

流程一　干法制备压制坯料

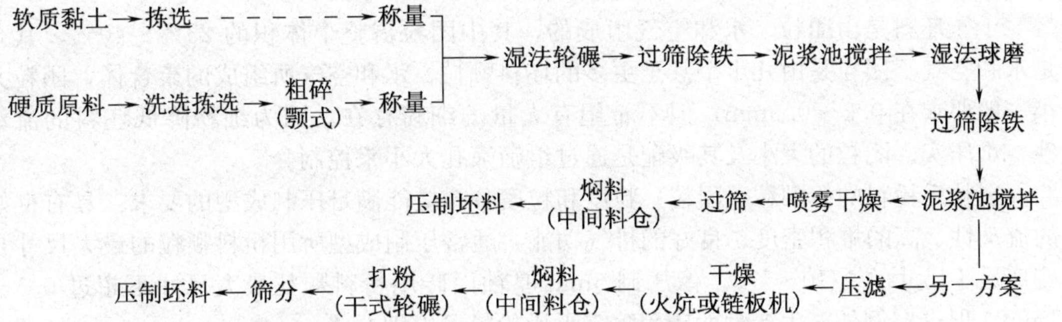

流程二　全湿法制备压制坯料

（1）流程一　采用干法制备压制坯料，其工艺流程简单，设备投资费低，且易形成机械化作业线；不必制备泥浆然后又将泥浆脱水，因而燃耗、电耗、水耗均低。缺点是干粉除铁效率低（但对红色铺地砖和各种带色坯体的墙地砖生产这个问题不必考虑）；干法制备坯料，由于颗粒润湿不均，成型性能差且影响制品烧结；此外，粉尘严重，必须注意设备密封和安装防尘设施。

（2）流程二　采用全混法加工工艺，解决了原料中碎工序的粉尘危害，整个加工过程湿法处理，变粉料运输为流体输送，大大减低了劳动强度，改善了劳动条件。但有些厂仍采用干碾中碎硬质原料，以后将其与软质黏土同时装入湿式球磨机细磨。

如果所用软质黏土含砂量波动过大，往往要采用淘洗方法除去砂粒。因此有些厂把软质黏土经漂洗后所得的黏土泥浆直接以泥浆配料，加入湿式球磨（即软质黏土不经过雷蒙磨加工）。

上列流程只是几个有代表性的典型流程，不但从泥浆脱水干燥阶段起有另一方案，其他工序也还有多种方案。应视具体情况，灵活选用。

坯料制备工艺正在向着机械化自动化方向发展。

（二）压制坯料的质量要求

压制成型用坯粉除应符合对坯料的基本要求外，还应考虑下述要求。

（1）含水率及水分均匀程度　在相同压力下，粉料水分大小直接影响坯体的密度。粉料含水率很低，加压成型时，颗粒相互移动时，摩擦阻力也大，所以要使坯体达到很致密不太容易；将水分逐渐增加时，由于水的润滑作用，摩擦阻力较大，粉料流动性好，可塑性好，坯料容易密实，但相对来说干燥收缩就会增大。因此，成型压力达到一定值，对于含水量合适的坯料可以得到极小空隙度的坯体；含水量高于适当值时，在同样压力下成型之坯体致密度反而降低。一般干压坯料含水量控制在4%～7%，甚至有的达到1%～4%，有的干压坯料主要添加有机黏结剂，含水量极少。无论采用干压或半干压成型时，都需要注意含水率的波动及水分分布的均匀性。局部过干或过湿都会导致成型困难，甚至引起产品开裂变形。

（2）粒度和粒度分布　压制成型粉料必须具有适当的粒度和粒度分布，以满足坯料加工过程及烧结过程的要求，以使得到性能符合要求的制品。

干压坯料是由团粒、水和空气组成的，其中团粒占整个体积的25%～40%，其余是水和空气。团粒是由几十个甚至更多的坯料颗粒、水和空气所组成的聚合体，团粒大小一般要求在0.2～0.5mm，但不希望有大量的细粉存在，因为细粉降低坯料的流动性，难压实。团粒的大小及其级配是通过组筛筛孔大小来控制。

造粒后粉料的假颗粒（团粒）粒度和粒度分布应能满足压制成型的要求：具有良好的流动性、高的堆积密度、良好的排气功能。通常压制成型所用粉料颗粒的最大尺寸是砖坯最小尺寸的1/10～1/5。像压制5mm厚釉面砖用粉料颗粒最大尺寸不超过0.5～1mm，但也有例外，生产釉面砖用喷雾干燥粉料可以细一些。

（3）粉料的堆积性质　实践证明如果粉料颗粒大小均匀一致，则颗粒间空隙较多，若颗粒是球形的气孔率可达45%。如果两种大小不同的颗粒混合在一起，而且平均直径之比至少是2∶1到10∶1，则小颗粒填塞在大颗粒间的空隙中，而能提高粉料的堆积密度。

另一个影响粉料堆积密度的因素是粉料的拱桥效应（或称桥接）。实际粉料颗粒不是理想的球形，加上表面粗糙，结果颗粒互相交错咬合，形成拱桥空间，增大孔隙率，使得粉料自由堆积的孔隙率往往比理论计算值大得多。这种现象称为拱桥效应。图5－1为粉料堆积的拱桥效应示意图。

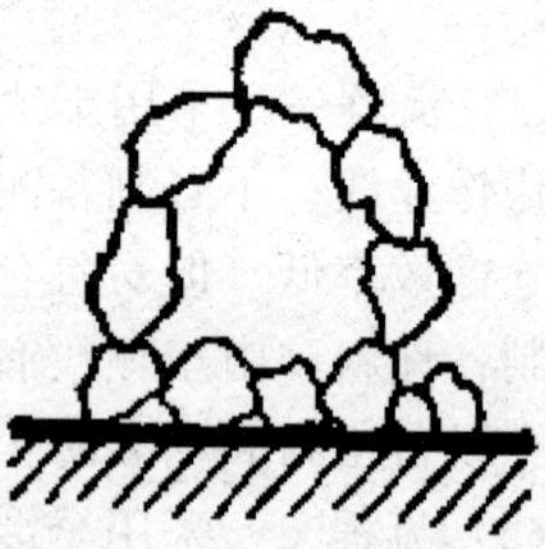

图5－1　粉料堆积的拱桥效应

粗大而光滑的球形颗粒堆积在一起不易形成拱侨，而细小颗粒比表面积大，颗粒间的附着力大，加上颗粒为不规则的棱角形，易于导致拱桥形成。

（4）粉料的流动性　粉料的流动性决定了成型时它在模型中的填充程度。流动性好的粉料在成型时能较快地填充模型的各个角落，同时也有利于压制过程的进行。实际上粉料的流动性与粒度分布、颗粒形状和大小、表面状态等因素有关。墙地砖压制成型用粉料的流动性还取决于粉料制备方法与粉料含水率。同一方法制得的粉料、含水率高者比含水率低的流动性差。

（5）可塑性　压制坯料对可塑性没有严格的要求：一般可塑性原料用量多的坯料其含水率也较多。为了降低压制坯体的收缩，而获得尺寸准确的制品，可以减少可塑性黏土的用量。有些干压坯料如块滑石瓷和金红石瓷可以完全不用可塑黏土，全部是瘠性原料和化工原料，但要加入少量有机黏结剂和增塑剂。

(6) 添加剂　在压制成型过程中，往往加入一定种类和数量的添加剂，用以减少颗粒间及粉料与磨具之间的摩擦，增加颗粒之间的黏结作用，促进颗粒湿润或变形，从而提高坯体的密度和强度，减少密度分布不均匀的现象。

知识点二　造粒技术与坯料贮存

(一) 造粒工艺技术

压制坯料的含水率低（4%～7%），对原料的可塑性要求不高，但要求粉料具有良好的流动性。为了满足压制成型工艺的需要，将细磨后的陶瓷粉料（泥浆）制备成具有一定大小的团粒，这个过程称为造粒。

目前，造粒的方法有普通造粒法、加压造粒法、烘干打粉法和喷雾造粒法等。喷雾造粒法是将泥浆直接进行喷雾干燥造粒，同时完成干燥、造粒两个工序，且生产效率较高，可以连续生产，因此，陶瓷工业大部分厂家采用喷雾干燥造粒法进行造粒。

1. 普通造粒法

普通造粒法是将粉料加适量的黏结剂水溶液，混合均匀（用手或混伴机混合）后过筛。由于黏结剂的黏聚作用及筛子的振动或旋转作用，得到粒度大小比较均匀的团粒。

这种方法简单易行，在实验室中常用，但团粒质量较差，大小不一，团粒密度小。

2. 加压造粒法

加压造粒法是将混有黏结剂的粉料预先压成块状，再粉碎过筛。压滤后的滤饼进行干燥，用双滚筒辊碎机压碎，经过轮碾机、筒形旋转筛、振动筛等进行造粒。由于经过压滤所得到的粉料颗粒形状是棱角状的，所以旋转筒形筛是为了磨掉颗粒的棱角而造成球形团粒，振动筛是为了除去粗颗粒，筛上粗颗粒送平板压床重新压块，筛下料再经旋风分离器，成球状团粒的为合格干压坯料，而微细粉状料重新送平板压床压块。

加压造粒法的优点是团粒的体积密度大、机械强度高，能满足各种大件和异形制品的成型要求，是生产上经常采用的造粒法。这种方法在生产上机动性虽然很大，但产量小，劳动强度高，不能适应大量生产。

3. 烘干打粉法

这种工艺是将泥浆压滤，制得水分为22%～23%的泥饼，然后再烘干进行制粉。常用火炕、链板机或余热干燥室进行泥饼的干燥。

火炕法的优点是投资少，投产快；缺点是水分不均匀，有时会过热而无黏性，劳动条件差，劳动强度大。这种方法基本上已经被淘汰。

用链板机干燥泥饼，是先用练泥机把泥饼挤成小泥条，再由一对齿辊将其扎成小泥段，落到金属传动带上，随链板进入干燥室。达到水分要求后由皮带机输入料仓。调整干燥温度、链板速度即可保证进料仓时泥段的水分。采用这种方法尽管设备较多，但泥段水分较均匀，而且不会有过热的现象，同时占地少，产量大，劳动条件较好。

干燥好的泥饼多用轮碾机碾压成适当的粒度，形成粒状的粉料后再经一定时间的陈腐即可供成型使用。

用这种方式生产粉体已经相对落后，现很少有厂家采用。

4. 喷雾干燥法

喷雾干燥是指在干燥塔内将泥浆喷成雾状，并使它与热空气充分接触，将雾状细滴中的水分蒸发，最后得到含水率在8%以下并具有一定粒度的球形粉料。由此可见，喷雾干燥既是一个脱水过程，又是一个造粒过程。用于喷雾干燥的设备称为喷雾干燥器。喷雾干燥技术主要应用于制备生产面砖用粉料的喷雾干燥造粒，同时也可用来制备可塑泥料，泥料的含水量可通过调节粉料和泥浆的配合比例准确控制。

用喷雾干燥的方法脱水，可以使操作过程自动化、连续化，减少操作人员。同时泥料的质量稳定，操作可靠，粉料呈球形颗粒，“流动性”很好，可迅速均匀填充压模，提高产品质量。然而，喷雾干燥是用物理方法脱水的，需要供给热量作为水分蒸发之用，同时，料浆雾化还要消耗能量，而且设备也比较复杂和庞大，这些都是缺点。尽管如此，对于大规模生产，如果使用得当，特别是用于生产干压粉料，总的说来还是比较经济合理的。

（二）坯料贮存

为保证生产平衡与坯粉质量，精制好的坯料都要贮存一段时间后，再送往成型车间。一般压制成型用坯粉都用料仓贮存，坯粉经一定时间贮存后，能大大地改善其成型性能，通常人们把这一过程称作陈腐。

料仓除用作坯粉贮存外，还可用于所有粉状与粒状原料的贮存，有时在原料加工过程中小块度的原料也用料仓贮存。在现代化原料车间，料仓是必不可少的设备，料仓的布置和组合，料仓的装料、出料以及料仓料位控制等问题是实现原料车间自动化所必须研究的。

用于坯粉贮存的料仓有角锥形料仓和圆锥形料仓。

由于粉料自然堆积时形成自然休止角，因而料仓不可能为物料填满，容器容积与有效容积间就有了差异，粉料堆积情况如图 5－2 所示。一般粉仓有效容积利用系数不得低于 0.75。料仓下端锥体斜面与水平交角，角度一般不得小于 60°。

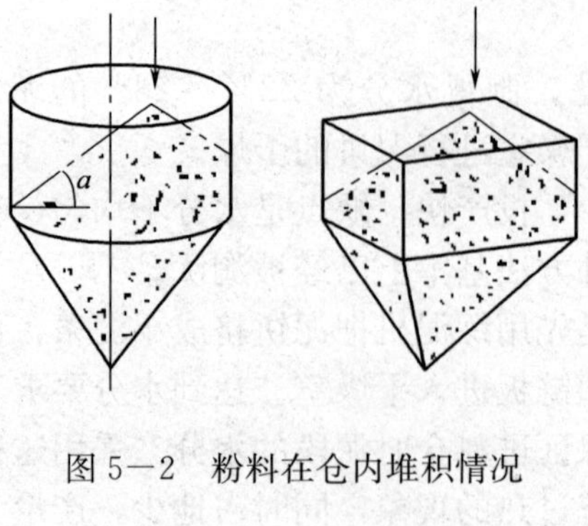

图 5－2　粉料在仓内堆积情况

料仓内壁镶有瓷砖，可以防止水泥等杂质混入原料。粉料在料仓中贮存常易发生偏析和堵塞现象，这是人们所不希望的。

知识点三　喷雾干燥器制备粉料

喷雾干燥法是用雾化器将具有流动性的泥浆喷入塔内进行雾化，被雾化后的雾粒在塔内与从另一路进入塔内的热气体相接触而被干燥成颗粒，由塔底漏出，再经输送到料仓中陈腐、备用。用这种方法造出的粉料形状接近球形，具有理想的流动性，满足干法成型的要求，而且产量大、劳动强度小，可以连续化生产，为自动化成型工艺创造了良好的条件，是目前陶瓷生产中广泛采用的粉料制备工艺。

（一）构成和工作原理

喷雾干燥器系统由雾化器、泥浆供给系统、干燥塔、热风系统、气固分离系统、卸料及运输系统等构成。

离心式喷雾干燥器是一个上部为圆柱形、下部为圆锥形的圆筒 6，这个圆筒称为干燥塔。圆筒的顶上有进气管 5 和热空气分配器 9，底部为粉料出口。粉料出口的上方有排气管 14，排气管与收集细粉的旋风收尘器 13 和袋式收尘器 11（或其他形式的收尘器）相连，在筒体的中间装有泥浆雾化器 8，如图 5－3 所示。

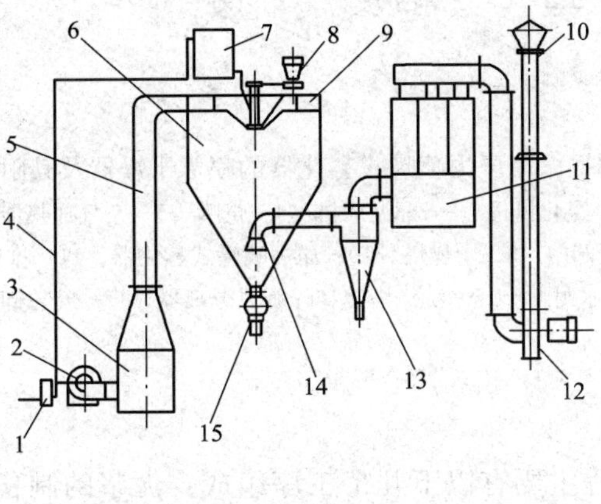

图 5－3　采用离心盘式雾化器的喷雾干燥器及其附属设备

1—泥浆泵　2—风机　3—空气加热器　4—泥浆管　5—进气管　6—干燥塔　7—高位槽
8—雾化器　9—热空气分配器　10—放空气管　11—袋式收尘器　12—排风风机
13—旋风收尘器　14—排气管　15—叶轮卸料器

各部件作用介绍如下：

（1）雾化器　其作用是将泥浆雾化。

（2）泥浆供给系统　包括泥浆池、压力泵（泥浆泵）、管道、泥浆筛、高位槽和流量计等。其作用是向雾化器供给泥料。

（3）干燥塔　是液滴和热风混合完成干燥过程的场所。

（4）热风系统　包括空气加热器、调温冷风机、分风器、热风管道等。其作用是为干燥塔提供干燥介质。

（5）气固分离系统　包括除尘器、排风机、废弃烟囱等。其作用是把粉料从废气中分离出来并排出废气。

（6）卸料及运输系统　其作用是把粉料从塔中卸出、过筛和输送到料仓。

由于离心式干燥器造粒较细，在陶瓷行业不多用。最普遍采用的是压力式喷雾干燥器，用于建筑陶瓷、电瓷、日用瓷生产。图 5－4 所示为采用压力喷嘴式雾化器的喷雾干燥器及其附属设备示意图，其工作原理与离心式喷雾干燥器基本相同。

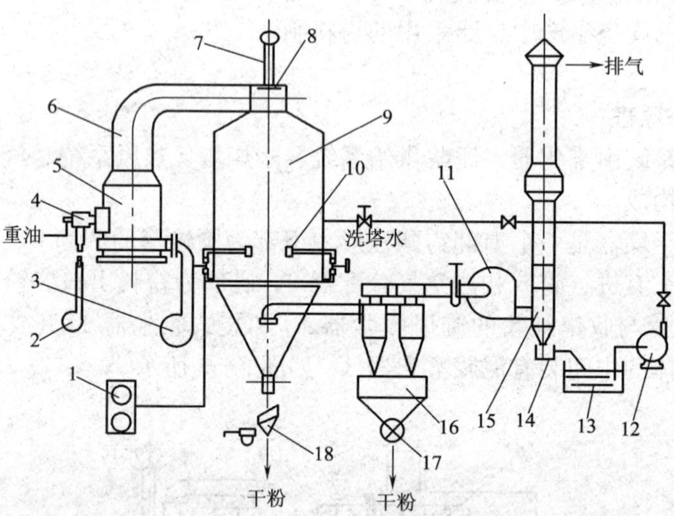

图 5－4　采用压力喷嘴式雾化器的喷雾干燥器及其附属设备

1—泥浆泵　2—雾化风机　3—配温风机　4—烧嘴　5—空气加热器　6—热风风管　7—废气烟囱　8—升降阀门　9—干燥塔　10—压力喷嘴式雾化器　11—排风风机　12—循环水泵　13—沉淀池　14—水封器　15—洗涤塔　16—旋风分离器　17—叶轮卸料器　18—振动筛

（二）雾化方式

泥浆的喷雾干燥过程主要有以下几个工序组成：泥浆的制备与输送，热源的发生与热气流的供给，雾化与干燥，干粉的收集与废气的分离等。其中最主要的过程是雾化和干燥过程。根据泥料的雾化方式的不同，喷雾干燥器一般可分为：离心式、压力式、气流式三种形式。图 5－5 为喷雾干燥示意图。

1. 离心式雾化

它是将需要雾化的泥浆送到一个高速旋转的离心盘上，由于离心力的作用，泥浆被强制性的通过，均匀分布在离心盘周边的槽式喷孔撕裂成微粒，并以极高的速度离开离心盘形成雾状颗粒。

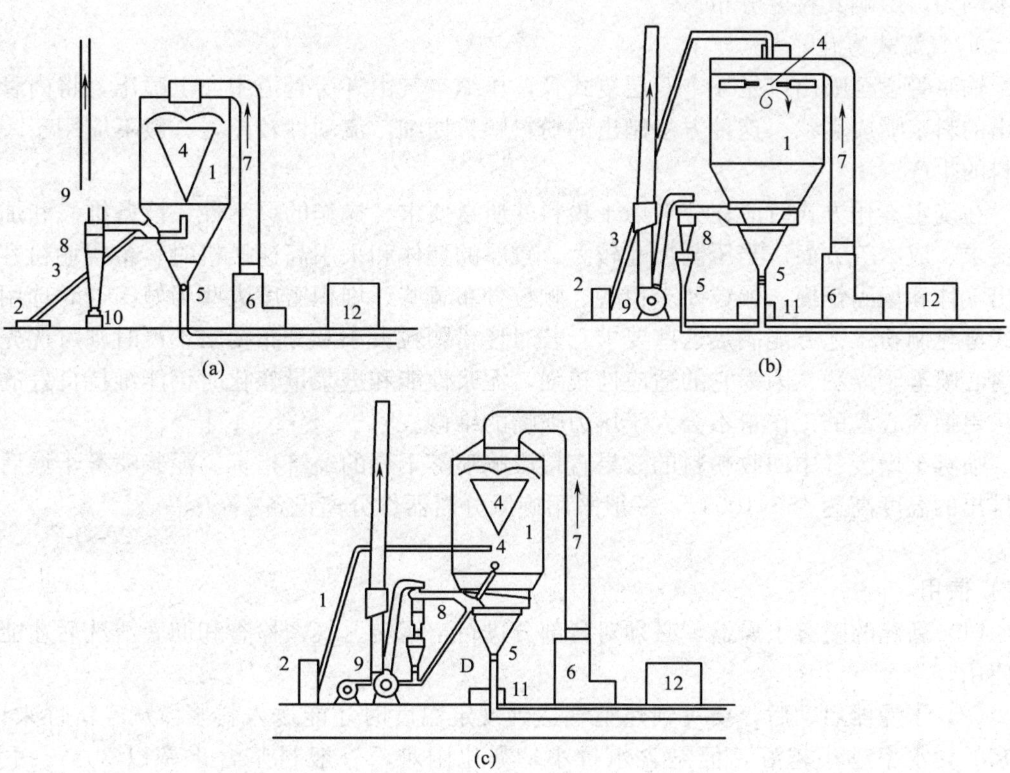

图 5—5　喷雾干燥示意图

(a) 压力式逆流工艺　(b) 离心式顺流工艺　(c) 气流式逆流工艺

1—塔体　2—泥浆输送泵　3—泥浆输送线　4—喷嘴或离心盘　5—卸料口　6—热风炉　7—热风管　8—旋风收尘器　9—风机　10—细粉收集器　11—振动筛　12—控制台

离心式雾化的工艺特点是：可以雾化黏度较高并带有大颗粒悬浮物的料浆，不易堵塞喷孔，能均匀喷雾，所得到的雾粒较细，干燥后的粉料粒径在 100μm 左右。但这种雾化设备的加工精度要求较高，费用较大，旋转轴用的材料要求有较高的韧性。另外，由于喷距较大，所以要求干燥塔的直径相应较大。与压力喷雾相比，所得到的粉料颗粒粒度较小，且容重较低，粒度分布范围较宽。

2. 压力式雾化

利用泥浆泵的压力将泥浆送到喷嘴中，使泥浆在喷嘴中迅速旋转，一直到喷嘴的孔口，泥浆在离开喷嘴时，形成雾粒，这些雾粒由喷孔中均匀喷出，以锥体状散开，形成喷泉状雾。

压力式喷嘴雾化适合于低黏度、不含大颗粒的泥浆的雾化，所得到粉料粒径比离心式的粗，但容重较大，流动性较好，具有良好的成型性能。它的结构简单紧凑、造价低、维修方便、占地面积小、能耗小等。但是这种雾化需要高的泥浆压力，要配备高压泥浆泵，同时，由于喷嘴直径较小容易被堵塞，浆料最好过筛后再送浆。另外，由于喷速较高，从而造成喷嘴磨损较大，要定时更换喷嘴，否则将引起进料波动，造成泥浆雾化不均匀，影响其粒度分布。

3. 气流式雾化

输浆管道至喷出口是一个双层复式管，压缩空气由外层管道中向上喷出，将内管中压出的料浆喷成雾状。这种方法制出的粉料颗粒便细，流动性较差，一般不应用于陶瓷粉料的生产。

在确定雾化方式时应充分考虑干粉料的质量要求、操作的灵活性、设备维修和加工的要求、成本等方面。当压制尺寸较大、较厚的坯体和采用高速压机时，希望坯粉容易排出气体和填满钢模，颗粒要求粗些、颗粒分布宽些、堆积密度大些为好。这时选用压力式雾化制粉工艺方能满足这些要求。若对坯粉颗粒大小及分布要求不严时则可优先考虑离心喷雾干燥法。因为它的适应性较强，泥浆性能和进浆量变化时仍能维持良好的效果。更换离心盘的工作量不会大于压力喷嘴的维修。

喷雾干燥废气中回收粉料的效果直接影响喷雾干燥的经济指标。泥浆喷雾干燥后废气排出的温度高达 45～100℃，一般采用旋风分离器作分离设备。

（三）使用

（1）新建的喷雾干燥器，必须对各部分进行空运转、气密检查和彻底清洗后才能投入使用。

（2）干燥器启动后，要等到热空气达到规定温度时才能送入料浆。从经济性来说，料浆的含水率越小越好，但是含水量小，雾化困难，一般料浆含水率以 35%～40%为宜。

（3）设备工作时，应不断观察进、排气温度，记录温度变化情况，及时调节进料量。

（4）进气温度影响干燥器的蒸发率，从经济性来看，进气温度高，效果较好。

（5）排气温度应尽可能低，但排气温度影响产品的含水量，排气温度越低，产品含水量越高，排气温度可用调节进料量的方法予以改变，增加进料量，排气温度降低，反之亦然。

（6）干燥塔内一般应保持 100～300Pa 的负压，塔内压力的大小可通过阀门调节。

（7）停车前，先改变进料，将进入雾化器中的料浆改为清水，使浆管和雾化器得到清洗。待浆管中的水排尽后，即可关闭雾化器，接着关闭送风风机，然后把干燥塔的门打开，清扫塔内沉积的干粉，当所有产品都取出后，即可关闭排风风机。

表 5—1 列出了压力式喷雾干燥器系列技术参数。

表 5—1　　压力式喷雾干燥器系列技术参数

型号	水蒸发量 /（kg/h）	热功率 /（kJ/h）	装机容量/kW		
			燃油	燃气	燃煤
PD100	100	$3.6\times4.18\times10^2$	9	8	12.5
PD150	150	$5.5\times4.18\times10^2$	12	10	14.5
PD400	400	$1.46\times4.18\times10^3$	16	15	19.5

续表

型号	水蒸发量/(kg/h)	热功率/(kJ/h)	装机容量/kW		
			燃油	燃气	燃煤
PD500	500	$1.9\times4.18\times10^3$	22	20	26.5
PD1000	1000	$3.7\times4.18\times10^3$	32	28	34
PD1500	1500	$5.5\times4.18\times10^3$	40	36	44
PD2000	2000	$7.4\times4.18\times10^3$	47	42	51
PD2500	2500	$9.44.18\times10^3$	54	49	58
PD3200	3200	$1.21\times4.18\times10^4$	69	59	83
PD4000	4000	$1.46\times4.18\times10^4$	89	79	103
PD5000	5000	$1.85\times4.18\times10^4$	125	120	135
PD6000	6000	$2.69\times4.18\times10^4$	150	140	
PD8000	8000	$2.8\times4.18\times10^4$	175	168	
PD10000	10000	$3.6\times4.18\times10^4$	195	190	
PD12000	12000	$4.0\times4.18\times10^4$	235	230	

(四) 常见故障的产生原因及排除方法

表5—2列出了喷雾干燥器在使用中常出现的故障及产生的主要原因和排除方法，供参考。

表5—2　　喷雾干燥器常见故障的产生原因及排除方法

故障现象	产生原因	排除方法
干燥塔卸料不畅	塔内黏壁太多下料管堵塞	清扫全塔内壁或下料管部分
过滤器前后泥浆压力差过大	过滤嘴堵塞	清洗过滤器，经常更换过滤介质
喷嘴发烫	喷嘴堵塞	及时清洗并更换喷嘴口、涡旋片等易损件
产品水分含量太高	排风温度太低	适当减小进料量，以提高排风温度
粉尘外逸	密封件损坏	更换密封件、紧固各部螺栓
卸料不均匀	主轴及叶轮运转失灵或过度磨损	检查润滑部位，保证各传动部分良好的润滑，如零件磨损应及时检修更换
粉粒太细	含固量太低或进料量太小	提高料液的含固量，加大进料量，提高进风温度
离心喷头运转时有杂声或振动	(1) 喷盘内附有残留物质 (2) 主轴产生弯曲和变形 (3) 离心盘动平衡不好	(1) 及时清洗喷雾盘 (2) 更换主轴 (3) 对离心盘的动平衡重新调整或更换
经过筛分的粉料中含有较大的颗粒	筛网破裂	更换筛网

(五) 影响粉料性能与干燥效率的因素

在喷雾干燥工艺中，影响粉料性能和干燥效率的主要因素是泥浆浓度，进风温度和排风温度、离心盘转速和喷雾压力。它们彼此之间是相互影响、相互制约的。

1. 泥浆浓度

在进风温度、离心盘转速或喷嘴压力和孔径不变的前提下，泥浆浓度的大小直接影响到所得粉料的容重、颗粒组成及产量、能耗等。对于喷雾干燥工艺，总是希望泥浆的浓度尽可能的提高，这样制出的粉料具有较高的体积密度、较大的产量以及较低的能耗。最为关键的是所得到的粉料颗粒组成中，粗颗粒部分增多，细颗粒部分减少，改善了粉料的流动性，从而有利于压制成型。提高泥浆的浓度是发挥喷雾干燥的生产能力、提高粉料的产量、降低能耗和成本的有效手段。目前在陶瓷生产中普遍采用性能极强的减水剂来制取高浓度泥浆。常用的减水剂见表5—3。

表5—3　常用减水剂

减水剂种类	主要成分
水玻璃	$Na_2O \cdot nSiO_2$
纯碱	Na_2CO_3
AST减水剂	橡碗单宁和木质素的磺酸盐混合物
SN—Ⅱ型水泥减水剂	β—萘磺酸钠甲醛缩合
802水泥减水剂	多环芳烃钠盐
腐植酸钠	腐植酸钠
六偏磷酸钠	$(Na_2PO_3)_6$（工业纯）

2. 进风温度和排风温度

进风温度的高低取决于泥浆的组成和性质。温度的高低不能使泥浆中的成分因干燥而发生化学反应。进风温度主要影响粉料的含水率和粉料的体积密度。在其他条件不变的前提下，提高进风温度，可以减小粉料的含水率。但由于雾滴与高温气体接触时表面生成硬壳，阻碍了雾滴的收缩，从而使粉料的体积密度下降，所以干燥工艺中应严格控制塔的进风温度。

应当注意的是：进气温度与进气量的大小有着不可分割的关系。当进气温度较高时，较少量的热气也还是可以带入相同的热量。这时如果燃油（气）量不变，就可以减少电耗，降低成本。

在严格控制进气温度的同时，还要控制排风温度。在其他工艺参数不变的前提下，排风温度的高低严重地影响着粉料的含水率。排风温度的提高，将导致粉料的含水率降低。此外，在其他条件不变的前提下，增加进浆量，将使排气温度下降导致粉料水分增加。调节泥浆的流量可以改变排气温度，从而调整粉料的含水率，使粉料具有理想的压制性能。因此，如果将进浆量与排风温度进行联控，则能保证粉料水分的稳定和塔的正常工作。

3. 离心盘转速和喷雾压力

在离心式喷雾干燥中，加大离心盘的转速可以使粉料中的粗颗粒含量减少而细颗粒含量增加，导致粉料的体积密度减小，压制成型时容易分层和黏模，使粉料的压缩比加大。

对压力式雾化来说，压力主要影响喷射出的雾焰的高度，同时就影响了塔的高度。不同孔径的喷嘴，在不同的喷射压力下，喷射的高度和流量不同。喷射压力增加，喷射高度和流量也增加。与此同时，所得的粉料也就越细。为使粉料具有理想的颗粒大小，必须严格控制泥浆泵对泥浆提供的压力。

任务　压制坯料的制备

（一）任务题目

使用前述任务中完成的注浆坯料，制备出地砖等具有规则几何形状的物件所用的压制粉料（坯料）。

（二）基本要求

（1）合理选择压制泥料制备工艺。

（2）选择合理的工艺参数。

（3）熟悉喷雾干燥塔的结构、工作原理、设备性能、操作及使用范围。

（4）烧成温度为1150～1180℃。

（三）设备与试剂

喷雾干燥塔；前述任务中完成的注浆坯料。

（四）实训工艺流程

（1）坯料的制备大体上包含如下的工艺流程：

注浆坯料（前述任务中完成的）→喷雾干燥→压制坯料备用

（2）压力喷雾干燥造粒工艺流程如下所示：

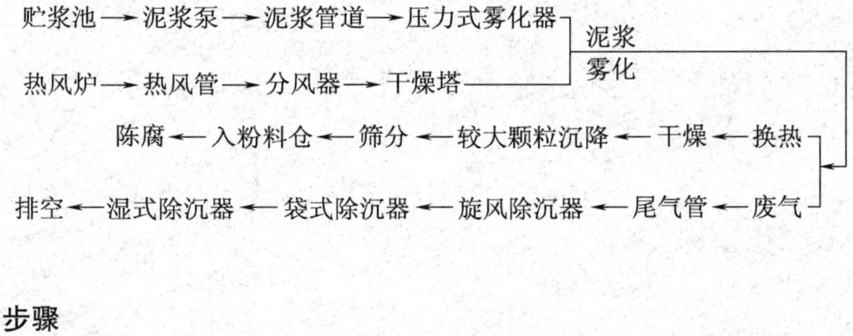

（五）操作步骤

（1）本次操作使用前述任务中完成的注浆坯料作为原料（省略除铁前的工序），直接进行喷雾干燥造粒。

（2）参考课本喷雾干燥器的使用内容，通过喷雾干燥塔对此泥浆进行干燥造粒。

(3) 喷雾干燥在工业化生产中采用喷雾干燥法造粒，其基本原理是把带有黏合剂的粉料，用喷雾器喷入造粒塔中进行雾化，塔中的雾滴被塔中热气流干燥成颗粒状粉体，然后从干燥塔底部卸出。喷雾干燥既是一个脱水过程，又是一个造粒过程（压制泥含水率为4%～7%）。

(4) 采用压制法成型所需的粉料至此制备完毕，将其存放入库以备成型取用。

(六) 注意事项

(1) 压制坯料的制备在喷雾干燥之前与制备可塑泥料（压滤前）、注浆泥料时相似，所以本次操作使用前述任务中完成的注浆坯料。

(2) 坯料制备好后经过筛（控制粒度）、陈腐（约24h）后使用。

思考题

1. 压制坯料制备过程中，为什么要进行造粒与干燥？
2. 压制成型用坯粉除应符合对坯料的基本要求外，还应考虑哪些要求？
3. 喷雾干燥制粉有哪几种形式？各有何工艺特点？如何提高喷雾干燥效率？
4. 影响粉料性能与干燥效率的因素有哪些？
5. 简述喷雾干燥造粒的工艺流程。

项目六　坯料配方设计

学习目标

1. 掌握陶瓷坯料配方设计的计算方法
2. 能根据原料的变化设计坯料配方

知识要求

1. 熟悉陶瓷的结构及化学组成
2. 熟悉坯料的表示形式
3. 了解陶瓷坯体主要类型
4. 熟悉配料原则及工艺性能要求
5. 熟悉坯料相关换算方法
6. 熟悉坯料性能计算方法

技能要求

1. 能正确制定坯料制备流程
2. 能根据不同工艺要求和原材料的变化及时调整坯料配方
3. 能进行典型陶瓷坯料的研制

陶瓷制品品种繁多，它们的性能要求和所用原料各不相同，从而使陶瓷坯料有很多类型，形成各具特色的陶瓷产品。我们必须对产品的性能指标充分地了解和掌握，做到心中有数，有的放矢，结合生产条件，在试验的基础上才能正确地确定各原料的用量，获得预期的效果。

知识点一　陶瓷的结构及化学组成

（一）陶瓷坯体的结构

陶瓷是由多种矿物原料配制，经高温煅烧而成。在煅烧过程中原来的黏土、长石、石英等矿物相互之间起了一系列物理化学变化，最后形成了新的合成材料——陶瓷器。根据偏光显微镜、电子显微镜等方法的观察，烧成后陶瓷器的主要相组成有三项：即玻璃相、结晶体以及气孔。

1. 玻璃相

玻璃相是由于长石的熔融，使石英和黏土物质发生共熔而形成长石玻璃。玻璃相的组成并不均一，在接触黏土物质分解产物的地区，它富含氧化铝和硅氧，在和石英接触的地区则富含硅氧。

在坯体中，玻璃相含量的多少与坯体的组成、原料粉碎细度及烧成制度等因素有关。坯体中熔剂与易熔杂质越多，原料粉碎越高，烧成温度越高或时间越长，则生成的玻璃相越多。在瓷器中含有长石玻璃 45%～60%，在炻器和陶器中依次减少。

长石玻璃在坯体的形成过程中起以下几个作用：①填满在烧制过程中所产生的空隙；②促使莫来石晶体的成长；③获得烧结致密的坯体。玻璃相含量过多，会使制品的骨架变弱，有增加变形的趋势，但坯体的透明度能因此而增加；含量趋少时，则不能填满坯体中所有空隙，会保持一定气孔率，对制品的机械强度与透明度不利。

2. 结晶体

陶瓷坯体中的结晶体又可分为莫来石晶体和未熔解的石英及黏土物质的质点两类。

（1）莫来石晶体　莫来石也称多铝红柱石（$3Al_2O_3 \cdot 2SiO_2$），是黏土质矿物在高温煅烧下的产物，占瓷坯总质量的 10%～30%。莫来石是形成瓷坯骨架的主要部分，它具有许多有价值的重要性能，如机械强度高，耐化学腐蚀能力好，电气绝缘强度大，熔融温度高（1810～1830℃），热膨胀系数小及热稳定性好等。瓷器的许多性能在相当大的程度上决定于莫来石的数量与性质的。不少学者的研究工作指出，大量细微的针状莫来石晶体的交织，较数量少而大的针状结晶为优。温度过高或保温时间过长时，会使结晶变大而数量趋少。为了提高陶瓷的机械强度，在配料时应保持一定量的 Al_2O_3，使形成较多的莫来石。如在坯料中引入矿化剂（如 TiO_2、ZnO 等），就可在较低的温度下（降低烧成温度 40～50℃），获得大量细小的莫来石晶体。

（2）未熔解的石英及黏土物质的质点　主要是未被熔解的游离石英转化而成的方石英，这些质点占瓷坯总量的 5%～30%，它们与莫来石一起，形成了坯体的骨架，增加制品抵抗变形的能力。如温度增高，或延长烧成时间，则石英与黏土分解产物熔于长石玻璃中的数量增加，可相对降低长石玻璃中的碱含量，从而提高它们的电气性能，但瓷坯的骨架变弱，有增加变形的倾向。

3. 气孔

烧结后的陶瓷器，仍或多或少残留一些气孔，玻化完全的瓷器最少，可接近于零，在炻器和陶器中即依次增多。气孔的形成，有的是原料在自然界所吸附的气体在高温时放出所致，有的是坯料中某些组分（如碳酸盐、硫酸盐）在高温中分解放出气体所形成。瓷坯在未烧结前，气孔率可高达 35%～40%，随着液相的增加，气孔逐渐被填没，使气孔率降低，致密度增加，同时制品尺寸缩小，但有些气泡为其他物质包围，有些气泡因高温液相有一定黏度，无法完全排出，因此留下形成闭口气孔，闭口气孔在坯体内部，与大气不相通连。在制品表面与大气相通的气孔，称为开口气孔。由于气孔的存在，能降低瓷坯的机械强度，绝缘性能，化学稳定性和半透明度。气孔率的大小，主要与玻璃相含量有关。增加熔剂含量，提高磨细程度，提高烧成温度，采用还原气氛烧成均能增加玻璃相含量，降低气孔率。但如果超过了该坯体烧结范围所允许的最高温度时，又会有气体力图突破长石玻璃的包围，而使坯体发生鼓胀。

总之，瓷器在高温临近烧成时，是一种非常黏滞的、具有各种不同组成的、玻璃状的铝硅酸盐坯体。冷凝后主要由玻璃相、结晶相（莫来石、方石英）和气相所组成。结晶相是瓷坯的骨架，玻璃相起填充与凝结的作用，气相则是能降低许多性能指标的有害成分，但对耐火材料或某些要求热稳定性好的工业陶瓷来讲，需要有一定的气孔率，这是例外。由于三者比量的不同，或晶相与玻璃体本身性质的不同，能形成各种不同性能的制品。

（二）坯体的化学组成

玻璃相主要是由碱性氧化物K_2O、Na_2O、CaO、MgO与酸性氧化物SiO_2或中性氧化物Al_2O_3反应生成的硅酸盐玻璃或铝硅酸盐玻璃。莫来石晶体是黏土中的Al_2O_3和SiO_2经高温分解后又重新再结晶的产物。所以组成瓷坯的必需的氧化物是：SiO_2、Al_2O_3、K_2O、Na_2O、CaO、MgO等。

1. 合理的化学组成

为了满足生产工艺和使用性能各方面的需求，一般日用瓷坯的化学组成应控制在如下范围之内，见表6－1。

表6－1　　日用瓷坯的化学组成　　单位：%

氧化物	SiO_2	Al_2O_3	$Fe_2O_3+TiO_2$	CaO	MgO	K_2O+Na_2O	I.L
控制范围	60～75	18～26	＜1	＜0.8	＜1.5	3～7（其中Na_2O＜1）	＜8

我国日用瓷的组成范围为：$(R_2O+RO)\cdot(1.9\sim4.5)Al_2O_3\cdot(12\sim20)SiO_2$；烧成温度为1300℃左右。

国外瓷及少数国内瓷的组成范围为：$(R_2O+RO)\cdot(4.0\sim6.0)Al_2O_3\cdot(20.5\sim27.5)SiO_2$；烧成温度为1400℃左右。

虽然我国瓷与国外瓷的瓷组成及烧成温度有所不同，但从瓷组成中Al_2O_3与SiO_2的摩尔比来看，瓷的组成仍然有着基本规律，即：①Al_2O_3/SiO_2摩尔比为1∶5左右；②坯料中的Al_2O_3的用量不低于2mol。

2. 各氧化物在瓷坯中的作用

（1）SiO_2　SiO_2是坯体化学组成的主体，比重总是占首位。其中，一部分SiO_2与碱性金属氧化物在高温下生成玻璃相，使制品具有半透明性；一部分SiO_2则与Al_2O_3在高温时生成莫来石晶体；余下的部分以熔蚀剧烈的颗粒状残存于坯中，大部分转化为半安定的方石英，它与莫来石晶体一起形成瓷坯的骨架。但SiO_2的含量不能过高，如果超过75%或接近80%，陶瓷制品烧后的热稳定性变坏，易出现炸裂现象。

（2）Al_2O_3　瓷中的Al_2O_3也是瓷坯的主要组成，主要由长石和高岭土引入。一部分存在于莫来石晶体中，另一部分熔解在熔体中以玻璃相的形式存在。Al_2O_3的含量增加，可以提高陶瓷制品的物理化学性能和机械强度，提高白度和烧成温度。若它的含量过高，则会导致制品不易烧熟；若含量过低（如低于16%），则又易使制品趋于变形或软塌。

（3）K_2O 和 Na_2O　K_2O、Na_2O 主要由长石引入，它们是成瓷的主要成分，起助熔剂作用，存在于玻璃相中提高透明度。一般 K_2O、Na_2O 的含量在5%左右。若含量过高则会急剧地降低瓷的烧成温度与热稳定性。经研究发现，K_2O、Na_2O 的作用有差异。在化学稳定性、弹性、热稳定性方面，K_2O 的性能比较好，制品的烧成范围也比较宽，得到的瓷质音韵洪亮、铿锵有声，特别在南方瓷区，这一特性尤其明显。

（4）碱土金属氧化物（CaO、MgO等）　一般情况下在瓷中的碱土金属氧化物含量较少，而且不是特别引入的。然而它们与碱金属氧化物共同起着助熔作用。引入一定量的CaO、MgO可以相应地提高瓷的热稳定性和机械强度，同时，由于MgO与FeO会形成固溶体，降低了铁的成色作用，因此，提高了制品的白度和透光度，改进瓷的色调，减弱铁、钛的不良影响。

（5）着色氧化物（Fe_2O_3、TiO_2）　它们的含量在瓷中一般比较少，但它们对产品呈色的有害影响却特别大，可使瓷披上色调不好的色泽，影响其外观质量。值得注意的是，一般要求白瓷坯料组成中的 Fe_2O_3 含量在1%以下，否则将使制品呈黄褐色或暗灰色（依烧成气氛而异），还可以出现黑点或熔洞。而 TiO_2 的含量在0.2%以下，否则将使制品发黄或阴暗。特别是当 TiO_2 与 Fe_2O_3 同时存在时又会严重影响制品的透明度。

在瓷坯中加入一定量的磷酸盐物料，其目的是降低铁钛着色物质对色泽的影响，但具体用量应依实验而定。另外，在氧化焰烧成时，还可加入微量的氧化钴。根据生产实践经验，一般引入量为0.005%左右。在氧化焰烧成时，铁杂质将使制品呈黄色调，而钴元素呈蓝色调，利用补色原理，从而可以提高制品的白度。

在南方瓷区的瓷坯料组成中，铁含量较高而钛含量较低，故一般采用还原气氛烧成，瓷呈现“白里泛青”的色调。而北方产瓷区的瓷坯料组成中其钛含量较高、铁含量较低，在氧化气氛下烧成，瓷呈现“白里泛黄”的色调。

我国主要瓷区日用陶瓷坯料配方举例见表6—2和表6—3。

表6—2　　我国主要瓷区日用陶瓷坯料配方举例（南方区）

序号	名　称	配方/%	烧成温度/℃
1	江苏宜兴青瓷坯料	石英27　长石20　苏州土17　界牌土27　山西木节5　膨润土4	1280（还原焰）
2	界牌26#坯（塑性坯料）	石英8　长石24　界牌土68	1340
3	建湘378#坯（塑性坯料）	长石21.5　界牌土35　东湖土42　泉土1.5	1310
4	重庆某瓷厂（塑性坯料）	石英32　长石20　界牌土10　白黏土10　煤层黏土20　灰瓷土8	1280～1300
5	彭县（塑性坯料）	石英12　长石18　白黏土7　灰瓷土23　碱石20	1270～1280
6	贵阳王武（塑性坯料）	长石25　高岭土15　烧高岭土7　黄砂53	1260～1290
7	北流（塑性坯料）	高州土70　蟠龙土30	1310～1340
8	贵阳黔陶（塑性坯料）	石英30　长石13　高岭土28　瓷泥29	1280～1300

表 6—3　　我国主要瓷区日用陶瓷坯料配方举例（北方区）

序号	名　称	配方/%	烧成温度/℃
1	沈阳（塑性坯料）	石英 29　长石 21　大同砂石 32　界牌土 15　滑石 3	1240
2	长春（塑性坯料）	石英 26　长石 22　大同砂石 28　界牌土 18　紫木节 6	1270～1290
3	锦州（塑性坯料）	石英 16　长石 26　大同砂石 16　界牌土 36　膨润土 16	1300
4	唐山研究所（塑、注）	石英 13　长石 22　滑石 1　宽城土 65	1250～1280
5	唐山五瓷（塑性坯料）	石英 34　长石 16　大同砂石 39　滑石 1　紫木节 3　碱干 7	1250
6	邯郸陶研所（塑、注）	石英 34　长石 24　大同砂石 30　滑石 1　紫木节 6　烧砂土 4　石灰石 1	1280
7	邯郸一瓷厂（塑性坯料）	石英 35　长石 22　大同砂石 36　紫木节 7	1260～1280
8	郑州（塑性坯料）	石英 10　长石 25　大同砂石 30　界牌土 35	1260～1280

知识点二　坯料组成的表示方法

要进行坯料配方，首先应该了解坯料组成的表示方法，然后再找出这几种不同表示方法之间的关系，并进行相互换算。坯料组成的表示方法在生产上主要有以下几种表示方法。

（一）配料量表示法

配料量表示法，是以所用原料的质量分数来表示坯料组成的方法。例如江西某厂坯料配方为：星子高岭土 58%、三宝蓬瓷石 32%、柳家弯瓷石 10%。这种方法具体反映了原料的名称和数量，直观性强，便于直接进行生产或试验。但是，因为各地区、各工厂所用原料的组成和性质不相同，因此无法互相对照比较或直接引用。即便是同种原料，若组成产生波动，则原料质量分数也必须做相应的变更，才能适应工艺生产技术要求，满足陶瓷产品性能要求。

（二）矿物组成表示法

矿物组成表示法，是把天然原料中所含的同类矿物含量合并在一起，用黏土矿物、长石矿物以及石英矿物的质量分数来表示坯体的组成。这种方法的依据是同类型的矿物在坯料中所起的主要作用基本上相同。但是由于矿物的种类很多，性质有差异，它们在坯料中的作用还是有差别的。因此，这种方法只能粗略地反映一些情况。用示性矿物组成来进行配料计算时较为简便。常见瓷质的示性矿物组成见表 6—4。

表 6—4　　常见瓷质的示性矿物组成　　单位：%

示性矿物	典型硬质瓷	一般硬质瓷	一般软质瓷	化学瓷	卫生瓷
黏土矿物	50	40～60	20～40	60～65	30～50
长石矿物	25	20～30	30～60	20～25	20～30
石英矿物	25	20～30	20～40	10～20	30～50

（三）化学组成表示法

化学组成表示法，是通过化学全分析，获得坯料中其各氧化物质量及灼减量并用质量分数来表示坯料组成的方法。举例如表 6—5。

表 6—5　　坯体化学组成表示法　　单位：%

氧化物	SiO_2	Al_2O_3	Fe_2O_3	TiO_2	CaO	MgO	K_2O	Na_2O	MnO	I. L	合计
南方坯体	70.11	20.14	0.71	0.22	0.49	0.18	2.87	1.03	0.04	4.35	100.14
北方坯体	66.47	21.59	0.37	0.06	0.29	1.78	2.92	0.04	—	5.93	99.45

利用这种表示方法，可以初步了解坯料的工艺性能特点。根据其组成含量的多少，对坯料的烧成温度、变形趋势、收缩大小及坯体颜色等基本性质做出初步评价。同时，也可以利用所用原料的化学组成，计算出符合给定化学组成的坯料配方。由于原料和产品中这些氧化物不是单独和孤立的，它们之间的关系和反应情况又比较复杂，因此这种方法也有一定的局限性。

（四）实验式表示法

实验式又称为塞格尔式，是德国人塞格尔首创。

陶瓷坯料一般为混合物，可以用化学实验式表示。即用各种氧化物的摩尔数比值，按照碱性氧化物、中性氧化物、酸性氧化物的顺序进行排列，这种表示方法叫实验式表示法。也称为坯式或釉式。

陶瓷工业常用的氧化物并不很多，从性质上可以分为三类：

碱性氧化物：K_2O、Na_2O、Li_2O、CaO、MgO、BaO、ZnO、FeO、MnO、PbO、CdO、BeO、SrO 等；

中性氧化物：Al_2O_3、Fe_2O_3、Sb_2O_3、Cr_2O_3 等；

酸性氧化物：SiO_2、TiO_2、ZrO_2、SnO_2、MnO_2、B_2O_3、P_2O_5 等。

从上面可以看出，每类氧化物分子式中氧原子与其他原子的比数有一定的规律。若以“R”代表某一元素，则碱性氧化物包括 R_2O 和 RO 两种，中性氧化物为 R_2O_3，酸性氧化物为 RO_2。

实验式中各氧化物的排列顺序如下：

$$\left.\begin{matrix} aR_2O \\ bRO \end{matrix}\right\} \cdot cR_2O_3 \cdot dRO_2$$

碱性氧化物在前，其次为中性氧化物，最后为酸性氧化物。式中的 a、b、c、d 分别为各氧化物的摩尔数，用来表示各氧化物之间的相互比例。

习惯上，对陶瓷坯料的实验式，往往以中性氧化物为基准，令其摩尔数之和为 1，即 $c=1$，这样的式子称为坯式。它可以明确地看出各组分之间的关系，判断组成特性，进而便于将它与黏土、长石等矿物原料相比较，以估价高温性能，以利于坯料的配制与调整，可用来指导生产。对陶瓷釉料的实验式，往往以碱性氧化物为基准，令其摩尔数之和为 1，这样的式子称为釉式，以评价釉料的高温性能和釉面质量。

有时，以坯料实验式的碱性氧化物的摩尔数总和为 1，即 $n(R_2O)+n(RO)=1$ 来表示坯料，这样便于坯与釉的相互比较，以判定坯与釉的温度适应性。

实验式表示方法反映了各氧化物之间的相互关系，使各氧化物的组成一目了然。目前，在国内外陶瓷生产中，在文献资料的交流与阐述中，均采用这种表示方法来表达坯、釉料的组成。

知识点三　陶瓷坯料的主要类型

普通陶瓷按所用原料及坯体致密程度分为两大类：陶器（包括土器、普通陶器以及精陶器）和瓷器（包括炻器、瓷器）。陶器的坯体烧结程度差，断面粗糙而无光泽，机械强度较低，吸水率较大，无半透明性，敲击时声音粗哑、沉浊。瓷器的坯体致密，玻化程度高，吸水率小、基本上不吸水，有一定的透光性，断面细腻呈贝壳状或石状，敲击声音清脆。

从土器、普通陶器、精陶器、炻器到瓷器，原料是从粗到精，坯体是从粗松多孔，逐步到达致密，烧成温度也逐渐从低到高。

（一）土器坯料

土器又称粗陶器、砂瓦器，是最原始最低级的陶器。一般以一种易熔黏土制成。有时也可在黏土中加入熟料或砂与之混合，以减少收缩。也有掺用少量煤焦灰的，目的是生成气孔，以提高耐热急变性能。这些制品的烧成温度变动很大，要依据黏土的化学组成所含杂质的性质与多少而定。用来制造砖瓦，如气孔率过高，则坯体的抗冻性能不好，过低又不易挂住砂浆，所以吸水率一般都大于 15%。烧成后坯体的颜色，决定于黏土中着色氧化物的含量和烧成气氛，在氧化焰中烧成多呈黄色或红色，在还原焰中烧成则多呈青色或黑色。我国建筑材料中的青砖，即是用含有 Fe_2O_3 的黄色或红色黏土为原料，在临近止火时用还原焰煅烧，使 Fe_2O_3 还原为 FeO 而成青色。土器制品有砂锅、瓦盆、泥钵、煨罐、瓦壶、花盆等。

（二）陶器坯料

陶器又分普通陶器与精陶器两类。

1. 普通陶器

普通陶器即指陶盆、罐、缸、瓮以及耐火砖等具有多孔性着色坯体制品。坯体未烧结，粗松多孔，但较土器致密，吸水率一般为6%～14%。颜色不求洁白，所用黏土多属有色陶土，含铁、钛等氧化物允许稍高（可高达8%左右），因此取给容易，差不多各地都可就地取材。如在制作造型装饰方面加以精工细作，一样可以做到“普陶精致”，逗人喜爱。

以江苏宜兴为例，普通陶器所用原料都产于当地，其矿物组成主要是水云母类，以及高岭土、石英及云母碎屑。含铁量除白泥较低（1%～2%）外，甲泥在6%～8%，嫩泥在2%～3%。白泥的可塑性中等，收缩较小，烧成范围较宽，常用以单独制造中小型日用器皿。甲泥是原生黏土，性质较硬，在坯体中起骨架作用，嫩泥是沉积黏土，分散度高，可塑性极好，是当地常用的结合黏土。根据坯体的大小，常调节两者的配比，以适应它们的工艺要求。坯件越大，甲泥用量越多，有时还外加少量熟料，同时颗粒也较粗。坯件越小，嫩泥可多用，同时颗粒应较细。

2. 精陶器

精陶器坯体要求呈色洁白或奶黄，因此选料要求严格到已近乎瓷器，它与瓷器的区别仅在于有一定的气孔率（4%～12%），坯体未完全烧结，因而有渗透性，也不透明。它与炻器比较，因熔剂含量较少，烧成温度不超过1300℃，所以坯体未充分烧结。它与瓷器比较，对原料的要求较低，坯料的可塑性较大，烧成温度较低，不易变形，因而可以简化制品的成型、装钵和其他工序。但精陶的机械强度和抗冲击强度比瓷器、炻器要小，同时它的釉比上述制品的釉要软，当它的釉层损坏时，多孔的坯体即容易沾污，而影响卫生。

精陶按坯体组成的不同，又可分为：黏土质、石灰质，长石质、熟料质等四种，此外还有镁质精陶、混合质精陶等品种。黏土质精陶接近普通陶器。石灰质精陶以石灰石为熔剂，其制造过程与长石质精陶相似，而质量不及长石质精陶，因之近年来已很少生产，而为长石质精陶所取代。长石质精陶又称硬质精陶，以长石为熔剂，是陶器中最完美和使用最广的一种。近代很多国家用以大量生产日用餐具（杯、碟、盘等）及卫生陶器以代替价昂的瓷器。熟料精陶是在精陶坯料中加入一定量熟料，目的是减少收缩，避免废品。这种坯料多应用于大型和厚胎制品（如浴盆，大的盥洗盆等）。

精陶坯式为：$(R_2O+RO)\cdot(5.5\sim8.0)Al_2O_3\cdot(26.0\sim35.0)SiO_2$

我国生产的日用精陶坯料，根据加入原料的情况基本上可分为高铝坯料（Al_2O_3含量为30%左右）和高硅质坯料（SiO_2含量为70%以上）两种，由于所采用的黏土多为含SiO_2较高的黏土，因此实际配方属高硅质。表6－6列出了我国和日本的一些精陶坯料的化学组成。

表 6—6　　　我国和日本的一些精陶坯料的化学组成　　　单位:%

<table>
<tr><th>类别 \ 化学组成</th><th>SiO_2</th><th>Al_2O_3</th><th>Fe_2O_3</th><th>CaO</th><th>MgO</th><th>K_2O</th><th>Na_2O</th><th>灼减量</th></tr>
<tr><td>坯 1</td><td>71.64</td><td>19.82</td><td>0.31</td><td>0.38</td><td>0.20</td><td>1.30</td><td>0.36</td><td>6.45</td></tr>
<tr><td>坯 2</td><td>60.34</td><td>28.63</td><td>0.47</td><td>0.77</td><td>0.14</td><td>1.30</td><td>0.71</td><td>7.82</td></tr>
<tr><td>坯（台湾）</td><td>71.58</td><td>18.57</td><td>0.34</td><td>0.60</td><td>0.49</td><td colspan="2">1.77</td><td>6.24</td></tr>
<tr><td>坯（温州）</td><td>59.89</td><td>21.35</td><td>0.52</td><td>7.18</td><td>0.20</td><td colspan="2">0.54</td><td>11.12</td></tr>
<tr><td>坯（宜兴）</td><td>70.04</td><td>20.14</td><td>0.43</td><td>0.32</td><td>0.27</td><td colspan="2">1.80</td><td>7.08</td></tr>
<tr><td>坯（河南）</td><td>60.34</td><td>28.63</td><td>0.47</td><td>0.77</td><td>0.14</td><td>1.30</td><td>0.71</td><td>7.82</td></tr>
<tr><td>坯（浙江）</td><td>72.05</td><td>17.09</td><td>1.79</td><td>1.31</td><td>0.32</td><td colspan="2">1.47</td><td>5.97</td></tr>
<tr><td>坯（日本）</td><td>74.56</td><td>18.95</td><td>0.64</td><td>2.14</td><td>0.24</td><td>1.84</td><td>0.92</td><td>—</td></tr>
</table>

建筑精陶系指用于装饰或装备建筑物的墙面、地面等的各类精陶制品。例如釉面砖就是其中最具典型的精陶制品。下面主要介绍釉面砖，釉面砖又称釉面内墙砖，主要用于建筑物内墙装饰。砖坯为精陶质，表面带釉。为了提高遮盖能力和白度，通常施用乳浊釉。其主要物理性能为：吸水率≤22%，一般为 16%～19%；热稳定性，比冷水温高 130℃至流动冷水中急冷一次不裂；白度不小于 78%，弯曲强度不低于 16.67MPa。

精陶坯料化学组成中，主要应控制 SiO_2 和 K_2O+Na_2O 的含量变化。SiO_2 含量的高低直接影响坯体膨胀系数和坯釉的结合性，而 K_2O+Na_2O 含量变化主要影响坯体的素烧温度，一般应控制在 2%以下，若含量过高，能使坯体烧成温度降低，不利于方石英的形成，会降低坯体的膨胀系数，影响坯釉结合，而产生釉裂缺陷。精陶坯料中熔剂组分较少，但石英含量较多，并有一定数量的 CaO 和 MgO，加上烧成温度低，因而坯体的矿物组成中有石英、方石英、莫来石、玻璃相以及气孔，甚至还有少量长石和云母残骸，其中玻璃相少，故坯体多孔。为了改变烧后坯体内玻璃相的成分，降低吸湿膨胀值，适当提高素坯的膨胀系数，可在坯料中加 1%～3%的滑石、石灰石或白云石作矿化剂，使 CaO/MgO 的含量提高到 1.5%～2.5%。生产实践证明，这一措施对高 Si 质精陶坯料尤为有效。

精陶多采用两次烧成，第一次素烧温度在 1200～1300℃。第二次釉烧温度在 1050～1150℃，一般使用含铅和硼的易熔釉。无论素烧或釉烧，都要求在氧化气氛下进行。

（三）炻器坯料

炻器又称“石胎瓷”，是介乎陶器与瓷器之间的一个品种，坯体烧结致密，玻化程度低，仍有 2%以下的吸水率，坯体不透明，有白色的，而多数允许在烧后呈颜色。炻器与陶器比，其坯体基本烧结，气孔率很小，已接近瓷器；与瓷器比，其坯体不透明，一般仍有颜色，不求洁白，还不能算是瓷器。炻器所用黏土是高可塑性的，含有大量熔剂（5%～8%或更多）的耐火或难熔黏土，对着色氧化物的含量不像瓷器那样严格，对原料纯度要求不高，所以容易就地取材，形成本地的风格。如驰名于世的宜兴紫砂器

（吸水率一般为 2%～4%），即是一种不施釉的有色的细炻器（也有人将其归纳为陶器），他们利用当地所特有的有色黏土（紫泥、红泥或绿泥）单独制坯，既取材于本地，又风格独特。紫砂器采用氧化气氛烧成，制品烧后的呈色取决于坯料中氧化铁的含量以及铁化合物的种类。绿泥由于铁含量低呈米黄色；紫泥由于氧化铁含量高（含铁在 9%左右）而呈砖红色；红棕色泥中因还含有一定量的 TiO_2，加深了 Fe_2O_3 的呈色而呈现紫红色。

炻器坯料一般用难熔或耐火黏土在 50%以上，为了减少收缩，有时掺用石英或熟料 20%～30%，为了使坯体更趋于致密，有时配用长石 5%～25%。与瓷器相比，炻器坯料中黏土用量较多，而长石用量仅为瓷器的 1/3～1/2，炻器中有时也加入高岭土、废瓷和滑石等，有利于热稳定和强度的提高，并增大烧结范围。

炻器的烧成温度可低至 1160℃，高至 1350℃，视熔剂的含量而定。炻器可以用低温易熔釉两次烧成，也可以用高温釉一次烧成。烧成中一般用氧化焰，有时也用还原焰。在氧化焰烧成时，由于 Fe_2O_3 的存在，坯体呈黄色至棕色，还原焰烧成时坯体呈灰色。炻器具有较高的强度和良好的热稳定性，适合机械化洗涤，并能顺利通过从冰箱到烤炉的温度急变。

（四）瓷器坯料

瓷器是陶瓷发展的最高阶段，它的特征是坯体已完全烧结，完全玻化，因此很致密，对液体和气体都无渗透性，色白，胎薄处呈半透明，断面呈贝壳状，以舌头去舔，感到光滑而不被黏住。瓷器的分类有以下几种：

1. 按烧成温度及制品性能分类

日用瓷器就其烧成温度及制品性能来分，有硬质瓷和软质瓷两类。硬质瓷在坯料组成中黏土含量较多，熔剂含量较少，因而烧成温度高，一般在 1320～1450℃，烧后成品的莫来石含量多，玻璃相含量少，机械强度高，瓷和釉面的硬度也较高，所以称为硬质瓷，也称“真瓷”。它们的坯料组成范围为黏土物质 40%～60%，长石 20%～30%，石英 20%～30%。硬质瓷具有陶瓷器中最好的性能。用以制造高级日用器皿，电瓷、化学瓷等。

软质瓷的熔剂较多，烧成温度较低，一般在 1250～1320℃，因此机械强度不及硬质瓷，热稳定性也较低，但其透明度高，富于装饰性，所以多用于制造艺术陈设瓷。它们的坯料组成范围为黏土物质 20%～40%，长石 30%～60%，石英 20%～40%。至于骨质瓷，它的烧成温度与软质瓷相近，其优缺点也与软质瓷相似，应同属软质瓷的范围。这类瓷器由于生产中的难度较大（坯体的可塑性和干燥强度都很差，烧成时变形严重），成本较高，生产并不普遍。英国是骨质瓷的著名产地，我国唐山也有骨质瓷生产。

硬质瓷和软质瓷的实验式在下列范围内：

硬质瓷：$(0.18\sim0.3)(R_2O+RO)\cdot R_2O_3\cdot(3.5\sim4.8)SiO_2$

软质瓷：$(0.3\sim0.45)(R_2O+RO)\cdot R_2O_3\cdot(4.8\sim6.0)SiO_2$

这样的分类只是相对而言，其中并没有绝对的界限，实际上现代的瓷器多在软硬之间。

2. 按所用熔剂或其他特殊原料的种类分类

普通陶瓷的坯料一般都是以黏土为主要原料，故可统称为黏土质坯料。然而，由于所用黏土的种类各有差异，尤其是所用熔剂原料的种类不同，因而有进一步加以区分的必要。如以长石作为主要熔剂原料的坯料称为长石质坯料，以绢云母作为主要黏土原料和熔剂原料的坯料称为绢云母质坯料等。本章主要介绍日用瓷器坯料中的长石质、绢云母质、骨质瓷和镁质瓷坯料。

（1）长石质坯料　长石质瓷是目前国内外日用陶瓷所普遍采用的瓷质，它以长石作为助熔剂，利用长石原料在较低温度下熔融并形成高黏度玻璃相的特性对长石、石英、黏土按比例配合成坯料，在一定温度范围内烧成的“长石－石英－高岭土”三组分系统瓷。

长石质瓷根据其配料组分比例及生产工艺的不同，烧成温度范围变化很宽。可以配成在1150～1450℃温度范围内烧成的各种温度的瓷器。一般认为烧成温度在1350℃以上的为高火度瓷，1350℃以下的为低火度瓷。我国长石质瓷的烧成温度一般为1250～1350℃，其相组成范围为：玻璃相50%～60%、莫来石晶体10%～30%、残余石英14%～25%。

这种瓷的瓷胎由“残余石英、莫来石、玻璃相”构成，瓷胎洁白，薄片呈半透明，断面致密呈贝壳状，不透气，吸水率低，瓷质坚硬，机械强度高，化学稳定性好。它适合制作餐具、茶具、装饰美术陈设瓷及一般的工业用瓷。

我国各瓷区日用瓷坯体的化学组成见表6－7。

从表6－7所列资料可以看出，我国各地瓷坯料的化学组成虽然略有不同，但从统计规律来看，化学组成一般在下面范围内变动：SiO_2 60%～75%，Al_2O_3 19%～25%，R_2O+RO 4%～6.5%（其中KNaO应不低于2.5%）。

表6－7　　我国长石质瓷坯的化学组成　　单位：%

产地与名称	SiO_2	Al_2O_3	Fe_2O_3	TiO_2	CaO	MgO	K_2O	Na_2O	R_2O+RO
醴陵422#瓷	69.5	24.0	0.17	0.01	0.32	1.21	3.76	0.82	6.11
界牌26#瓷	74.9	21.2	0.22	—	0.25	0.13	3.63		4.01
唐山25#瓷	70.0	25.2	0.27	0.37	0.39	0.73	2.82	0.50	4.44
唐山七瓷厂	71.75	22.15	0.31	0.27	0.22	0.56	3.26	1.47	5.51
邯郸一瓷厂	73.0	20.7	0.17	0.22	0.44	0.31	3.12	1.08	4.95
邯郸二瓷厂	75.38	19.20	0.30	0.14	0.39	0.56	2.90	0.65	4.50
邯郸陶研所	72.4	21.5	0.11	0.11	1.30	1.30	3.24	0.69	6.53
唐山陶研所	70.5	22.9	0.41	0.06	0.31	1.89	3.10	0.47	5.77
郑州1#瓷	69.5	25.7	0.19	—	0.16	0.07	3.87		4.10
北京大华瓷	68.7	24.3	0.70	—	1.98	0.49	4.54		7.01
重庆瓷厂瓷	73.2	23.5	0.28	0.03	0.13	0.18	2.73		3.04
云南易门瓷	71.12	22.05	0.40	—	0.20	0.40	5.79		6.38

但是，瓷坯的化学组成不是不变的，它与烧成温度有密切的关系，两者互相制约。烧成温度高的瓷，组成中的 Al_2O_3 含量高，SiO_2 含量少一些，如欧美瓷。而烧成温度低的瓷则 Al_2O_3 含量少，而 SiO_2 含量相应多一些。

（2）绢云母质坯料　绢云母质瓷是我国传统的日用瓷质之一，是以瓷石和高岭土为主要原料，利用瓷石原料中的绢云母熔融后形成高黏度玻璃的性质，并利用瓷石其本身已经含有石英的特点，另外按一定比例加入高岭土配合成坯料，在一定温度范围内烧成的瓷。

传统绢云母质瓷烧成温度依其瓷石和高岭土用量的比例（瓷石 70%～30%，高岭土 30%～70%。），可在 1250～1450℃范围内变化，随着高岭土含量增加，烧成温度提高，烧成温度范围扩大。考虑到经济与技术条件，实际生产中一般在 1350℃以下烧成，所得制品也由“残余石英、莫来石、玻璃相”构成。绢云母质瓷除具有长石质瓷的一般特点外，还具有较高的透明度。由于多采用还原焰烧成，外观呈“白里泛青”的特色，同样，它也适合制作餐具、茶具、装饰美术陈设瓷及一般的工业用瓷。

绢云母质瓷的示性矿物组成如下：绢云母 30%～50%，石英 15%～25%，高岭土 20%～50%，其他矿物 5%～10%，烧成温度在 1250～1450℃。化学组成与长石质瓷相似。表 6－8 为绢云母质坯体的化学组成。

表 6—8　　我国绢云母质瓷的化学组成　　单位：%

产地与名称	SiO_2	Al_2O_3	Fe_2O_3	TiO_2	CaO	MgO	K_2O	Na_2O	R_2O+RO
景德镇薄胎	68.05	26.51	1.02	—	0.02	0.12	3.36	1.02	4.52
景德镇 7# 瓷	69.29	24.32	0.54	—	1.14	0.84	2.66	1.21	5.85
为民厂坯料	68.57	24.53	0.36	0.03	1.22	0.41	1.34	1.22	4.19
宇宙厂坯料	67.62	23.74	0.22	0.04	1.17	0.56	1.21	1.17	4.11
中国古瓷 3#	65.43	26.75	0.56	0.10	1.20	0.62	1.35	1.20	4.37

（3）骨质瓷坯料　骨质瓷是以磷酸盐为基础的瓷。是以磷酸钙为熔剂的“磷酸盐－高岭土－石英－长石”系统瓷。骨质瓷坯体可用可塑法和注浆法来成型，一般为二次烧成，第一次为高温素烧，温度为 1200～1250℃，第二次为釉烧，温度为 1100～1150℃，烧成后的瓷主要由钙长石、磷酸三钙、残余石英（＜3%）和玻璃相所构成。该瓷器的白度高，透明性能好，瓷质软，光泽柔和。然而其脆性大，热稳定性差，烧成范围较窄，不好控制。在我国唐山，骨质瓷已大量生产，而且已名扬中外，别具一格，是制造高级美术瓷和高级餐具、茶具的佳品。

骨质瓷中的玻璃相可达 20%以下，而且各相之间的折射率之差很小（玻璃相是 1.56，钙长石是 1.58，磷酸三钙是 1.59～1.62），因此，制品对光的散射程度较小，从而透明度较大而且光线柔和，具有理想的装饰效果。

英国是以生产该瓷种而出名的，其瓷质的特点是白里泛黄，釉面光滑如镜。我国唐山地区目前也在大量生产骨质瓷。

中外骨质瓷的化学组成见表 6－9。

表 6—9　　中外骨质瓷的化学组成　　单位：%

产地	SiO_2	Al_2O_3	Fe_2O_3	TiO_2	CaO	MgO	P_2O_5	K_2O	Na_2O	I. L	烧成温度/℃
中国	34.47	14.4	0.21	0.07	21.46	2.11	18.6	2.43	1.67	4.55	1220～1250
英国	32.27	17.46	0.19	0.02	25.63	0.50	21.21	1.48	1.35	—	1250～1280
原苏联	28.3	15.0	0.36	—	27.36	1.8	19.53	2.57	1.02	4.41	1250
美国	37.0	15.7	—	—	24.0	—	20.4	2.9	—	—	1250～1280
日本	36.84	17.84	0.29	0.34	23.13	0.60	17.79	2.44	0.81	—	1240

根据所得的少量资料统计分析，骨质瓷的组成有如下规律：

$$\left.\begin{matrix}0.15 \sim 0.40\ K_2O \\ 1.80 \sim 3.00\ CaO\end{matrix}\right\} \cdot 1.00\ Al_2O_3 \cdot \left\{\begin{matrix}2.80 \sim 4.50\ SiO_2 \\ 0.60 \sim 1.00\ P_2O_5\end{matrix}\right.$$

骨质瓷的配方特点是含有大量的骨灰，引入骨灰的目的是提供 $Ca_3(PO_4)_2$。也有用天然的矿物磷酸盐或磷灰石来代替的，它在坯料中起着助熔作用。配料中，由于骨灰几乎没有可塑性，因此在配料中应加入可塑性较强的黏土，以提高坯料的可塑性。骨质瓷坯料中，骨灰含量在 50%左右为佳，过多会使瓷质发黄，且坯料可塑性太差，长石和石英的含量应根据烧成温度和骨灰的用量来定，一般在 20%～25%。骨质瓷坯料的原料配比范围一般如下：骨灰 20%～60%，长石 8%～22%，高岭土 25%～45%，石英 9%～20%。

由于具体原料和生产条件的不同，各国骨灰质瓷配方也各不相同。现列出我国和国外一些骨灰瓷的配料组成，见表 6—10，以做参考。

表 6—10　　中外骨质瓷配料组成　　单位：%

产地	骨灰	高岭土	长石	大同土	宽城土	石英	花岗岩
唐山	40	滑石 2	10	7	22	8	紫木节 11
唐山	50	滑石 0.5	8	17	0.5	10	紫木节 4 章村土 10
美国	40	15	13	—	—	32	—
德国	51	25	24	—	—	—	—
德国	50	22	25	黏土 3	—	—	—
原苏联	50	20	20	黏土 10	—	—	—
法国	34	28	—	球土 3	熔块 7	—	—
英国	46	24	—	—	—	3	27
英国	47	30	10	—	—	13	—
英国	45	26	—	—	—	3	26
	熔块：硅砂 100　碳酸钾 8						

（4）镁质瓷坯料　这是一种以滑石为主要原料的瓷种，早在工业陶瓷中采用。近年

来在山东、河北等陶瓷产区研究成功为具有特色的日用瓷品种。这种瓷在白度、透明度、色调、吸水率、机械强度、热稳定性等方面的性能已达到或超过一般细瓷的水平。适合制作精细的日用器皿和工艺美术瓷。具有“鲁青瓷”美称的镁质瓷青釉瓷器，继承了传统青瓷的特点，清雅明快，有强烈的翠玉感，所制的高档日用餐具、艺术陈设瓷深受国内外的称赞。若在日用瓷坯料中加入 0.1%～0.6%的黄色料且在氧化气氛下烧成时，即可得具有象牙质感的“象牙黄”。普通的镁质瓷其白度为 85%以上、吸水率在 0.27%～0.36%，烧成温度范围为 20～30℃。

镁质瓷的坯料配方组成中：烧滑石可用至 60%～75%，长石 4.5%～12%，高岭土 7%～11%，结合黏土 3%～10%，$BaCO_3$ 2%～5%，钟乳石（$CaCO_3$）0～0.5%。烧成温度为 1270～1280℃。

山东硅酸盐研究所的镁质瓷配方为：滑石 73%，长石 12%，高岭土 11%，黏土 4%。化学组成见表 6－11。

表 6－11　山东硅酸盐研究所镁质瓷的化学组成　单位：%

氧化物	SiO_2	Al_2O_3	Fe_2O_3	TiO_2	CaO	MgO	K_2O	Na_2O
含量	65.77	7.06	0.18	0.08	1.09	24.16	1.39	0.28

辽宁轻工业局的镁质瓷的配方与化学组成见表 6－12 和表 6－13。

表 6－12　镁质瓷坯料配方（辽宁轻工局镁研所）　单位：%

坯种类	滑石	长石	建设土	长宝土	木节土	膨润土	碳酸钡
55#坯	74	8	8	8	—	—	2
57#坯	74	8	6	3	2	—	2
61#坯	70	6	4	162	2	—	—
64#坯	67	7	6	16	—	2	2

表 6－13　镁质瓷坯料的化学组成（辽宁轻工局镁研所）　单位：%

坯种类	SiO_2	Al_2O_3	Fe_2O_3	TiO_2	CaO	MgO	K_2O	Na_2O	BaO
55#坯	69.85	4.86	0.18	0.04	—	23.14	0.74	—	1.58
57#坯	68.44	5.25	0.16	0.10	0.59	22.70	1.64	0.54	1.05
61#坯	67.68	5.90	0.02	0.05	0.29	22.27	1.68	0.56	1.19
64#坯	68.93	5.86	0.22	0.06	0.64	21.08	0.27	1.32	1.49

知识点四 基本项目的计算

(一) 原料湿含量、灼减量的计算

配料计算时，首先要考虑原料的吸附水含量。因为各种原料由于不同的开采、加工和存放方式，使得原料的吸附水含量有很大的不同。为了做到配料准确，在配料时必须以干料为基准进行计算，即扣除原料中的水分。同时，陶瓷坯、釉料在加热的过程中会有一定的失重，应考虑也扣除该量后来进行计算，只有这样，才能做到准确无误。

1. 湿含量的计算

假设某一原料的湿质量为 G 克，经过 105～110℃的干燥至恒重后的质量为 G_1 克，则此物料的吸附水量可以以湿基或干基两种方式来表示。

以湿基表示为：

$$W_W=\frac{G-G_1}{G}\times 100\%$$

以干基表示为：

$$W_D=\frac{G-G_1}{G_1}\times 100\%$$

在实际配料中，往往根据干料的用量及原料的湿含量，采用湿基计算方法，算出湿料的实际加入量。

2. 灼减量的计算

灼减量是经 1050℃左右灼烧后损失的质量，也称为烧失量。它是将试样置于已灼烧至恒重的坩埚内，按常法进行灼烧、称重，直至恒重。按下列公式计算：

$$\text{灼减量（I. L）}=\frac{G_1-G_2}{G_1-G_0}\times 100\%$$

式中：G_0——灼烧前坩埚的质量，g；

G_1——灼烧前坩埚和试样的质量，g；

G_2——灼烧后坩埚和试样的质量，g。

在进行坯釉式的计算时，常常将化学分析结果中的灼减量除去，计算成为不含灼减量的各种氧化物质量分数。

(二) 坯（釉）式的计算

1. 由化学组成计算坯（釉）式

化学组成是将坯料的化学组成数据（或配料中各种原料单独分析的结果），计算出符合坯式所规定的要求。其计算按下列步骤进行：

（1）若原始组成中含有灼减量，则应先将原组成换算成不含灼减量的化学组成。

（2）各氧化物的质量除以其摩尔质量，得到各氧化物的物质的量。

（3）分计算坯式与釉式两种情况。

①计算坯式时，各氧化物的物质的量除以中性氧化物 R_2O_3 的物质的量之和。

②计算釉式时，以各氧化物的物质的量除以碱性氧化物（R_2O+RO）的物质的量之和。

得到的数据就是坯式或釉式中各氧化物前面的系数（相对摩尔数）。

（4）按照碱性、中性、酸性氧化物的顺序列出各氧化物的相对摩尔数，即为坯式或釉式。

[例 1] 某瓷坯的化学组成如下（表 6—14）：

表 6—14　瓷坯的化学组成　单位：%

氧化物	SiO_2	Al_2O_3	Fe_2O_3	CaO	MgO	K_2O	Na_2O	I. L	合计
含量	63.37	24.87	0.81	1.15	0.32	2.05	1.89	5.54	100

试求该瓷坯的实验式。

[解]：（1）将化学组成换算成不含灼减量的质量分数。

$$w(SiO_2)=\frac{63.37}{100-5.54}\times100\%=67.09\%$$

其他氧化物同理换算列入表 6—15。

表 6—15　不含灼减量的化学组成　单位：%

氧化物	SiO_2	Al_2O_3	Fe_2O_3	CaO	MgO	K_2O	Na_2O	合计
去除灼减量后含量	67.09	26.33	0.8575	1.217	0.3388	2.170	2.001	100

（2）各氧化物的质量分数除以相应氧化物的摩尔质量，得到各氧化物在 100g 原料中的物质的量（表 6—16）。

表 6—16　各氧化物在 100g 原料中的物质的量

氧化物	SiO_2	Al_2O_3	Fe_2O_3	CaO	MgO	K_2O	Na_2O	合计
去除灼减量后含量/%	67.09	26.33	0.8575	1.217	0.3388	2.170	2.001	100
摩尔质量/（g/mol）	60.1	101.9	159.7	56.1	40.3	94.2	62	
物质的量/mol	1.116	0.2583	0.0054	0.0217	0.0084	0.0230	0.0323	

（3）算出中性氧化物摩尔总数。

$$0.2583+0.0054=0.2637\ (mol)$$

（4）用各氧化物的物质的量分别除以 0.2637（中性氧化物的物质的量），得到一套以 R_2O_3 系数为 1 的各氧化物的系数，计算结果见表 6—17。

表 6—17　　　　各氧化物的系数计算结果

氧化物	SiO_2	Al_2O_3	Fe_2O_3	CaO	MgO	K_2O	Na_2O	I. L	合计
含量/%	63.37	24.87	0.81	1.15	0.32	2.05	1.89	5.54	100
去除灼减量后含量/%	67.09	26.33	0.8575	1.217	0.3388	2.170	2.001	0	100
摩尔质量/（g/mol）	60.1	101.9	159.7	56.1	40.3	94.2	62		
物质的量/mol	1.116	0.2583	0.0054	0.0217	0.0084	0.0230	0.0323		
中性氧化物的物质的量		0.2637							
各氧化物的系数	4.232	0.9795	0.0205	0.0823	0.0319	0.0872	0.1225		

（5）将所得氧化物相对摩尔数按规定排列得到坯式。

$$\left.\begin{array}{r}0.0872\ K_2O\\0.1225\ NaO_2\\0.0823\ CaO\\0.0319\ MgO\end{array}\right\}\cdot\left.\begin{array}{r}0.9795\ Al_2O_3\\0.0205\ Fe_2O_3\end{array}\right\}\cdot 4.232\ SiO_2$$

［例 2］某瓷厂日用瓷釉料的化学组成如表 6—18，计算釉式。

表 6—18　　　　某日用瓷釉料的化学组成

氧化物	SiO_2	Al_2O_3	Fe_2O_3	CaO	MgO	K_2O	Na_2O	ZnO	总计
含量/%	64.25	13.30	0.16	7.52	3.79	4.42	2.72	3.84	100
摩尔质量/（g/mol）	60.1	101.9	159.7	56.1	40.3	94.2	62	81.4	
物质的量/mol	1.069	0.131	0.001	0.134	0.094	0.047	0.044	0.047	

［解］：计算碱性氧化物的物质的量：

$$n\ (R_2O+RO)=0.134+0.094+0.047+0.044+0.047=0.366\ (mol)$$

则：釉式中各氧化物的系数见表 6—19。

表 6—19　　　　各氧化物的系数

氧化物	SiO_2	Al_2O_3	Fe_2O_3	CaO	MgO	K_2O	Na_2O	ZnO
摩尔数比例	2.921	0.358	0.003	0.367	0.257	0.128	0.120	0.128

所求釉式为：

$$\left.\begin{array}{r}0.128\ K_2O\\0.120\ NaO_2\\0.367\ CaO\\0.257\ MgO\\0.128\ ZnO\end{array}\right\}\cdot\left.\begin{array}{r}0.358\ Al_2O_3\\0.003\ Fe_2O_3\end{array}\right\}\cdot 2.921\ SiO_2$$

2. 由坯（釉）式计算其化学组成

如果已知某一坯料的坯式（或釉料的釉式），可按下列步骤的计算，得到其相应的化学组成。

（1）用已知式中各氧化物的物质的量分别乘以各氧化物的摩尔质量，得到各氧化物的质量。

（2）算出各氧化物质量的总和。

（3）分别用各氧化物的质量除以各氧化物质量的总和，即得到各氧化物所占质量分数。

［例 3］我国某古瓷胎的坯式为：

$$\left.\begin{matrix}0.088\ CaO\\0.010\ MgO\\0.077\ Na_2O\\0.120\ K_2O\end{matrix}\right\}\cdot\left.\begin{matrix}0.982\ Al_2O_3\\0.018\ Fe_2O_3\end{matrix}\right\}\cdot 4.033\ SiO_2$$

试计算该瓷胎的化学组成。

［解］：（1）计算出各氧化物的质量。

$$m\ (SiO_2) = 4.033\times 60.1 = 242.4\ (g)$$

（2）计算出各氧化物质量总和为 366.8（g）。

（3）计算出各氧化物所占质量分数，即为瓷胎的化学组成（如表 6－20）。

$$w\ (SiO_2) = 242.4\div 366.8\times 100\% = 66.09\%$$

$$总量 = 100.00\%$$

表 6－20　　瓷胎坯釉化学组成的计算结果

组成	SiO_2	Al_2O_3	Fe_2O_3	CaO	MgO	K_2O	Na_2O	合计
物质的量/mol	4.033	0.982	0.018	0.088	0.010	0.120	0.077	
摩尔质量/（g/mol）	60.1	101.9	159.7	56.1	40.3	94.2	62.0	
各氧化物质量/g	242.4	100.1	2.857	4.937	0.403	11.30	4.774	366.8
各氧化物质量分数/%	66.09	27.29	0.78	1.346	0.1099	3.081	1.301	100.00

知识点五　坯料配方计算

天然出产的黏土很少能直接用来单独制坯，一般需要以几种原料配合，互相取长补短。坯料配方的设计是一项繁重而复杂的工作。在进行坯料配方的设计时，不能仅靠理论上的计算，而应借鉴他人成功的经验与失败的教训，参照国内外成熟的配料范围，采用经验—计算—测定三结合的方法，只有这样，才能少走弯路，从根本上获得成功。

在配方设计时应遵循以下基本原则：

（1）在化学组成上要满足陶瓷制品的性能要求。应对原料从化学组成上做充分的分析和性能比较，找出各原料的性能特色，视其是否具备或接近制品所需的性能。

（2）所用原料的性能和配比要能满足生产工艺及制品的最终的物理性能要求。应考虑原料的纯度、成型性能、烧成性能、烧后的色泽以及烧后的强度和透明性、热稳定性，有时在坯料的化学组成上做一定的改动，以满足产品的物理性能要求。

（3）要充分地考虑现有工厂的规模和具体的生产条件。不能由于配方的使用而大量地改变现有的生产工艺参数和投入大量的资金来购买设备与技术改造。坯料配方设计时，应从原料的制备、成型和烧成等方面考察它们的工艺参数，并以其作为根本的条件，只有这样的配方，才具有实用性和科学价值。

（4）要考虑经济上的合理性。对原料要强调就地取材、量材使用、宁近勿远、物尽其用。

（一）由化学组成计算配方

根据坯料所要求的化学组成，在已经掌握了所选用原料的化学组成的基础上，利用化学组成的数据直接进行计算。即通过计算来调整各种原料的用量，使之适合既定的化学组成的要求。

在计算过程中，根据制品的性能和化学组成以及所用原料的性能与化学组成，参照生产的经验可以先确定一两种原料的用量，再确定组成中的某种氧化物主要由哪种原料提供，这样一来，再逐项计算每种原料的用量，以求满足坯料的化学组成。

这种计算方法能满足坯料的化学组成，并能在一定程度上满足坯料的烧成工艺性能要求。通过对所用原料的充分考虑，在某种程度上还能满足成型性能的要求。然而由于原料的种类和性能以及产地各不相同，所以最终还是要通过工艺试验来调整和确定配方。

具体的计算步骤如下：

（1）根据产品性能和成熟经验，预定配方组成。若是无灼减量的瓷坯组成，则在计算时原料也应换算成无灼减量的组成；若是有灼减量的生坯组成，则在计算时原料可用有灼减量的组成；也可在计算前，把所有的组成统一先换算成无灼减量的组成，然后再进行计算。

（2）为能清楚、完全、逐项地满足预定的化学组成，整个计算过程应采用列表方式进行计算。在计算过程中自始至终都应遵循由繁到简、逐项满足的原则。

（3）若是采用无灼减量进行计算的，则计算结果要相应地换算有灼减量的原料组成。

（4）实际配料时，还要根据原料含水率，换算成湿基配方，以便按此配方进行配料、称料。

注意：①在计算黏土用量时所带入的 MgO 和 KNaO，如含量很少可以不予考虑；②膨润土在坯料中的用量不超 5%；③计算顺序一般是：首先参照生产经验确定一两种原料的用量，其次计算长石，然后黏土，最后是石英。

[例 4] 某厂瓷坯化学组成及所用原料化学组成见表 6－21。试进行坯料配方计算。

表 6－21　　瓷坯和原料的化学组成　　单位：%

原料	SiO_2	Al_2O_3	Fe_2O_3	TiO_2	CaO	MgO	K_2O	Na_2O	I. L
瓷坯	70.41	25.16	0.48	0.13	0.55	0.25	2.23	0.7	—
长石	65.60	18.96	0.83	—	0.62	—	10.25	3.21	0.48
石英	98.54	0.72	0.27	—	0.37	0.25	—	—	—
大同砂	43.25	39.44	0.27	0.09	0.24	0.38	—	—	16.07
紫木节	41.96	35.91	0.91	0.96	2.10	0.42	0.37	—	16.96
碱干	43.50	40.09	0.63	0.30	0.47	—	0.49	0.22	14.28

［解］计算按下列步骤进行：

（1）列表计算原料的配比。见表 6－22。根据生产经验，确定紫木节和碱干的用量分别为 7%。

表 6－22　　原料配比计算表　　单位：%

原料	SiO_2	Al_2O_3	Fe_2O_3	TiO_2	CaO	MgO	K_2O	Na_2O
瓷坯	70.41	25.16	0.48	0.13	0.56	0.25	2.23	0.70
引入紫木节 7	2.93	2.51	0.06	0.07	0.15	0.03	0.03	—
引入碱干 7	3.05	2.81	0.04	0.02	0.03	—	0.03	0.02
剩余	64.43	19.84	0.38	0.04	0.38	0.22	2.17	0.68
引入长石 21.17	13.88	4.01	0.17	—	0.13	—	2.17	0.68
剩余	50.55	15.83	0.21	0.04	0.25	0.22	0	0
引入大同砂 39.5	17.08	15.59	0.11	0.04	0.10	0.15	—	—
剩余	33.47	0.24	0.10	0	0.15	0.07	—	—
引入石英 33.97	33.47	0.24	0.10	—	0.12	—	—	—
剩余	—	—	—	—	0.03	0.08	—	—

（2）无灼减量的原料配比换算成有灼减量的原料配比。计算结果见表 6－23。为便于称料，取小数时取 0.5% 为宜。

表 6－23　　坯料配方计算表　　单位：%

原料	计算值	质量分数	实取值
长石	21.17	19.48	19.5
石英	33.97	31.23	31
大同砂	39.5	36.36	36.5
紫木节	7	6.44	6.5
碱干	7	6.44	6.5
合计	108.64	100	100

（二）由实验式计算配方

采用实验式表示坯料组成是陶瓷研究人员经常用的方法。当已知所用原料的实验式时，可以采用逐项满足坯料实验式中各氧化物的物质的量的方法计算该坯料的配方组成。用这种方法能满足化学组成的要求，但难以满足坯料的工艺性能要求。

这种方法的计算步骤是：

（1）把已知原料的化学组成换算成原料的实验式。在这样的换算过程中，对所用的原料需进行充分的分析，以便确定所用原料在组成上的繁简。同时，要对所用的各种原料的性能做出合理的判断，确定各原料的属性，以使各种原料的实验式与其纯原料实验式相对应。

（2）用原料的实验式按由繁到简、逐项满足的原则进行计算。

［例 5］现选用坯料的实验式（坯式）为：

$$\left.\begin{matrix}0.063\ K_2O\\0.020\ Na_2O\\0.017\ CaO\\0.036\ MgO\end{matrix}\right\}\cdot\left.\begin{matrix}0.990\ Al_2O_3\\0.010\ Fe_2O_3\end{matrix}\right\}\cdot\left.\begin{matrix}3.630\ SiO_2\\0.010\ TiO_2\end{matrix}\right\}$$

所采用的原料及化学组成见表 6－24。

表 6－24　原料及原料化学组成　单位：%

原料	SiO_2	Al_2O_3	Fe_2O_3	TiO_2	CaO	MgO	K_2O	Na_2O	I. L
大同土	44.16	38.90	0.20	0.38	0.04	—	—	—	16.67
紫木节	42.69	36.50	1.23	0.81	0.52	0.03	—	—	18.10
长石	66.01	19.04	0.15	—	0.29	0.11	12.23	2.59	—
石英	99.20	—	0.08	—	0.24	0.21	—	—	0.23
滑石	58.53	0.55	0.37	0.08	3.42	29.74	—	—	6.82

请进行坯料配方计算。

［解］：（1）计算各种原料的实验式和公式量　先把各原料的化学组成换算成各氧化物的物质的量。结果见表 6－25。

表 6－25　所用原料各氧化物的物质的量　单位：mol

原料	SiO_2	Al_2O_3	Fe_2O_3	TiO_2	CaO	MgO	K_2O	Na_2O	H_2O
大同土	0.7348	0.3817	0.0020	0.0047	0.0001	—	—	—	0.9261
紫木节	0.7103	0.3582	0.0077	0.0101	0.0093	0.0007	—	—	1.006
长石	1.098	0.3168	0.0009	—	0.0052	0.0027	0.1298	0.0418	—
石英	1.651	—	0.0005	—	0.0030	0.0050	—	—	0.0123
滑石	0.9739	0.0092	0.0023	0.0010	0.0610	0.7380	—	—	0.3789

再按原料的属性把各原料中氧化物的物质的量换算成各原料的实验式，从而计算出各原料的公式量。

大同土原料中所含的 Fe_2O_3、TiO_2、CaO 的物质的量较少，可以看成是杂质不加入计算。因为大同土属于黏土类原料，故将其原料中的 Al_2O_3 的物质的量换算成 1，这样得到大同土原料的实验式为：

$$Al_2O_3 \cdot 1.925\ SiO_2 \cdot 2.426\ H_2O;$$

大同土的公式量为 261.3。

紫木节原料中 MgO 的物质的量较少，视为杂质，不加入计算。同样，紫木节类属于黏土原料，也把其 Al_2O_3 的物质的量换算成 1，所以紫木节的实验式为：

$$0.0254\ CaO\} \cdot \left.\begin{matrix} 0.9790\ Al_2O_3 \\ 0.0210\ Fe_2O_3 \end{matrix}\right\} \cdot \left.\begin{matrix} 1.941\ SiO_2 \\ 0.0276\ TiO_2 \end{matrix}\right\} \cdot 2.749\ H_2O$$

紫木节的公式量为 272.9。

长石中的 Fe_2O_3、MgO 的含量很少，可以看成杂质。把碱性氧化物的总物质的量换算成 1，最后排列得到如下的实验式：

$$\left.\begin{matrix} 0.7342\ K_2O \\ 0.2364\ Na_2O \\ 0.0294\ CaO \end{matrix}\right\} \cdot 1.792\ Al_2O_3 \cdot 6.210\ SiO_2$$

长石的公式量为 641.3。

滑石中的 Al_2O_3、Fe_2O_3、TiO_2 的含量也很少，可以看成杂质，不予计算。根据滑石的结构式，把 MgO＋CaO 的物质的量之和换算成 3。所得滑石的实验式如下：

$$\left.\begin{matrix} 2.771\ MgO \\ 0.229\ CaO \end{matrix}\right\} \cdot 3.657\ SiO_2 \cdot 1.423\ H_2O$$

滑石的公式量为 369.9。

石英的实验式为 SiO_2，公式量为 60.1。

（2）用实验式逐项满足法进行配方计算　见表 6－26。

表 6－26　　实验式满足法配方计算表

组成	SiO_2	Al_2O_3	Fe_2O_3	TiO_2	CaO	MgO	K_2O	Na_2O
物质的量	3.630	0.990	0.010	0.010	0.017	0.036	0.063	0.020
引入长石 0.0858	0.533	0.154	—	—	0.003	—	0.063	0.020
剩余	3.097	0.836	0.010	0.010	0.014	0.036	0	0
引入紫木节 0.3623	0.703	0.355	0.008	0.010	0.009	—	—	—
剩余	2.394	0.481	0.002	0	0.005	0.036	—	—
引入滑石 0.0130	0.048	—	—	—	0.003	0.036	—	—
剩余	2.346	0.481	0.002	—	0.002	0	—	—
引入大同土 0.481	0.926	0.481	—	—	—	—	—	—
剩余	1.420	0	0.002	—	0.002	—	—	—
引入石英 1.420	1.420	—	—	—	—	—	—	—
剩余	0	—	0.002	—	0.002	—	—	—

最后剩余的 0.002Fe_2O_3 和 0.002CaO 可以看为杂质，忽略不计。

（3）按公式量计算原料的配合量　见表6—27。

表6—27　　用公式量进行原料配合量的计算

原料种类	物质的量/mol	公式量	配料量/g	质量分数/%
长石	0.0858	641.3	55.02	14.88
紫木节	0.3623	272.9	98.87	26.74
滑石	0.0130	369.9	4.18	1.30
大同土	0.481	261.3	125.69	34.00
石英	1.420	60.1	85.34	23.08
合计	—	—	369.73	100

知识点六　坯料性能计算

经过计算得到的配方组成，在试验之前还应进行坯料性能方面的计算。从而能更好地指导试验，并在试验中及时地对坯料组成做合理的调整，确保坯料配方在工艺性能上可行、在产品性能上可靠。对坯料性能的探讨与计算，手段与措施较多。可以在坯料相应的相图上进行标注，以查出该坯料的烧成过程及烧成过程中的物理化学变化；组成及其温度特性的选择；进行该瓷的相组成的基本计算等。还可以进行坯料中的 SiO_2 与 Al_2O_3 的摩尔比计算，从而判定坯料的烧成温度。下面就常用的性能计算方法做简单的介绍。

（一）酸度系数的计算

陶瓷坯料的酸度系数是一项重要的性能指标。可以用来评价坯料的高温性能。坯料的酸度系数大，通常表明坯体易于软化，烧成时容易产生变形，烧成温度较低；在成瓷后，产品的透明性将提高，但是制品的脆性也将增加，热稳定性降低。陶瓷坯体的酸度系数易接近1，表明其在煅烧时更加稳定。

酸度系数（C·A）是指坯料配方以坯式表示时的酸性氧化物的物质的量和碱性氧化物、中性氧化物物质的量总和的比值，又称为酸度或酸值。工艺上常用下面公式来表示：

$$C\cdot A=\frac{n(RO_2)}{n(R_2O)+n(RO)+3n(R_2O_3)}$$

式中：$n(RO_2)$——SiO_2、TiO_2、B_2O_3、P_2O_5 等酸性氧化物物质的量之和；

$n(R_2O)$——碱金属氧化物物质的量之和；

$n(RO)$——碱土金属氧化物物质的量之和；

$n(R_2O_3)$——Al_2O_3、Fe_2O_3 等中性氧化物物质的量之和。

对于不同的制品，其酸度系数有所不同。但基本上不会超过1.8，有关制品的酸度系数范围见表6－28。

表6－28　各种制品坯、釉料的酸度系数

坯、釉料种类	C·A	坯、釉料种类	C·A
硬质坯料	1.1～1.3	软质釉料	1.4～1.6
硬质釉料	1.8～1.3	精陶坯料	1.2～1.3
软质坯料	1.68～1.78	精陶釉料	1.5～2.5

日用陶瓷的酸度系数较大，一般在1.26～1.65。

（二）烧成温度的计算

坯料的烧成温度可以在实验室中进行测定，也可以在窑炉中试烧时进行测定，现介绍烧成温度的两种经验计算方法。

第一种经验计算方法：

$$t_{烧}=\frac{360+w(Al_2O_3)-w(RO)}{0.288}$$

式中　$t_{烧}$——坯料烧成温度的计算值，℃；

$w(Al_2O_3)$——坯料化学组成中 Al_2O_3 与 SiO_2 总量为100%时的 Al_2O_3 的质量分数；

$w(RO)$——坯料化学组成中 Al_2O_3 与 SiO_2 总量为100%时的所有熔剂氧化物的质量分数。

第二种经验计算方法：

$$t_{烧}=(0.8\sim0.9)\,t_{耐}$$

$$t_{耐}=5.5w(Al_2O_3)+1534-[8.3w(Fe_2O_3)+2\Sigma w]\times\frac{30}{w(Al_2O_3)}$$

式中　$t_{烧}$——坯料的烧成温度计算值，℃；

$t_{耐}$——坯料的耐火度计算值，℃；

$w(Al_2O_3)$——无灼减量的坯料化学组成中 Al_2O_3 的质量分数；

$w(Fe_2O_3)$——无灼减量的坯料化学组成中 Fe_2O_3 的质量分数；

Σw——无灼减量的坯料化学组成中所有熔剂的质量分数。

任务　陶瓷坯料的配方设计

（一）任务题目（任选其一）

试为以下三个陶瓷厂设计坯料制备工艺流程，并说明其流程特点。

（1）某日用瓷厂所用原料为黏土（包括硬、软质黏土）、长石和石英，采用注浆成型生产壶类制品。

（2）某日用瓷厂所用原料为淘洗好的瓷石粉和高岭土，采用滚压成型生产盘、碗类制品。

(3) 某釉面砖厂所用原料有叶蜡石、高岭土、石灰石、长石和素坯，采用压制成型。

例题参考：

[例 1] 细瓷坯料实验式（烧成温度 1240～1260℃）

$$\left.\begin{array}{l}\left.\begin{array}{r}0.108\ K_2O\\0.077\ Na_2O\end{array}\right\}\cdot 0.996\ Al_2O_3\\ \left.\begin{array}{r}0.022\ CaO\\0.076\ MgO\end{array}\right\}\cdot 0.004\ Fe_2O_3\end{array}\right\}\cdot 5.545\ SiO_2$$

[例 2] 精陶坯料实验式（素烧温度 1200℃）

$$\left.\begin{array}{r}0.034\ KNaO\\0.603\ CaO\\0.025\ MgO\end{array}\right\}\cdot\left.\begin{array}{l}0.996\ Al_2O_3\\0.017\ Fe_2O_3\end{array}\right\}\cdot 4.692\ SiO_2$$

[例 3] 某厂日用瓷的坯料及釉料的化学组成如下（表 6—29）：请计算出该日用瓷的坯式和釉式。

表 6—29　　某厂日用瓷的坯料及釉料的化学组成　　单位：%

坯釉料	SiO_2	Al_2O_3	Fe_2O_3	CaO	MgO	K_2O	Na_2O	ZnO	I. L
日用瓷坯料	66.88	21.63	0.47	0.61	0.37	2.94	1.62	—	5.48
日用瓷釉料	70.16	12.52	0.31	2.72	1.53	5.85	2.52	1.44	2.95

[例 4] 坯料及原料的化学组成（%）如下（表 6—30），请计算配方组成。

表 6—30　　坯料及原料的化学组成　　单位：%

坯料及原料 \ 氧化物		SiO_2	Al_2O_3	Fe_2O_3	CaO	MgO	K_2O	Na_2O	BaO	IL	总计
坯料		14.79	78.92	0.22	1.66	0.82	0.02	0.36	3.2		
原料	膨润土	63.88	20.32	0.83	2.30	4.11	0.28	0.20	—	8.04	99.88
	苏州土	46.42	38.96	0.22	0.38	—	0.02	0.02	—	14.40	100.42
	石灰石	7.16	2.11	1.05	49.22	1.89	—	—	—	38.55	99.98
	菱镁矿	0.7	—	1.19	0.30	47.02	—	—	—	50.78	99.99
	煅烧 Al_2O_3	0.08	99.30	0.04	—	—	—	0.58	—	—	100
	碳酸钡	—	—	—	—	—	—	—	77.71	22.29	100.00

（二）主要内容

（1）针对例1、例2，写出坯料的化学组成及配方组成。

（2）针对例3，写出坯釉料的实验式及配方组成。

（3）针对例4，写出坯料的配方组成。

（4）针对任务题目（任选其一），制定合理的制备工艺流程。

（5）计算该坯料的烧成温度、酸度系数。

（三）基本要求

（1）烧成温度为1150～1200℃。

（2）提交一份任务完成书（包括配方组成的计算过程、计算结果、制备工艺流程等）。

（四）工艺流程

参考项目三、项目四、项目五。

（五）注意事项

（1）陶瓷料方设计必须以产品的理化性质与使用性能要求为依据，参照已有的产品配方，并全面了解各种原料对产品品质与工艺性能的影响。

（2）在进行坯料配方设计时，不能单纯靠理论上的计算，而应采用经验＋计算＋测试三结合的方法。

思考题

1. 表示坯料组成有哪几种方法？试对其做一简要比较。

2. 试比较几种瓷质的特点。

3. 已知某坯料的化学组成如下，试计算坯式。

SiO_2	Al_2O_3	Fe_2O_3	TiO_2	CaO	MgO	K_2O	Na_2O	I. L	合计
57.48	28.99	0.30	—	0.74	0.93	2.68	0.65	8.49	100.26

4. 下面是一种瓷石的实验式，求其化学组成。

$$\left.\begin{matrix} 0.568\ K_2O \\ 0.150\ Na_2O \\ 0.225\ CaO \\ 0.057\ MgO \end{matrix}\right\} \cdot \left.\begin{matrix} 1.735\ Al_2O_3 \\ 0.018\ Fe_2O_3 \end{matrix}\right\} \cdot 13.21\ SiO_2 \cdot 1.466\ H_2O$$

5. 已知某厂坯料的化学组成，拟用以下几种原料配制，试进行配料计算。

坯料及原料	SiO_2	Al_2O_3	Fe_2O_3	TiO_2	CaO	MgO	K_2O	Na_2O	I. L	合计

坯料		73.37	21.82	0.41	0.28	0.31	0.42	3.28			99.89
原料	石英	99.20	—	0.08	—	0.24	0.21	—	—	0.23	99.96
	长石	66.01	19.04	0.15	—	0.29	0.11	12.23	2.59	—	100.42
	紫木节	42.69	36.50	1.23	0.81	0.52	0.03	—	—	18.10	99.88
	滑石	59.36	0.66	0.09	—	0.06	32.23	—	—	7.52	99.92
	大同土	44.16	38.90	0.20	0.38	0.04	—	—	—	16.67	100.35

6. 已知所用原料的实验式如下：钾长石 $K_2O \cdot 1.04Al_2O_3 \cdot 6.21SiO_2$；钠长石 $Na_2O \cdot 1.12Al_2O_3 \cdot 6.39SiO_2$；钙长石 $CaO \cdot 1.05Al_2O_3 \cdot 1.89SiO_2$；高岭土 $Al_2O_3 \cdot 2.12SiO_2 \cdot 1.88H_2O$；滑石 $3MgO \cdot 4.12SiO_2 \cdot 2.18H_2O$；石英 SiO_2。瓷坯的实验式选择如下，试进行配料计算。

$$\left.\begin{matrix}0.088\ K_2O\\0.078\ Na_2O\\0.053\ CaO\\0.055\ MgO\end{matrix}\right\}\cdot\left.\begin{matrix}0.987\ Al_2O_3\\0.013\ Fe_2O_3\end{matrix}\right\}\cdot\left.\begin{matrix}4.523\ SiO_2\\0.007\ TiO_2\end{matrix}\right\}$$

项目七　釉料制备技术

学习目标

1. 掌握釉料的相关性能
2. 能制备出基础釉料

知识要求

1. 了解釉料的种类及性能
2. 熟悉釉料制备方法及工艺要求
3. 掌握透明基础釉的配方

技能要求

1. 能写出釉料制备工艺流程
2. 能使用制备釉料的相关设备
3. 能制备透明釉

知识点一　釉的分类及性能

釉是熔融在陶瓷制品表面上的一层很薄的均匀玻璃质层。无釉陶瓷制品通常存在表面粗糙无光、易吸湿、易沾污、易侵蚀等弱点，即使烧结程度很高，也会因此影响其美观、卫生及机电等性能。当在坯体表面上施敷一层玻璃态釉层时，可使制品获得有光泽、坚硬、不吸水的表面，不仅可以改善陶瓷制品的光学、力学、电学、化学等性能，而且对提高实用性和艺术性也起着重要作用。因此，在坯体表面施釉是非常必要的。

（一）釉的分类

釉的种类繁多，目前还没有统一的分类方法。由于分类的依据不同，所以，同一种釉，可同时具有几个不同的名称。现仅介绍几种常见的分类方法。

1. 按照烧成温度分类

(1) 低温釉　烧成温度<1150℃。

(2) 中温釉　烧成温度介于1150～1250℃。

(3) 高温釉　烧成温度>1250℃。

2. 按照烧成后的釉面特征分类

可分为透明釉、乳浊釉、结晶釉、无光釉、光泽釉、碎纹釉和颜色釉等。

3. 按制备方法分类

(1) 生料釉　直接将全部原料加水，制备成釉浆，成熟温度在1140℃以上的釉都采用生料釉，因为这些釉所用的原料在调制时不溶于水，在高温时能相互熔融。

(2) 熔块釉　是将配方中的一部分原料预先熔融制成熔块，然后再与其余原料混合研磨制成釉浆。其目的在于消除水溶性原料及有毒性原料的影响。

(3) 盐釉　此釉不需事先制备，而是在煅烧至临近烧成温度时，向燃烧室投入食盐、锌盐等，使之汽化挥发并与坯体表面作用形成一层薄薄的釉层。这种釉在化工陶瓷中应用较广。

4. 按主要熔剂或碱性组分的种类分类

这种分类方法是依据釉中碱性成分之间的相互比例关系进行划分的，通常以占釉式中碱性成分总量的50%为具体衡量尺度。它不仅直观，同时还能明确显示釉的化学组成特点。因此，非常实用。

(1) 长石釉　熔剂主要成分是长石或长石质矿物。釉式中n（K_2O）+n（Na_2O）≥0.5mol，这种釉的特点是硬度较大，光泽较强，略带乳白色，富有柔和感，熔融范围较宽，与高硅质坯体结合良好。长石釉中K_2O+Na_2O的物质的量包含在RO中，一般不超过0.6mol，因为K_2O和Na_2O的膨胀系数大，过多了容易因坯釉结合不良而发裂。如：

$$\left.\begin{matrix}0.5\ K_2O\\0.5\ CaO\end{matrix}\right\}\cdot 0.2\sim2.2\ Al_2O_3\cdot 4\sim6\ SiO_2$$

(2) 石灰釉　主要熔剂为钙的化合物（如碳酸钙），碱性组成中可以含有、也可以不含有其他碱性氧化物，釉式中n（CaO）>0.5mol，可高达0.7mol或0.8mol，这种釉的特点是弹性好，富有刚硬感，与高铝质坯体结合较好，透光性强，对釉下彩的显色非常有利，适用于还原气氛烧成，但熔融温度范围较窄，以煤为燃料时，气氛稍一控制不当，容易引起烟熏。所以近年来逐渐为镁质釉或长石釉取代。标准石灰釉釉式为：

$$\left.\begin{matrix}0.3\ K_2O\\0.7\ CaO\end{matrix}\right\}\cdot 0.5\ Al_2O_3\cdot 4.0\ SiO_2$$

(3) 镁质釉　为了克服石灰釉熔融范围较窄、烧成难以控制的缺点，在石灰釉中引入白云石和滑石，使釉式中n（MgO）≥0.5mol。这种釉的特点是熔融范围宽，对坯体适应性强，膨胀系数小，不易出现发裂，对气氛不敏感，不易发生烟熏，有利于白度和透光性的提高。但釉浆易沉淀，与坯黏着力差，烧后釉面光亮度不及石灰釉。

(4) 其他釉　若釉式中某两种碱性成分的含量明显高于其余碱性成分，其釉即以两种成分相称，如 CaO 和 MgO 含量处于较高比例（一般 $n \geqslant 0.7$mol），即为石灰镁釉。此外，还有锌釉、锶釉、铅釉、石灰锌釉、铅硼釉等。

（二）釉的熔融性能

1. 釉的熔融温度范围

釉和玻璃一样无固定的熔点，仅在一定的温度范围内逐渐熔化，因而熔化温度有上限和下限之分。为了表征釉的熔化进程与釉面成熟的相互关系，通常将釉处于成熟状态时所对应的熔化范围称为釉的熔融温度范围。该范围的下限系指釉的软化变形点，习惯上称之为釉的始熔温度，它标志着釉的熔化进程开始进入成熟阶段。上限温度是指釉的完全熔融温度，也称为流淌温度，它表明釉经过充分熔融后将达到成熟的极限状态，超过此温度，釉将呈现明显的流动现象而“过烧”。而在熔融温度范围内，釉熔体呈现较好的熔融状态，并能均匀地铺展在坯体表面，形成光亮、平滑的釉层。表 7—1 列出了釉的熔融温度范围。

表 7—1　　釉的熔融温度范围　　单位：℃

制品种类	收缩温度	烧结温度	始熔温度	流动温度
瓷器	1100～1150	1140～1180	1120～1250	1250～1280
精陶	700～750	850～900	1000～1100	1080～1150
低温瓷	750～1070	750～1070	900～1060	1120～1160
炻器	1080～1090	1100～1150	1110～1180	1200～1220
彩陶	720～780	820～860	920～960	960～1000

在陶瓷生产中，釉的始熔温度的高低和熔融范围的宽窄对制品的烧成过程及釉面质量有重要的影响。如果始熔温度较低，则意味着釉将过早熔化，使坯体表面过早地被釉熔体所封闭，阻碍坯中残余气体排出，容易造成制品起泡或针孔等缺陷。同时，釉过早熔融又会渗入具有较大气孔率的坯体中，从而引起“干釉”现象。因此，为避免上述缺陷产生，通常要求釉的始熔温度应高一些。但始熔温度过高时，又可能影响到釉的正常成熟并使熔融范围变窄。如果釉的熔融范围过窄，不仅会影响到烧成控制，还容易产生生釉或流釉缺陷。为此，希望釉料的熔融范围应宽一些。但是，过宽的熔融范围又会加大上、下限间的坯釉反应差别，使上限温度附近容易发生结晶作用及熔剂成分的挥发，难以获得质量均一的釉面。由此可知，始熔温度与熔融范围既非常重要，又相互关联，在确定时应充分考虑坯体的烧结性能和具体的烧成条件。比如在日用瓷生产中釉的始熔温度应比坯体开始急剧收缩时的温度高得多，以保证坯中的气体全部顺畅地排出，也避免了釉被多孔的坯体吸收造成“干釉”。而熔融范围则应适于烧成设备及操作对烧成范围所控制的程度，应使上限温度略低于坯体烧成的上限温度。

釉的熔融温度关系到烧成制度的确定，通常采用的检测方法有两种：

（1）在釉粉中加入少量的有机黏结剂（如糊精），制成截头三角锥，然后与标准测温锥一起放入电炉中，以测定三角锥顶点弯曲到接触底座时的温度，作为釉的始熔温度。

（2）采用高温显微镜检测技术来确定釉的熔融温度范围，可以将釉的软化和熔融的各个步骤用照相的方法记录下来。

将被检测的釉料干粉末制成 3mm 高的小圆柱体，然后与热电偶一同放在管式电炉中，在加热过程中用光源射入管内，而在另一端用一套光学系统将小圆柱体的软化熔融情况不断地用显微镜观察或进行照相。当试样熔融与底盘平面形成半圆球时，该温度为釉料的始熔温度，以试样熔融呈扁平状，试样高度降至起始高度 1/3 时的温度为釉的流淌温度（上限温度）。而始熔温度与流淌温度之间的温度区段即是熔融温度范围。

2. 釉熔体的黏度和表面张力

熔化的釉料能否在坯体表面铺展成平滑的优质釉面，与釉熔体的黏度和表面张力有关。

（1）釉熔体的黏度　黏度是流体的一个性质，熔融釉的黏度，可以作为判断釉的流动度的尺度。在成熟温度下，釉的黏度过大，则流动性差，不仅影响釉熔体的铺展与均化，而且阻碍气体的逸散，造成釉面不平、不亮、橘釉、针孔和釉泡等缺陷。黏度过小，则导致流釉、堆釉和干釉等缺陷。流动性适当的釉料，既能填补坯体表面的一些凹坑，还有利于釉与坯之间的相互作用，生成中间层。

测定釉的黏度一般是测定其相对黏度，以其在熔融状态时的相对流动度来比较。测定时可将釉干粉与适量黏结剂制成一定尺寸的小圆球，把釉球放入一块 45°角倾斜的流动板上的圆槽内，圆槽与一直形槽相连。加热至成熟温度，釉球熔融并在直槽内流动，冷却后测出釉在槽内流动的长度，用此长度来表征釉的黏度。测定时一般与一个良好的釉料进行对比。

这种方法测得的相对黏度准确性较差，因为釉的相对流动度不仅取决于釉本身的黏度，也取决于釉对陶瓷表面的润湿能力和相互之间的化学作用程度。

影响釉料黏度的最重要的因素是釉的组成和烧成温度。釉熔体的黏度随温度升高而降低。而构成釉料的硅氧四面体网络结构的完整或断裂程度，是决定黏度的最基本的因素。石英玻璃的 O/Si 的摩尔比是 2，是硅氧系统玻璃中黏度最大的。釉的主要成分 SiO_2 是其网络结构的基本组元，SiO_2 含量越多，网络聚合程度越高，则黏度也就越大。

当组成中加入碱金属氧化物后，破坏了［SiO_4］网络结构，由于增大了 O/Si 比值，使硅氧四面体间的联结程度降低，从而导致了熔体黏度减小。一般釉组成中 O/Si 比值大多处于 2.25～2.75，构成的硅氧四面体群为层状、链状或环状，属于低碱硅酸盐玻璃的范畴。因而，釉熔体的黏度主要受硅氧四面体之间的键力强弱的影响。碱性成分中的 K_2O 和 Na_2O，由于 R—O 键力弱，容易给出游离氧，对网络结构的破坏性强，因而能较大地降低熔体的黏度。其中 Na_2O 更强一些。Li_2O 具有与 Na_2O、K_2O 类似的断网作用，而且由于 Li^+ 离子半径小，极化能力大，在高温熔体中能便利地移动，同时对硅氧群中的氧产生较大的极化作用，削弱 Si—O 键，因此能更为显著地降低釉的高温黏度。碱土金属氧化物对黏度的影响较为复杂，一方面在高温时能够提供游离氧，使大型的硅氧群解聚，引起黏度减小，其降低黏度的作用随离子半径增大而增大，顺序为：

$$Mg^{2+} < Ca^{2+} < Sr^{2+} < Ba^{2+}$$

另一方面，这些阳离子电价较高，场强大，当温度降低时，迁移能力降低，便可能按一定配位关系将小型硅氧四面体群吸引在自己的周围，使黏度增大。其增大顺序一般为：

$$Mg^{2+} > Ca^{2+} > Sr^{2+} > Ba^{2+}$$

其他二价金属氧化物，如 ZnO、PbO 对黏度的影响与碱土金属氧化物基本相同，但在低温下黏度变化缓慢。Al_2O_3 在釉熔体中不仅参加网络，并且有补网作用，所以会增加釉的黏度。B_2O_3 的影响比较特殊，在高温下难以形成［BO_4］四面体，而只能以三角体存在，故能降低釉的高温黏度。但低温时，当加入量低于 15%时，氧化硼处于［BO_4］状态，黏度随 B_2O_3 含量增加而增大。TiO_2、ZrO_2、SiO_2 都增加釉熔体的黏度。

（2）釉熔体的表面张力　釉熔体的表面张力大小对釉的外观质量影响很大。表面张力过大，阻碍气体的排除与熔融液的均化，在高温时对坯体的润湿性不好，容易造成"缩釉"（滚釉）缺陷；表面张力过小，又难以把釉面拉平。当表面张力与黏度均较小时，则容易产生"流釉"，并使釉面小气泡破裂时所形成的针孔难以弥合。

表面张力的大小，取决于釉的化学组成、烧成温度和烧成气氛。在化学组成中，碱金属氧化物对降低表面张力作用较强，离子半径越大，其降低效应越显著，降低顺序为：

$$Li^{+} < Na^{+} < K^{+}$$

碱土金属离子降低釉熔体表面张力的作用也有类似的规律，但降低的幅度不如碱金属离子大，降低顺序为：

$$Mg^{2+} < Ca^{2+} < Sr^{2+} < Ba^{2+} < Zn^{2+} < Cd^{2+}$$

PbO 由于 Pb^{2+} 的极化率大，因而明显地降低釉的表面张力。三价氧化物（如 Fe_2O_3、Al_2O_3）随阳离子半径增大，表面张力增大。B_2O_3 能显著降低表面张力，原因是［BO_3］基团为平面结构，能够平行排列于熔体表面，减弱与内部质点间的能量差，使表面张力降低。SiO_2 对表面张力的影响取决于它的硅酸盐成分，当 Na^{+} 存在时，SiO_2 降低表面张力，而在铅硅熔体中，SiO_2 有时能增大表面张力。

表面张力随着温度的升高而略有降低，两者几乎成直线关系。一般情况下，温度每升高 100℃，表面张力约减小 1%。

窑内气氛对釉熔体的表面张力也有影响。在还原气氛下的表面张力约比在氧化气氛下增大 20%。在还原气氛下釉熔体表面发生收缩，其下面的新熔液就会浮向表面。色釉，尤其是制熔块釉时，采用还原气氛的理由就是利用这种现象使其着色均匀。基于这个原因，采用还原焰烧成容易消除釉中气泡。

3. 釉熔体与坯的化学作用

釉在坯体表面的熔融过程中，必然会发生一系列的物理化学变化，其中包括釉料脱水、氧化与分解的过程；釉的组分相互作用生成新的硅酸盐化合物和玻璃的过程；以及釉与坯体相互作用生成中间层的过程。

在坯与釉生成中间层的过程中，一方面釉中的碱性组分通过溶解和渗透不断向坯中扩散；另一方面坯中的组分也逐渐向釉中迁移。因此，其结果使坯、釉之间形成了一个不仅在化学组成上，而且在性质上介于两者之间的中间层，厚度一般为 15～20μm。它既可以使坯、釉紧密地结合在一起，又可以有效地调和坯、釉性质上的差异并改善釉面质量。

为了使坯釉之间能够相互作用而获得良好的中间层，必须使它们的化学组成保持适当的差别，做到酸碱适度。如果坯体的酸性较强，则釉应为中等酸性；若坯的酸性中等，那么釉就应为弱酸性。假如坯的酸性较弱，则釉就应接近中性或很弱的碱性。如果坯和釉的组成相差过大，即酸、碱性相差过大，则由于坯与釉进行强烈地作用，会产生釉被坯体所吸收的干釉现象。反之，相差太小甚至趋于一致的话，那么反应就难于进行，对中间层的生成不利，使坯釉结合不好。通常，可根据 $R0_2$/（$R_2O+RO+3R_2O_3$）摩尔比来确定坯釉的酸碱性；对于含硼釉，则

$$C \cdot A=\frac{n(SiO_2)+3n(B_2O_3)}{n(R_2O)+n(RO)+3n(Al_2O_3)}$$

比值越大酸性越高。要使坯、釉酸碱适度，就要使它们两者比值的差别适当。

（三）坯釉适应性

釉与坯是否相适应，能否生成良好的釉面，除了取决于它们的化学性质外，热膨胀系数也是非常重要的因素。在烧成过程中，釉与坯同时承受着热作用。高温下，釉形成熔体附于坯体表面。冷却时，熔体逐渐凝结固化，并与坯结合形成统一体。为了保证固化釉层与坯体的良好结合，必须使两者的膨胀系数相适应。如果釉的膨胀系数（$\alpha_{釉}$）大于坯的膨胀系数（$\alpha_{坯}$），在冷却过程中，釉的收缩大于坯体收缩，釉层受到坯体的拉伸作用，产生拉伸弹性变形，釉中便保留下永久张应力。张应力常用负号表示，故具有张应力的釉又称为负釉，当其张应力值超过釉的抗张强度极限，釉层即被拉断，形成龟裂。相反，当釉的膨胀系数小于坯时，釉层在本身收缩的过程中，同时还受到坯体较大的压缩作用，使之产生压缩弹性变形，而在釉层中留下永久压应力。压应力常用正号表示，故具有压应力的釉又称为正釉。若其压应力超过釉的抗压强度极限，就会使釉层剥脱。图 7—1 示出坯釉膨胀系数不适应时的两种情况。

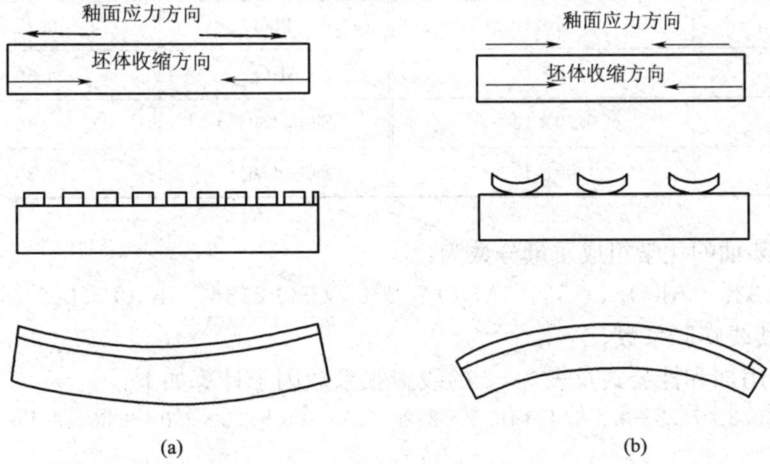

图 7—1 坯、釉膨胀系数不适应

图 7—1（a）表示 $\alpha_{釉}>\alpha_{坯}$，釉层中产生张应力，造成釉面龟裂或坯体向釉层弯曲。

图 7—1（b）表示 $\alpha_{釉}<\alpha_{坯}$，釉层中产生压应力，造成釉面剥落或釉层向坯体弯曲。

由于釉是与坯紧密联系着的，对釉的要求是既不剥落也不产生裂纹。理想的釉要求和坯体在各种温度下具有同样的热膨胀系数，而要做到这一点是不可能的。釉作为脆性材料，其抗压强度远大于抗张强度。因此，希望在釉层中保留适当的压应力，这样不仅有利于消除釉表面的微裂纹，改善表面质量，而且还能够增大抵御外界应力的能力，提高制品的机械性能和热稳定性。

当然，也可以通过坯、釉膨胀系数的差别直接衡量坯釉适应性。据资料介绍，陶瓷器坯体的线膨胀系数一般为（2.5～9.0）$\times10^{-6}$/℃，硬质瓷器为（3.5～6.5）$\times10^{-6}$/℃，釉的膨胀系数最好比坯体低 1.0×10^{-6}/℃。测定结果和公式计算都表明：当 $\alpha_{釉}>\alpha_{坯}$ 时，其差值超过 0.4×10^{-6}/℃则出现釉面龟裂；如果 $\alpha_{釉}<\alpha_{坯}$ 时，其差值超过 3.5×10^{-6}/℃则发生釉层剥脱。研究证明：如果 $\alpha_{釉}$ 比 $\alpha_{坯}$ 小 6%～15%，那么在釉中将产生压应力，使制品强度提高 30%～60%。

釉的膨胀系数、表面张力、弹性模量、抗张强度及耐压强度等物理性质大多与其组成有密切关系，并都可利用加和性法则进行计算。组分的质量分数与性质关系的加和性法则表示如下：

$$P=a_1w_1+a_2w_2+\cdots+a_nw_n$$

式中 P——需要计算的某一物理性质；

a_1，$a_2\cdots a_n$——各氧化物相应的物理性质；

w_1，$w_2\cdots w_n$——各氧化物的质量分数。

一些学者对于同一性能指出各不相同的加和性系数，因而在使用时，要注意它的误差和适用范围。表 7—2 列出的是霍尔提出的线膨胀系数因子（室温至固化点温度）。

表 7—2　霍尔提出的线膨胀系数因子　单位：1/℃

氧化物	线膨胀系数因子	氧化物	线膨胀系数因子
K_2O	3.00×10^{-7}	BaO	1.20×10^{-7}
Na_2O	3.86×10^{-7}	PbO	0.75×10^{-7}
CaO	1.50×10^{-7}	Al_2O_3	0.50×10^{-7}
MgO	0.20×10^{-7}	SiO_2（60%）	0.40×10^{-7}
ZnO	1.00×10^{-7}	SiO_2（76%）	0.30×10^{-7}

［例 1］某釉的化学组成质量分数为：

SiO_2 75.3%　Al_2O_3 14.5%　MgO 2.2%　CaO 2.8%　K_2O 3.0%　Na_2O 2.1%

试计算其线膨胀系数。

［解］利用加和性公式及表 7—2 的线膨胀系数因子计算如下：

$$\alpha_{釉}=(0.3\times75.3+0.5\times14.5+0.2\times2.2+1.5\times2.8+3.0\times3.0+3.86\times2.1)\times10^{-7}$$
$$=5.16\times10^{-6}/℃$$

必须指出：由于坯与釉之间形成中间层，坯与釉组分相互渗透以及釉中可能存在结晶物质，使熔融釉不能达到均一的组织，因此，按上述方法进行的计算具有一定的误差，结果只能作为参考，若要获得准确结果应予实测。

釉的膨胀系数过大时，可以按下列方法之一进行调整：

（1）增加 SiO_2 的含量，同时降低碱性氧化物熔剂的含量。

（2）加入 B_2O_3 或提高 B_2O_3 含量以部分取代 SiO_2，使釉的熔融温度降低。

（3）加入低摩尔质量的碱性氧化物，按同摩尔数之比取代高摩尔质量氧化物熔剂，例如以 CaO 取代 MgO。实际上，这样就相应地提高 SiO_2 的含量。

如果釉的膨胀系数过低，则可以采取与上述相反的方法予以调整。

（四）釉的其他物理性质

1. 釉的机械性质

釉的机械性质包括釉层强度、弹性和釉面硬度。

釉层强度反映釉本身所能承受的内部和外部各种应力作用的能力。釉和玻璃都属于脆性材料，不能发生塑性变形，其抗张应力的能力远小于抗压应力的能力，因而如何提高釉的抗张强度就显得十分重要。生产中通常采用调整坯釉膨胀系数的方法，使釉层承受压应力而不受张应力。一般情况下，Ca0、MgO 有利于抗张强度的提高，而 K_2O、Na_2O 却会降低抗张强度。

釉的弹性通常以弹性模量来表示。其物理意义是：使单位长度、单位截面积的试样伸长一倍所需的力。所以弹性模量越小，弹性越好。釉的弹性好，一方面可以补偿坯与釉之间接触层所产生的应力，另一方面还能够缓冲机械外力的作用。釉的弹性模量与釉的化学组成有关，一般说来，碱金属氧化物降低釉的弹性模量，使弹性提高。碱土金属氧化物能提高弹性模量，其中影响最大的是 CaO，导致弹性降低。B_2O_3 的含量不超过12％时，能提高弹性模量，若含量增加，则弹性模量降低。

釉面硬度是体现釉层抵抗刻划能力的指标，直接影响日用瓷餐具的使用性能。釉面硬度与釉的组成、烧成温度及显微结构密切相关。$Si0_2$ 是釉玻璃的结构网络，随着 $Si0_2$ 含量的增加，釉面硬度显著提高。但如果烧成温度达不到而不能使其充分熔融，残留下石英晶体则反而降低釉面硬度。Al_2O_3、B_2O_3、CaO、MgO、ZnO 等都对提高釉面硬度起促进作用。釉面硬度一般采用莫氏硬度和显微硬度（维氏硬度）来表示。瓷器釉面的硬度为莫氏硬度 6～7。

2. 釉的光学性质

釉的光泽度是衡量日用陶瓷釉面质量的一个重要指标。决定光泽度最基本的因素是釉的反射率，而反射率的大小主要取决于釉的折射率，其关系如下：

$$R=\frac{(n-1)^2}{(n+1)^2}$$

式中　R——反射率；

　　n——折射率。

从上式可以看出，反射率随折射率的增加而迅速提高。因此，釉层折射率越高，光泽度越好。在配制釉料时，采用高折射率的原料，可以制成光泽度很高的釉层，如在釉中引入具有高折射率的 PbO 和 BaO，其效果就十分显著。玻璃中各种氧化物的折射率数值见表 7—3。

表 7—3　　玻璃中各氧化物的折射率

氧化物	折射率	氧化物	折射率
SiO_2	1.475	ZnO	1.96
B_2O_3	1.61～1.414	CaO	1.83
Al_2O_3	1.49	MgO	1.63
Sb_2O_3	2.02	K_2O	1.58
PbO	2.46～2.50	Na_2O	1.59
BaO	2.01		

决定釉面光泽度的另一个重要因素是釉层表面的平滑程度。因为釉表面对入射光反射效应依赖于镜面反射率。釉面越平滑，镜面反射率越大，表面光泽越强。如果釉层表面粗糙不平，就会增大漫反射，减弱镜面反射，从而导致光泽度降低。因此，保持釉面平整光滑是提高釉光泽度的重要措施。

陶瓷釉的宏观性质主要取决于它的微观结构，而微观结构又取决于釉的组成、釉料制备工艺、施釉方法和烧成制度等各种因素。因此，要提高釉面质量必须重视釉料制备。

知识点二　常用釉料的制备过程

（一）生料釉的制备

生料釉是由非水溶性的原料所组成，对原料的纯度要求较高，原料贮放时应注意不被其他杂质所污染。

生料釉的制备与坯料制备一样。主要过程为：原料的拣选、粗碎、配料，再球磨粉碎、除铁、过筛及釉浆陈腐等。生料釉的制备流程有以下几种：

流程一：

长石粉、石英粉、滑石粉 → 浆池（水）→ 球磨（桃红泥（人工拣选））→ 检测细度、密度放浆 → 除铁 → 过筛 → 釉浆池 → 待用

流程二：

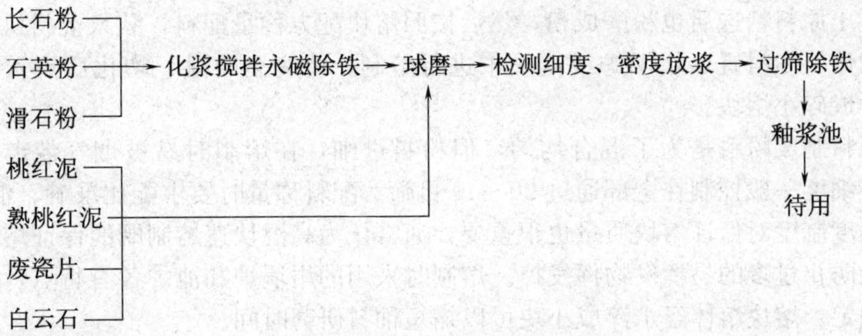

以上两种流程的共同特点是将粉状硬质原料单独入化浆池搅拌除铁（主要是使粉状硬质原料预先润湿一下，使每个颗粒周围都被水膜包围起来，这样和软质原料混合更均匀），然后和软质原料一起投入球磨进行湿磨。而废瓷片和白云石不是粉状的，故可和软质料一起球磨。

流程三：

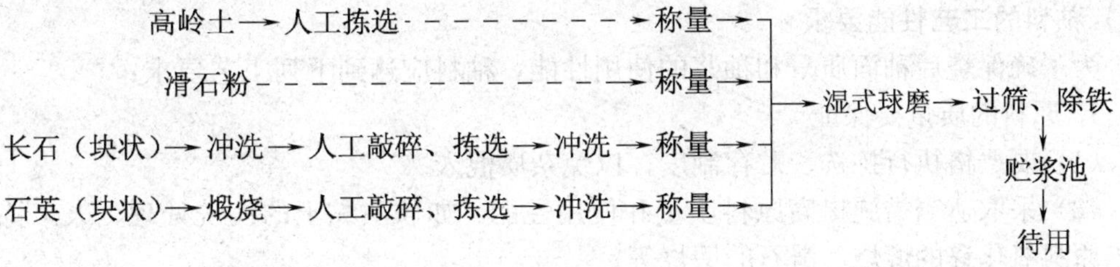

本流程是在采用块状硬质原料时，先将石英煅烧、长石洗选后进行人工拣选，高岭土也进行人工拣选，然后称量配料入球磨细磨。人工拣选这一工序是很重要的，它可以剔除部分带色的铁质矿物、角闪石等有害杂质，高岭土拣选时可除去非黏土质矿物杂质，以确保釉料组成和提高釉面质量。

由于全国各地原料种类较多，其组成和性状都存在较大差异，所以在釉料制备流程上也不尽相同，可视具体情况加以妥善处理。

（二）熔块釉的制备

熔块釉的制备分两步进行：第一步制熔块，第二步将熔块与其余生料混合研磨制成釉浆。其制备流程如下：

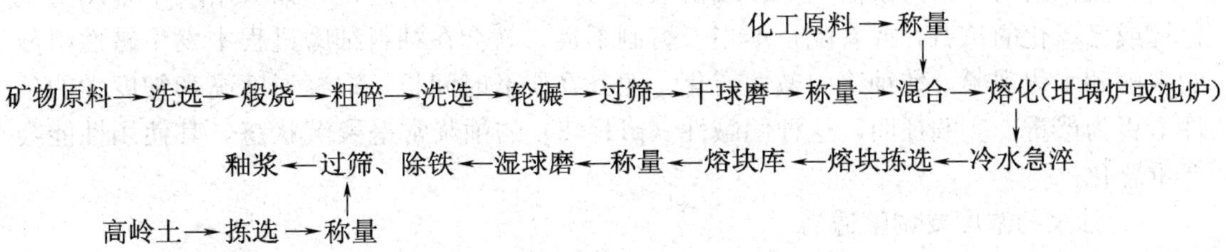

1. 制熔块

首先将各种硬质原料（如石英、长石、石灰石、滑石等）精选后，单独粉碎加工成细粉。黏土原料精选后也粉磨成粉，然后按照熔块配方称量配料，装入混料机混合。把混合好的熔块粉料置于坩埚炉或池炉中进行熔制。待完全熔融、均化后流入冷水中急冷，水淬成碎小熔块。

将原料制成粉料是为了混合均匀，但粉料过细，在熔制时易被烟气带走而改变组成，粉料细度一般控制在全部通过 20～40 目筛。配料称量时要求配比准确、混合均匀。熔制的温度制度对保证熔块质量也很重要，通常认为高温快速熔制既能保证熔块熔融透彻，又能防止过多的易挥发物挥发掉。熔制时采用的坩埚炉和池炉各有特点，可按产量大小来确定。熔块熔体经水淬成小块可以缩短釉料研磨时间。

2. 制熔块釉

将松脆的熔块击碎，与生料按照熔块釉的配方准确称量后装入球磨机湿磨。当达到细度要求后，出磨、除铁、过筛入浆池陈腐备用。

熔块釉常易沉淀，对坯体附着不良，因此常在球磨时加入添加剂（如生物多糖等）以改善其性能。

（三）釉料的工艺性能要求

为了确保烧后釉面质量和釉浆的使用性能，釉料应达到下列工艺要求：

1. 原料的质量要保证

（1）要严格执行拣选、贮存制度，以免杂质混入。

（2）采取适当措施提高原料质量和使用性能。如软质黏土的淘洗处理、人工拣选，化工原料氧化锌的煅烧、滑石的煅烧等。

（3）原料的纯度要比坯体用的原料为高，并要不溶于水（如溶于水应先制成熔块）。

2. 釉浆的细度要适宜

釉浆的细度直接关系到釉浆性能和烧后釉面质量。一般说来，釉料越细，釉浆的悬浮性、稳定性越好，釉组分之间的相互反应越充分，有利于釉浆使用性能和釉面质量的改善和提高。但釉料过细时，浆液稠度显著增加，流动性降低，施釉时易形成釉绺，同时会增大釉层的干燥收缩，易引起干釉层开裂而导致缩釉缺陷。制成的釉浆要悬浮性好，在色釉中着色物质应分布非常均匀。通常陶瓷釉料的细度为万孔筛筛余不超过 0.2%，釉料颗粒组成：大于 10μm 的占 15%～25%，小于 10μm 的占 75%～85%。乳浊釉的细度是万孔筛筛余小于 0.1%。

3. 釉浆的酸碱度要适中

性能稳定的釉浆其浆液呈中性或偏酸性（pH=6～7）。但是，如果熔块中采用生氧化锌或已风化的长石，或者配合不当、熔制不良，就会在釉料细磨过程中发生碱性组分的水解和水化现象，使釉浆向碱性转化。尤其在研磨时间长、釉浆温度高和细度大的条件下更为严重。实践证明，这种偏碱性（pH≥8）的釉浆常呈聚沉状态，其使用性能会严重恶化。

4. 釉浆的浓度要调整适当

釉浆的浓度决定着釉层的厚度和施釉时间，其密度一般在 1.28～1.5g/cm^3（相当于 32～35°Bé）。浓度越大，单位时间内形成的釉层越厚，或是在规定的厚度下，施釉时间越短。在生产中，釉浆的浓度应视坯件大小、坯体吸水性能、施釉方法及季节等不同具体条件加以调控。大件制品因施釉时间较长，浓度要求小些。小件制品上釉容易、省时，则要求浓度大些。如果坯件吸水性较强，浓度要低些，反之要高些。人工施釉，因速度有限，浓度可低些，而机械施釉，速度较快，浓度可高些。夏季坯干且温度较高，浓度应低些，冬季则要高些。

5. 釉坯的釉层质量要保证

施釉后的坯件称为釉坯。衡量釉坯釉层质量的重要指标是釉对坯的附着程度和釉层本身的强度。它们取决于釉料质点的相互结合及与坯体的结合能力。适当增加黏土用量和分散度，不仅可使釉层整体堆积密度增大，而且有利于加强同坯体的附着。但黏土用量过大，又会导致干燥收缩增大，使干釉层易于开裂。对于黏土用量少的釉料可以考虑外加一些黏结剂，如糊精、羧甲基纤维素等，以改善釉坯的釉层质量。

知识点三 施釉方法及缺陷控制

(一) 施釉方法

施釉前，生坯或素烧坯均需进行表面的清洁处理，以除去积存的尘垢或油渍，保证釉层的良好附着。清洁处理的方法可以用压缩空气在通风柜内进行吹扫，也可以用海绵浸水后进行湿抹，或者以排笔、毛刷等蘸水洗刷。然后按照规定的工艺标准调整釉浆相对密度并搅拌均匀。

施釉时视器形和要求不同而采用不同的方法。下面介绍几种常用的施釉方法。

1. 浸釉

浸釉是将坯件浸入釉浆中，停留适当时间后迅速提出。这种方法不仅适用于日用瓷及其他小件制品的通体一次上釉，而且普遍用来给壶、瓶、杯、罐等制品施外釉。浸釉法要求生坯具有一定的强度或采用素烧坯，否则容易被浸散碎裂。它要求操作者手法熟练，速度均一，并定时搅动釉浆，以确保釉层厚度的一致。

浸釉时釉层的厚度取决于坯体的吸水率、釉浆的相对密度及浸釉的时间。

2. 荡釉

荡釉法适用于中空器物如壶、瓶、罐等施内釉。将釉浆注入空心坯件内，上下左右摇动，使釉浆涂敷于坯件的内表面，然后倒出余浆。倒出余浆时很有讲究，因为釉浆如果从一边倒出，则釉层厚薄不均。有经验的工人倒余浆时动作快，釉浆从圆周均匀流出，使釉层均匀。

3. 浇釉

浇釉是利用浇洒的方法，把釉浆浇于坯件之上。对于大件制品，如缸类，通常是舀取釉浆从上到下均匀地浇洒于静止的坯件上，靠釉的重力流淌，完成施釉过程。而我国南方的一些瓷厂，由于生坯的强度较差，不宜采用浸釉法施釉，也常采用浇釉法。施釉时，把盘、碟类坯件放于辘轳车上，然后把釉浆浇至坯件中央，釉浆在离心力的作用下均匀地流散于整个表面，余浆从坯体边沿被甩出，并收集循环使用。这种方法也被称为旋釉或轮釉，它不仅适用于强度低的坯件，而且得到的釉层均匀。

4. 喷釉

喷釉是利用压缩空气将釉浆雾化喷于坯体的表面。此法常用于壁薄、易碎的高档制品、釉下彩装饰的制品及某些大型瓷板等。

喷釉的工具是喷枪，气源是空气压缩机，工作压力一般控制在300～400kPa。为防止喷釉过程中的雾粒对人体的危害，操作室必须设有吸尘设施。

5. 刷釉

刷釉是用毛笔蘸取釉浆涂刷于坯体之上。这种方法不用于大批量生产，而多用于在同一坯体上施几种不同的釉或用于补釉。

（二）施釉缺陷及其控制

在施釉时，要适当选择釉的相对密度，釉浆的相对密度过小，则在坯体上形成的釉层过薄，不易消除制品表面上的粗糙痕迹，且使烧成后釉面光泽不良。釉浆相对密度过大，施釉操作不易掌握，坯体内部有棱角的地方往往上不到釉，施釉后釉面容易开裂，烧后在制品表面上可能产生堆釉现象。

釉料粉碎过细时，则釉浆的黏度过大，含水过多，在干燥的坯件上施釉后，釉面容易产生龟裂或釉层卷起与坯体脱离等现象。釉层越厚，这种缺陷越显著。

釉料的粉碎细度不足时，则釉浆黏附力小，釉中的组分易沉降，且釉层与坯件的附着不牢固。如果发现釉的附着性不良时，可加入适量的凝胶剂或有机质物料加以防止。

釉料中加入的可塑性物料过多，造成釉的黏度过大时，施釉后容易发生龟裂、釉层卷起等现象。此时，应调整可塑物料的配合量，或将部分黏土原料预烧，以减小黏附能力。

由黏结力过强的坯料形成的坯体，水的渗透较为困难，在施釉时往往产生开裂缺陷，尤其使用浓度小的釉更为严重。这是由于坯体的组织过于致密，缺乏渗透性，施釉时坯体表面吸收水分而膨胀，坯体内部则由于水分难以渗透进去，使坯体内外膨胀不一致，所以发生开裂。在黏性过强的坯料中应加入减黏原料来增加坯体的吸水性，此外，也可以将坯体先行素烧来增加其吸水性。

由黏力过小的坯料形成的坯体，施釉时容易破损，操作也比较困难。此时，可增加坯中可塑性原料或对坯件先行素烧，以增加坯体的强度。

剥脱是釉最容易发生的缺陷之一。烧成后釉面呈鳞片状、点滴状或粒状。其产生的主要原因是由于烧成前釉与坯的附着不充分而引起。

任务　基础釉料制备

(一) 任务题目

采用实训室部分原料，制备出基础釉料（任选其一）。

（1）透明釉

	长石	石英	苏州土	方解石	白云石	玻璃粉	ZnO	333# 熔块
①	20.5	17.5	10	20	5	10	12	0
②	32	8	10	10	5	0	0	35

（2）颜色釉的制备　在透明釉中外加色素即可：咖啡色、黑色（基础釉中取出氧化锌）、铬绿色等深色素加 4%～5%；桃红、黄色、锆钒蓝等浅色素加 10%～15%。

(二) 主要内容和要求

（1）合理选择釉料制备工艺。

（2）选择合理的工艺参数。

（3）熟悉釉料制备工段的各设备的结构、工作原理、设备性能、操作及使用范围。

（4）烧成温度：1150～1200℃。

（5）提交一份任务说明书。

(三) 设备与试剂

天平、快速球磨机、磁棒（取代磁选机用）、过滤筛、量筒以及陶瓷原料多种。

(四) 实训工艺流程

釉料的制备大体上包含如下的工艺流程：

原料称量→装磨→球磨→颗粒度测试→出料→过筛→除铁→陈腐→釉浆池待用

(五) 操作步骤

（1）配料（总量为 300g）　根据配方要求，以干料为基准，将各种粉料称出所需重量，混合装入快速球磨机料筒中。

（2）湿球磨　在装好粉料的快速球磨机料筒中，加入清洁水，料∶球∶水＝1∶(1.5～2)∶0.7，靠球磨筒中的卵石的撞击和摩擦，将釉料颗料继续磨细、球磨时间约 15min。直到釉浆的颗粒度达到 0.02%～0.05% 250 目筛余，大小球各 50%。

（3）过筛　用粗网孔筛使球料分离。

（4）除铁　用磁棒在贮浆桶里搅拌以除去铁杂质，反复多次。

（5）陈腐　釉料陈腐 3～7 天。

（6）釉料至此制备完毕，将共存放入库以备取用。

（六）注意事项

（1）球磨时应先投入硬质料如石英、长石等，数小时后再投入软质料如黏土，以提高球磨效率。

（2）控制好釉浆的细度　0.02%～0.05% 250 目筛余。

（3）酸碱度适中　pH＝6～7。

（4）浓度适当　密度在 1.28～1.5g/cm^3（相当于 32～35°Bé）。

（5）工厂釉料球磨时间比坯料球磨时间长 4～5 倍。

思考题

1. 简述长石釉、石灰釉的区别和特点。
2. 为什么釉的始熔温度及其熔融温度范围要与坯体的烧成特性相适应？
3. 釉熔体的黏度和表面张力对釉面质量有什么影响？
4. 坯釉中间层是怎样生成的？其作用如何？怎样才能获得良好的中间层？
5. 为什么要求坯釉的膨胀系数必须相适应？
6. 釉层产生开裂或剥釉的主要原因是什么？如何防止这种缺陷的产生？

项目八　釉料配方设计

学习目标

1. 掌握釉料配方技术
2. 能根据不同原料设计釉料配方

知识要求

1. 熟悉釉用原料的种类及性质
2. 了解常用功能性原料对釉料的影响
3. 熟悉釉料配方原则及其计算方法
4. 了解熔块的作用及配合规则

技能要求

1. 能正确制定釉料制备流程
2. 能根据不同工艺要求和原材料的变化及时调整釉料配方
3. 能进行典型陶瓷釉料的研制

知识点一　釉用原料

釉用原料的种类很多，既有长石、石英、黏土等各类天然矿物原料，也有不同类型的化工原料。各种原料都能为釉的组成提供一种或几种氧化物组分，而这些组分决定了釉的性质。因此，要合理的选用制釉原料，必须了解并掌握釉中各氧化物的作用及各种原料的性能特点。

釉料在组成方面与坯料不同的是：

（1）含有大量的易熔组分（如长石、石灰石、釉灰、白云石、滑石、废瓷等）。

（2）在低温釉、熔块釉中采用大量低熔点的熔剂（如 PbO、B_2O_3、K_2CO_3、Na_2CO_3、KNO_3、$NaNO_3$）。

（3）所选用矿石原料的纯度要求更高，有些则是化工原料。

（一）引入 SiO_2 的原料

SiO_2 组分除由长石、黏土等硅酸盐原料提供外，主要由石英原料满足。釉用石英原料的种类与坯料相同，但纯度要求更高，通常要求烧后呈白色，容易粉碎，其化学组成为：$SiO_2>99\%$，$Al_2O_3<0.1\%$，$Fe_2O_3<0.05\%$，$CaO<0.1\%$，$MgO<0.1\%$，$(K_2O+Na_2O)<0.15\%$。

SiO_2 是玻璃生成体氧化物，在绝大多数釉组成中，SiO_2 含量占 50%以上，在日用陶瓷釉中一般含有 60%～75%。在釉中，SiO_2 含量增加能影响釉的许多性质，如提高熔融温度、提高釉的黏度、增加釉对水溶性和化学侵蚀的抵抗能力、增加釉的机械强度和硬度、降低釉的膨胀系数等。但上述作用也受其他因素的影响，不能独立地只考虑 SiO_2 的作用。

（二）引入 Al_2O_3 的原料

Al_2O_3 主要由黏土提供，长石或瓷石也带入一部分 Al_2O_3。在釉中引入黏土原料，除满足 Al_2O_3 组分要求外，更重要的是提高釉浆的悬浮性、稳定性及增加釉层在坯体上的附着力和强度。因此，都选用优质高岭土，而不选用含 Fe_2O_3 量高、结合性差的黏土。宜兴本地釉中常用的黏土有：苏州土、膨润土、白土等。

Al_2O_3 是网络中间体氧化物，在釉熔融过程中，通常能夺取游离氧形成四配位而进入硅氧网络，加强玻璃网络结构，在釉中的主要作用是：提高釉的硬度和机械强度、提高釉的耐化学侵蚀能力、降低釉的膨胀系数、提高玻化能力，但含量过多会明显增大釉的难熔程度和釉熔体的黏度。另外，可通过调整 Al_2O_3/SiO_2 摩尔比来控制釉的光泽，在明亮的光泽釉中，Al_2O_3/SiO_2 的摩尔比在 1∶(6～10)；在无光釉中为 1∶(3～4)。增加 Al_2O_3 的含量，能获得好的无光效果。

（三）引入 K_2O、Na_2O、Li_2O 的原料

引入 K_2O、Na_2O 的原料主要是钾长石、钠长石和釉用瓷石。因 K_2O 和 Na_2O 的膨胀系数较大，一般釉中不单独使用长石为熔剂，而是与碱土金属的碳酸盐类共用。最常用的是石灰石（或其他碳酸盐岩石，如大理石、方解石、白垩等），有时也以碳酸镁（菱苦土）、白云石、滑石代替。K_2CO_3、Na_2CO_3、KNO_3、$NaNO_3$ 等化工原料仅在某些熔块釉中部分地采用。Li_2O 虽然价格贵一些，但由于其特殊的优点，广为应用于釉中，可用锂辉石引入 Li_2O，此外还有锂云母、透锂长石等，在我国的新疆、江西等地均有含锂矿物原料。

K_2O、Na_2O 和 Li_2O 均系网络外体氧化物。在釉熔融过程中，它们都具有极强的“断网”作用，能显著降低釉的熔融温度和黏度，是釉的主要熔剂组分。所不同的是 K_2O 和 Na_2O 都明显增大釉的膨胀系数，降低釉的热稳定性、化学稳定性和机械强度，而 Li_2O 的助熔作用更强，用锂置换钠则降低热膨胀系数，提高釉的光泽度、化学稳定性和弹性。

（四）引入 CaO 的原料

CaO 通常以石灰石、方解石、大理石、白垩等钙质碳酸盐或硅灰石引入。采用白云石、小白矸等原料时要考虑所带入的 MgO 含量。用石灰石等碳酸盐类原料满足釉料中的 CaO 组分虽然应用已久，且价格低廉，但其高温分解所放出的气体往往对烧成操作和釉面质量有一定影响。方解石、石灰石和釉灰用量一般不超过 18%。近几年来，对硅灰石（化学式为 $CaO \cdot SiO_2$，相当于同时引入 CaO 与 SiO_2）的开发和研究结果表明，用硅灰石取代碳酸盐原料有很多优点，因为硅灰石本身不带灼减量，釉烧过程中，不仅避免了分解气体对釉面质量的影响，而且使干釉层的收缩降低，有利于与坯更好附着。

CaO 是二价的网络外体氧化物，能在高温下放出游离氧，破坏网络结构，使熔体黏度降低，有助于釉熔融，是良好的高温熔剂组分。但温度较低时，Ca^{2+} 力求满足自己的配位要求，又能联结网络断点，使结构紧密、黏度增加，而加速熔体的固化。与碱金属氧化物相比，CaO 能降低釉的膨胀系数，提高釉面硬度、化学稳定性和机械强度，并能促进与坯体的良好结合。

在某些釉配方中如含有一定成分的 CaO，在赤热温度作用下将立即与黏土中 SiO_2 起强烈化学反应，当温度超过 1150℃更为明显，CaO 用量不得超过 16%～18%，否则将提高釉的耐火度，并在釉中析出微小结晶，导致釉层失透。这也是形成无光釉的方法之一。

（五）引入 MgO 的原料

引入 MgO 的原料有菱镁矿、滑石、白云石和其他含镁的原料。采用菱镁矿时，用量不宜过多，最好不要超过 6%，否则将明显产生缩釉缺陷。以滑石引入 MgO 时既可克服缩釉现象，同时又可提高釉的抗气氛能力，还可以获得一定的乳浊度，从而提高釉面白度。但生滑石的鳞片状结构及高温下分解排气对釉料研磨、釉浆使用及釉面质量也会产生一些不良影响。因此，通常都将滑石煅烧后使用，经验证明，滑石用量不宜超过 15%。用白云石引入 MgO 时，不会产生乳浊，能提高其透光性，常被用于透明釉配方中，白云石的引入一般用量在 2%～5%。小白矸是产于华北的一种富含 SiO_2 的镁、钙质碳酸盐原料，由于质地细腻，结构松散，能使釉浆获得良好的悬浮性和稳定性，还可以增强釉与坯的附着。因此，在我国北方瓷釉中已被普遍应用，加入量为 5%～12%。

MgO 也是二价网络外体氧化物，在釉中的作用与 CaO 类似，高温下提供游离氧，是强助熔剂，增加釉的流动性，温度降低时则提高黏度，只是在程度上较 CaO 弱些。但它能增大助熔范围，降低釉的膨胀系数，促进中间层的形成，从而减弱釉的发裂倾向。

（六）引入 ZnO 的原料

ZnO 由锌白引入。锌白呈白色或淡黄色，颗粒较细。使用前必须煅烧，因为生锌白细度大、活性高，与水接触后在颗粒表面生成一层胶凝的氢氧化锌，使釉浆稠化，严重影响其性能。经煅烧处理后，颗粒聚集变大，活性降低，限制了氢氧化锌的生成，从而消除了对釉浆性能的影响。同时还能减少釉在烧成过程中的收缩，并减少了因收缩而出现的秃釉及起泡等缺陷。

在许多类型的釉中，如炻器釉、建筑陶器釉、瓷器釉等，ZnO是很重要的成分，它是一种强熔剂，能在较大范围内起到良好的助熔作用，并可增加釉的光泽，提高釉面白度、降低膨胀系数、提高折射率、促进乳浊。由于ZnO在釉熔体中有很强的结晶倾向，价格较高，因而在透明釉中引入不宜过多，一般控制在5%以下。但作为结晶剂可作为结晶釉的主要成分。

ZnO和SnO_2共同使用时，能获得良好的乳浊效果。在建筑陶瓷及艺术瓷大红釉中，ZnO是不可缺少的成分。

（七）引入PbO的原料

PbO是最强的助熔剂，能与SiO_2和B_2O_3化合形成玻璃。它的特点是能显著增大釉的折射率，赋予釉面极好的光泽，增加釉的抗张强度和弹性。但会大大降低釉面硬度，并需在氧化气氛下釉烧，因有毒性，其使用受到一定限制或必须制成熔块。含PbO的釉在大气中长期暴露，釉面会失去光泽，易裂，而且PbO使釉面硬度降低。

引入PbO的原料主要是铅丹（Pb_3O_4）、密佗僧（PbO）和铅白［$2PbCO_3 \cdot Pb(OH)_2$］。

（八）引入B_2O_3的原料

B_2O_3是强助熔剂，适量引入釉中能显著降低釉的熔融温度，降低釉的膨胀系数，增大釉对光的折射率，提高光泽度，提高釉面硬度和弹性，熔融物不但本身不结晶，还能阻止其他化合物结晶倾向，故可避免釉失透现象发生，对着色氧化物的溶解性很强。

引入B_2O_3的原料为硼酸、硼砂和含硼矿物。

（九）引入BaO的原料

BaO在碱土金属氧化物中的助熔作用最强，并能显著提高釉的折射率，增加釉面光泽。

BaO主要由碳酸钡引入。$BaCO_3$为白色粉末，有毒，相对密度为4.43，不溶于水而溶于酸，即使有少量胃酸也会溶解，因此吸入人体内极为危险。$BaCO_3$本身的分解温度在1360℃左右，但在SiO_2和其他碱性组分存在时，于700℃以下即能分解，并生成硅酸盐。天然的碳酸钡称为重毒石，因有较多的杂质，很少采用。

也可以用硫酸钡（$BaSO_4$）、氢氧化钡［$Ba(OH)_2$］或硝酸钡［$Ba(NO_3)_2$］等引入BaO。由于含钡原料均有毒性，所以使用时应特别注意。

（十）其他原料

除上面所讨论的几种原料以外，在瓷釉中常用的原料还有骨灰（磷酸钙）、锆英石、碳酸锶、瓷粉、玻璃粉、氟化钙（萤石）等。

（1）在瓷釉中加入ZrO_2或锆英石（$ZrSiO_4$）可提高釉面白度和耐磨性，而且能增大抗釉面龟裂性和釉面硬度，实验证明引入7%锆英石可提高白度8%左右。

（2）在釉中引入煅烧骨灰可提高光泽度，并使釉面柔润。

(3) 碳酸锶对降低釉的熔融温度，提高光泽度，扩大烧成范围有利。例如在日用瓷釉中以氧化锶代替氧化钙，可增加釉的流动性和溶解度，降低软化温度，少许提高膨胀系数。在含锆釉中，以锶化合物代替 CaO 或 BaO，将促进坯、釉中间层的化学反应。

(4) 瓷粉加入釉中，以取代少部分长石，可以提高釉的熔融温度和降低釉的黏度，还可以减少釉面针孔，提高白度。在我国南北方瓷区均有较成功的经验。

(5) 玻璃粉为普通窗玻璃或瓶玻璃的粉碎物，加入釉料中可替换部分熔块。由于来源不同，所以组成和性能随产地不同而异，组成接近 $0.5Na_2O \cdot 0.5CaO \cdot SiO_2$，有水溶性，因此用量过多时，釉浆容易沉淀，可以加入少量的氯化钙来解决。

(6) 氟化钙化学式为 CaF_2，化学组成为：Ca 51.1%，F 48.9%。熔点 1360℃，氟化钙为强熔剂，可增加釉料的高温流动性，用量适当时有一定的乳浊作用，尤其对于绿色色料的显色有重要的作用。具有较好的悬浮性，使釉浆不沉淀。但是氟化钙容易分解，氟与 SiO_2 反应生成 SiF_4 而挥发，导致釉面起泡。用量在 5%为好。

此外，釉中常采用一些乳浊剂如 SnO_2、TiO_2、ZrO_2、锑化合物、磷酸盐等，也使用一些着色剂以增加艺术感，如锰、铬、钴、镍、铜的氧化物或化合物等。

知识点二　釉料配方设计原则

釉的表示方法和坯体一样，可以用各氧化物的质量分数表示或各种原料的实际配料量来表示，也可用实验公式（釉式）表示。其中实验公式简单明了，易于记忆，能从其酸碱比例判断其在熔融方面的某些性质，便于分析研究和釉料之间的相互比较。

确定一种釉料的配方过程，也是对适应某一种坯料的釉料的研究过程。由于釉料不能脱离坯体单独存在，因此在釉料的研究中总是以改变釉料的成分来适应坯体，而不是改变坯体成分适应釉料，因为坯料组成的改变往往会造成许多生产工艺的调整。

（一）釉式规律

釉式和坯式所不同的地方是：釉式是将各助熔剂（R_2O+RO，有时简写为 RO）系数之和调整为 1，而坯式是将中性氧化物（R_2O_3）的系数调整为 1。在釉式中通常有这样几个规律：

(1) RO（即 R_2O+RO）的系数等于 1。

(2) R_2O_3 的系数为 0.1～1.25（陶器釉：0～0.3；精陶器釉：0.1～0.5；炻器釉：0.1～0.8；瓷器釉：0.5～1.25）。

(3) RO_2 的系数为 1～12。

(4) BO_2/R_2O_3 的摩尔比一般为 6～12，而平均在 10 左右。因为含 Al_2O_3 高时，烧成温度也高，不易成熟，含 SiO_2 低时，也不易成熟，同时容易发裂，只有在 SiO_2 含量高而 Al_2O_3 含量低时，才能获得熔融良好的光亮釉层。

（5）RO_2/RO 的摩尔比为 2.5～4 时，属于易熔釉范围，超过 4 时（对于无硼釉来说）则是比较难熔的釉，小于 2.5 时，就变得极易熔融。

（6）釉的酸性系数（C·A）一般为 2～3（陶器釉：0.8～2；精陶器釉：0.8～2；炻器釉：1.25～2；瓷器釉：1.8～2.5）。

（7）生料釉中 RO 往往是由 0.3～0.6（K_2O＋Na_2O）和 0.4～0.7（CaO＋MgO）所组成。

碱釉与含 SiO_2 高的坯体结合较牢固，石灰釉与含 Al_2O_3 高的坯体结合较牢固。

（二）釉料配方的设计步骤

1. 掌握必要的资料

（1）掌握坯料的化学与物理性质，如坯体的化学组成、膨胀系数、烧结温度、烧结温度范围及气氛等。

（2）明确釉料本身应达到的性能要求（如白度、光泽度、透光度、化学稳定性）及制品的性能要求（如机械强度、热稳定性、耐酸碱性、釉面硬度等）。

（3）制釉原料的化学组成、纯度及工艺性能等。

（4）釉料制备过程中的工艺条件。

2. 拟定配方组成

（1）借助成功的经验配方加以理论上的调整　成功的釉料配方可能是用化学组成百分数表示或用实验公式来表示的。调整时，以变动化学组成的质量分数或实验公式中的氧化物物质的量或者是两种氧化物的摩尔之比来配成一系列的釉，然后通过制备、烧成并测定它们的物理性质，找到符合要求的配方。

表 8—1 列出各种瓷釉成分和烧成温度实例，供参考。

表 8—1　　各种瓷釉成分和烧成温度

序号	化学组成/mol						烧成温度 SK
	KNaO	CaO	MgO	BaO	Al_2O_3	SiO_2	
1	0.30	0.50	0.10	0.10	0.40	3.85	4
2	0.20	0.70	0.10		0.40	3.50	4
3	0.48	0.40	0.12		0.70	4.80	7
4	0.14	0.63	0.17		0.83	4.72	7～9
5	0.25	0.37	0.38		0.75	7.10	7～9
6	0.06	0.08	0.86		0.83	4.7	9
7	0.30	0.35	0.35		0.96	9.50	12～14
8	0.20	0.70	0.10		0.85	7.50	13
9	0.11	0.67	0.22		1.00	10.00	15
10	0.15	0.65	0.20		1.00	10.00	17

（2）参考测温锥标准成分确定组成 测温锥标准组成成分见表 8－2。

表 8－2 **测温锥成分与熔融软化温度**

S·K	化学成分/mol							熔融软化温度/℃
	K_2O	Na_2O	CaO	MgO	Al_2O_3	SiO_2	B_2O_3	
1a	0.198	0.109	0.571	0.122	0.639	5.320	0.217	1100
2a	0.220	0.085	0.599	0.096	0.652	5.687	0.170	1120
3a	0.244	0.059	0.630	0.067	0.667	6.083	0.119	1140
4a	0.260	0.043	0.649	0.048	0.676	6.339	0.086	1160
5a	0.274	0.028	0.666	0.032	0.686	6.565	0.056	1180
6a	0.288	0.013	0.685	0.014	0.693	6.801	0.026	1200
7	0.3	—	0.7	—	0.7	7.00	—	1230
8	0.3	—	0.7	—	0.8	8	—	1250
9	0.3	—	0.7	—	0.9	10	—	1280
10	0.3	—	0.7	—	1.0	10	—	1300
11	0.3	—	0.7	—	1.2	12	—	1320
12	0.3	—	0.7	—	1.4	14	—	1350
13	0.3	—	0.7	—	1.6	16	—	1380
14	0.3	—	0.7	—	1.8	18	—	1410
15	0.3	—	0.7	—	2.1	21	—	1435
16	0.3	—	0.7	—	2.4	24	—	1460
17	0.3	—	0.7	—	2.7	27	—	1480
18	0.3	—	0.7	—	3.1	31	—	1500

测温锥在达到其标写温度时，锥体弯倒，锥顶尖触及底盘。如制品在此标定温度下烧成时，釉料达不到充分熔化的流动状态。显然，釉料的化学组成与该标定温度下测温锥的组成应有很大差异。经验表明，如参照测温锥组成设计釉料配方，则应选择比烧成温度低 4～5 个锥号的测温锥化学组成作为计算的依据。这种方法适用于长石釉、高温瓷釉及熔块釉配方的配制。

3．配方试验

根据拟定的组成范围，采用原料进行配方试验。在保证获得理想效果的前提下，尽可能减少试验次数，以降低费用，缩短时间，提高试验的科学性和准确性。对实验结果进行测定、分析、科学处理，找出符合要求的最佳配方。优选配方经过小试、中试的全面考查和调整，并在确认符合设计要求时，再投入生产。

表 8－3 列出了我国部分日用瓷厂釉料的组成供参考。

表 8－3　　我国部分日用瓷厂釉料组成

序号	配方/%		w/%								实验式
			SiO_2	Al_2O_3	Fe_2O_3	CaO	MgO	KNaO	其他	灼减量	$\left.\begin{matrix}R_2O\\RO\end{matrix}\right\}\cdot mR_2O_2\cdot nRO_2$
1	石英 生滑石 长石 界牌桃红泥	30 10 55 5	75.18	12.85	0.32	0.63	2.72	7.49		1.40	$\left.\begin{matrix}0.5478\ KNaO\\0.642\ CaO\\0.3880\ MgO\end{matrix}\right\}\cdot\left.\begin{matrix}0.7188\ Al_2O_3\\0.114\ Fe_2O_3\end{matrix}\right\}\cdot 7.148\ SiO_2$
2	长石 石英 界牌泥 烧滑石 钠长石 瓷粉 外加白云石	39 25 8 8 10 10 1	73.82	12.98	0.16	0.91	3.02	6.86		1.78	$\left.\begin{matrix}0.4894\ KNaO\\0.0904\ CaO\\0.4202\ MgO\end{matrix}\right\}\cdot\left.\begin{matrix}0.7080\ Al_2O_3\\0.0056\ Fe_2O_3\end{matrix}\right\}\cdot 6.847\ SiO_2$
3	长石 石英 釉果 釉灰 滑石 ZnO B aCO$_3$	16.5 6.38 62.44 10.10 3.75 0.64 0.21	67.83	12.89	0.52	9.85	1.94	6.01	ZnO 0.64 BaO 0.16		$\left.\begin{matrix}0.133\ K_2O\\0.077\ Na_2O\\0.600\ CaO\\0.166\ MgO\\0.0277\ ZnO\\0.003\ BaO\end{matrix}\right\}\cdot\left.\begin{matrix}0.443\ Al_2O_3\\0.010\ Fe_2O_3\end{matrix}\right\}\cdot 3.76\ SiO_2$
4	石英 滑石 长石 星子高岭	30 10 50 10	72.52	15.70	0.25	0.67	3.37	7.61			$\left.\begin{matrix}0.399\ K_2O\\0.0147\ Na_2O\\0.730\ CaO\\0.5131\ MgO\end{matrix}\right\}\cdot\left.\begin{matrix}0.9453\ Al_2O_3\\0.0092\ Fe_2O_3\end{matrix}\right\}\cdot 7.406\ SiO_2$

5	长石 石英 滑石 高岭土 石灰石 氧化锌	50 30 11 6 1 2	74.06	10.57	0.16	0.94	3.89	7.23	ZnO_2	1.63	$\left.\begin{matrix}0.2855\ K_2O\\0.0923\ Na_2O\\0.0756\ CaO\\0.4356\ MgO\\0.1108\ ZnO\end{matrix}\right\}\cdot\left.\begin{matrix}0.4681\ Al_2O_3\\0.0045\ Fe_2O_3\end{matrix}\right\}\cdot\ 5.56\ SiO_2$
6	长石 石英 滑石 高州土	48 32 10 10	74.52	12.48	0.10	0.32	2.97	7.92	1.39		$\left.\begin{matrix}0.4263\ K_2O\\0.1055\ Na_2O\\0.0336\ CaO\\0.4344\ MgO\end{matrix}\right\}\cdot\left.\begin{matrix}0.7221\ Al_2O_3\\0.0034\ Fe_2O_3\end{matrix}\right\}\cdot\ 7.3155\ SiO_2$
7	石英 烧滑石 长石 张渚泥 苏州土 晋家山泥	5 15 20 45 1.5 10	71.84	16.57	0.12	0.34	5.56	5.56			$\left.\begin{matrix}0.329\ KNaO\\0.028\ CaO\\0.644\ MgO\end{matrix}\right\}\cdot\left.\begin{matrix}0.7501\ Al_2O_3\\0.005\ Fe_2O_2\end{matrix}\right\}\cdot\ 5.542\ SiO_2$
8	长石 石英 小白矸 石灰石 宽城土	52 22 10 14 2	60.20	10.25	0.29	9.16	2.21	8.38		9.25	$\left.\begin{matrix}0.2128\ K_2O\\0.1013\ Na_2O\\0.5133\ CaO\\0.1724\ MgO\end{matrix}\right\}\cdot\left.\begin{matrix}0.3161\ Al_2O_3\\0.0057\ Fe_2O_3\end{matrix}\right\}\cdot\ 3.149\ SiO_2$

续表

序号	配方/%	SiO_2	Al_2O_3	Fe_2O_3	CaO	MgO	KNaO	其他	灼减量	实验式 $\left.\begin{matrix}R_2O\\RO\end{matrix}\right\}\cdot mR_2O_3\cdot nRO_2$
9	宝溪坞头釉土 53.4 瓷溪紫金土 11.1 乌釉 35.5	65.82	15.53		12.54		4.78		1.40	$\left.\begin{matrix}0.169\ K_2O\\0.024\ Na_2O\\0.807\ CaO\end{matrix}\right\}\cdot\begin{matrix}0.549\ Al_2O_3\\0.032\ Fe_2O_3\end{matrix}\cdot 3.909\ SiO_2$
10	石英 18.5 熟滑石 3.6 长石 54.5 大同砂石 2 石灰石 11 小白矸 8 氧化锌 2.4	61.75	9.56	0.14	6.39	4.44	7.40	TiO_2 0.34 ZnO 2.28	7.60	$\left.\begin{matrix}0.176\ K_2O\\0.084\ Na_2O\\0.335\ CaO\\0.322\ MgO\\0.084\ ZnO\end{matrix}\right\}\cdot\left.\begin{matrix}0.273\ Al_2O_3\\0.003\ Fe_2O_3\end{matrix}\right\}\cdot\begin{matrix}3.0\ SiO_2\\0.014\ TiO_2\end{matrix}$
11	长石 56 石英 18 小白矸 9 钟乳石 10 苏州土 1 滑石 4 氧化锌 2	61.37	11.47	0.13	7.80	3.57	5.86	ZnO 2.00	7.80	$\left.\begin{matrix}0.230\ KNaO\\0.4235\ CaO\\0.2699\ MgO\\0.0749\ ZnO\end{matrix}\right\}\cdot\left.\begin{matrix}0.3429\ Al_2O_3\\0.0025\ Fe_2O_3\end{matrix}\right\}\cdot 3.109\ SiO_2$

Note: the column group SiO_2 … 灼减量 is headed "w/%".

知识点三　釉料配方计算

配制釉料所用原料一般为较纯的矿物原料或工业生产的化工原料。为了简化计算过程，通常用原料的理论组成获得近似的效果。

（一）生料釉

生料釉的配方计算与坯料计算方法基本一致。但在选用原料时，不宜使用可溶性原料，原因如下：

（1）干燥或素烧的坯体在施釉过程中，能吸收可溶性原料于坯体内，假设此种可溶性原料为 Na_2CO_3，吸入坯体内可使坯质软化，同时，釉中减少了这种成分会使釉的熔化温度提高，坯釉组成都受影响。

（2）干燥时，吸入的可溶性原料由于毛细管的作用逐渐被带至表面而浓缩，使生釉成分不能均匀分布而产生缺陷。

（3）釉中含有可溶性成分，能溶解着色氧化物，使着色氧化物不能均匀分布影响色泽。

每种原料至少能提供一种以上的氧化物，当采用能提供两种以上氧化物原料时（如长石、黏土等），应注意在供给釉中一种氧化物的同时不使所含的其他氧化物超过需要的量。为了提高釉浆的悬浮性和结合强度，增加釉的附着性，在釉式中保留 0.05～0.10mol 的 Al_2O_3 由黏土引入，其余的 Al_2O_3 则由煅烧黏土供给，用煅烧黏土代替生黏土可防止釉在干燥或烧成初期发生龟裂。

[例 1] 按下列釉式计算配方量

$$\left.\begin{matrix}0.25\ K_2O\\0.56\ CaO\\0.06\ MgO\\0.13\ ZnO\end{matrix}\right\}\cdot 0.58\ Al_2O_3\cdot 4.5\ SiO_2$$

①确定引用原料种类：采用钾长石（$K_2O\cdot Al_2O_3\cdot 6\ SiO_2$）满足釉式中 K_2O，方解石（$CaCO_3$）满足 CaO，MgO 由烧滑石（$3MgO\cdot 4SiO_2$）引入，ZnO 由煅烧氧化锌（ZnO）满足，釉式中的 Al_2O_3 除长石引入外，采用 0.1mol 软质高岭土（$Al_2O_3\cdot 2SiO_2\cdot 2H_2O$），余量由烧高岭土（$Al_2O_3\cdot 2SiO_2$）满足，$SiO_2$ 不足量由石英（SiO_2）补充。

②列表计算各原料的物质的量：

表 8－4　　各原料的物质的量计算　　单位：mol

氧化物	K_2O	CaO	MgO	ZnO	Al_2O_3	SiO_2
釉式	0.25	0.56	0.06	0.13	0.58	4.50
引入 0.25mol 钾长石	0.25				0.25	1.50

续表

氧化物	K_2O	CaO	MgO	ZnO	Al_2O_3	SiO_2
余量	0	0.56	0.06	0.13	0.33	3.00
引入 0.56mol 方解石		0.56				
余量		0	0.06	0.13	0.33	3.00
引入 0.02mol 烧滑石			0.06			0.08
余量			0	0.13	0.33	2.92
引入 0.13mol 烧氧化锌				0.13		
余量				0	0.33	2.92
引入 0.10mol 软质高岭土					0.10	0.20
余量					0.23	2.72
引入 0.23mol 烧高岭土					0.23	0.46
余量					0	2.26
引入 2.26mol 石英						2.26
余量						0

③计算各种原料用量：计算过程及结果列于表 8－5。

若要精确计算，应根据所用原料的实际化学成分进行逐项满足。计算方法同坯料配方的计算方法相同。

表 8－5　　原料配方量计算

原料	n/mol	公式量	质量/g	质量分数/%
钾长石	0.25	556.8	139.20	32.69
方解石	0.56	100.0	56.00	13.15
烧滑石	0.02	361.3	7.23	1.70
烧氧化锌	0.13	81.4	10.58	2.48
软质高岭土	0.10	258.1	25.81	6.06
烧高岭土	0.23	222.2	51.11	12.00
石英	2.26	60.1	135.83	31.90
合计			425.76	99.98

（二）熔块釉

熔块制备的目的是将可溶性原料变为不溶于水的状态，将有毒性原料成为毒性较小的形式，减少相对密度大的原料易于沉淀的现象等。有些原料如碳酸钾、碳酸钠、硼砂、硼酸等，在生料釉中不能使用，而在熔块釉中却可以采用。制备熔块时，挥发物放出，釉的收缩减小，各成分间都成为极其致密的结合状态。使用时，熔块釉较生料釉更易成熟，密度大。对有毒性原料如密佗僧、铅丹及碳酸钡等，将其制成熔块可以减少毒性影响。对于各种色料和颜色釉，用熔块法可使之分布均匀。因为熔块釉具有许多优点，所以近年来被广泛地使用。

1. 熔块的配合规则

计算熔块釉配方，首先要掌握熔块的配合规则，以保证其熔融反应能充分进行和熔后质量稳定。

（1）所有水溶性原料、有毒原料、相对密度特别大的原料都要配入熔块。

（2）熔块中酸性氧化物与碱性氧化物的摩尔比应在（1～3）：1。此项规定是确保玻璃熔块的形成能力和适宜的熔制温度。

（3）熔块中 Al_2O_3 与碱性氧化物的摩尔比应小于0.2。因为 Al_2O_3 能显著增大熔体黏度，若引入量过多，会影响熔块的正常熔融和均化。

（4）熔块中若含 B_2O_3，则 SiO_2 与 B_2O_3 的摩尔比必须大于2。因为硼酸盐玻璃的水溶性较大，只有以部分组分固溶于 SiO_2 结构网络，才能保证其化学稳定性。

（5）熔块中 R_2O 与RO的摩尔比应小于1。因为 R_2O-SiO_2 玻璃水溶性极大，只有加入RO组分才能形成结构紧凑、化学上稳定的复合硅酸盐玻璃，使熔块达到使用要求。

2. 熔块釉的计算

下面以计算示例说明计算过程和方法。

[例2] 已知下列釉式，求其配方量。

$$\left.\begin{array}{r} 0.0659\ K_2O \\ 0.3070\ Na_2O \\ 0.3451\ CaO \\ 0.0984\ MgO \\ 0.0288\ ZnO \\ 0.1548\ PbO \end{array}\right\} \cdot 0.2899\ Al_2O_3 \cdot \left\{\begin{array}{l} 2.7223\ SiO_2 \\ 0.2336\ B_2O_3 \end{array}\right.$$

解：从釉式中的PbO和 B_2O_3 可知该釉为铅硼釉，因此部分组分需制成熔块。

（1）选择原料　根据釉式组成的要求，确定如下配釉原料：

B_2O_3——由硼砂（$Na_2O \cdot 2B_2O_3 \cdot 10H_2O$）引入；

Na_2O——除由硼砂带入部分外，其余由纯碱引入；

K_2O——由钾长石（$K_2O \cdot Al_2O_3 \cdot 6\,SiO_2$）引入；

CaO——由方解石（$CaCO_3$）引入；

MgO——由滑石（$3MgO \cdot 4SiO_2 \cdot H_2O$）引入；

ZnO——由烧氧化锌（ZnO）引入；

PbO——由铅丹（Pb_3O_4）引入；

Al_2O_3——由高岭土（$Al_2O_3 \cdot 2SiO_2 \cdot 2H_2O$）引入；

SiO_2——除钾长石、滑石、高岭土带入部分外，其余由石英（SiO_2）引入。

（2）计算各原料的用量　计算过程与结果见表8－6。

表 8—6　　　　各原料的用量　　　　单位：mol

氧化物	K_2O	Na_2O	CaO	MgO	ZnO	PbO	B_2O_3	Al_2O_3	SiO_2
釉式	0.0659	0.3070	0.3451	0.0984	0.0288	0.1548	0.2336	0.2899	2.7223
引入 0.0659mol 钾长石	0.0659							0.0659	0.3954
余量	0	0.3070	0.3451	0.0984	0.0288	0.1548	0.2336	0.2240	2.3269
引入 0.1168mol 硼砂		0.1168					0.2336		
余量		0.1902	0.3451	0.0984	0.0288	0.1548	0	0.2240	2.3269
引入 0.1902 mol 纯碱		0.1902							
余量		0	0.3451	0.0984	0.0288	0.1548		0.2240	2.3269
引入 0.345 mol 方解石			0.3451						
余量			0	0.0984	0.0288	0.1548		0.2240	2.3269
引入 0.0328 mol 滑石				0.0984					0.1312
余量				0	0.0288	0.1548		0.2240	2.1957
引入 0.0288 mol 烧氧化锌					0.0288				
余量					0	0.1548		0.2240	2.1957
引入 0.0516 mol 铅丹						0.1548			
余量						0		0.2240	2.1957
引入 0.224 mol 高岭土								0.2240	0.4480
余量								0	1.7477
引入 1.7477 mol 石英									1.7477
余量									0

（3）确定配入熔块的原料　一般说来，生产上很少使用全熔块釉（特殊情况除外）。因为全部采用高温熔制后瘠性玻璃熔块制备釉浆，其悬浮稳定性极差，施釉操作困难，且会严重影响釉层各部位成分的均一性及减弱对坯体的附着强度，因此实用熔块釉都留有一些生料。通常，除水溶性和有毒性原料必须配入熔块外，钙质原料也配入熔块。因为，CaO 不但高温下助熔作用强烈，而且能显著提高熔块的耐水性，若是碳酸钙，还能使分解气体在熔制熔块时排出，而不致对釉面产生不良影响。石英原料由于硬度大，在研磨时很难磨细。若以生料引入，在较低的釉烧温度下（一般熔块釉的烧成温度低于1150℃），石英颗粒不易被充分熔化。所以在不影响熔块正常烧制的情况下，亦应配入熔块。为了保证釉浆的悬浮稳定性，黏土原料应留有适当数量（0.05mol 以上）以生料配入。对于滑石、长石、锌白等原料，应根据具体情况而定。但若以生料引入，滑石和锌白最好煅烧后使用。

据上所述，本釉料所用原料中除留 0.1mol 高岭土作为生料，锌白已煅烧可直接配釉外，其余原料全部配入熔块。

（4）列出熔块中各氧化物的摩尔组成，算出总量并用配合规则验证　因为除

0.1mol 高岭土待引入的 0.1Al_2O_3 · 0.2SiO_2 和烧氧化锌待引入的 0.0288molZnO 外，余下的就是熔块组成。现列出组成并计算其质量（g）如下：

K_2O　0.0659× 94.2 = 6.21

Na_2O　0.3070× 62.0 = 19.03

CaO　0.3451× 56.0 = 19.36

MgO　0.0984× 40.2 = 3.97

PbO　0.1548× 223.2 = 34.55

Al_2O_3　0.1899× 102.0 = 19.37

SiO_2　2.5223× 60.1 = 151.59

B_2O_3　0.2336× 69.6 = 16.26

Σ=270.34

按熔块配合规则验证如下：

① 水溶性、有毒性原料均已配入熔块；

② $\frac{n(SiO_2)+n(B_2O_3)}{n(R_2O)+n(RO)}=\frac{2.7559}{0.9712}=2.48$，在 1~3 之间；

③ $\frac{n(Al_2O_3)}{n(R_2O)+n(RO)}<0.2$；

④ $\frac{n(SiO_2)}{n(B_2O_3)}>2$；

⑤ $\frac{n(R_2O)}{n(RO)}<1$。

经验证，本熔块符合配合规则。

（5）计算熔块的配方量（表 8-7）

表 8-7　熔块配方量

原料	n/mol	摩尔质量/（g/mol）	配料量/g	质量分数/%
钾长石	0.0659	556.8	36.69	11.44
硼砂	0.1168	381.4	44.55	13.88
纯碱	0.1902	106.0	20.16	6.28
方解石	0.3451	100.1	34.54	10.77
滑石	0.0328	379.3	12.44	3.88
铅丹	0.0516	685.6	35.38	11.03
高岭土	0.1240	258.1	32.00	9.98
石英	1.7477	60.1	105.04	32.74
合计			320.80	100.00

（6）计算熔块釉的配方量（表 8-8）

表 8-8　熔块釉配方量

原料	n/mol	摩尔质量/（g/mol）	配料量/g	质量分数/%
熔　块			270.33	90.57
高岭土	0.10	258.1	25.81	8.56
烧氧化锌	0.0288	81.4	2.34	0.78
合　计			298.48	100.00

3. 江苏宜兴当地常用熔块

（1）B3#熔块、235#熔块、333#熔块、T3#熔块、244#熔块、3#熔块　主要成分为 SiO_2、PbO、B_2O_3、Na_2O，是一类含铅调温透明熔块，含铅量依次递减，适用于烧成温度为1050～1200℃的各种釉中。用量为50%～5%，能较大程度提高釉面光泽。表8－9为一例具有理想光泽的色釉组成，烧成温度1150～1180℃。

表 8－9　　色釉组成实例　　单位：%

原料	长石	方解石	石英	苏州土	氧化锌	碳酸钡	333#熔块	钒蓝
含量	40	15	10	5	4	5	16	5

（2）BFT250熔块、238#熔块　主要成分为 SiO_2、PbO、K_2O、Na_2O，是一种高铅无硼熔块，尤其适应于铬锡红及包裹硒镉红、黄等色料的鲜艳呈色。表8－10配方能在1050℃左右烧得理想的中温艳红效果。

表 8－10　　中温艳红釉组成实例　　单位：%

原料	238#熔块	333#熔块	苏州土	包裹硒镉红色料
含量	70	20	5	10

（3）B1熔块、B2熔块、2#熔块　主要成分为 SiO_2、B_2O_3、Li_2O、K_2O、Na_2O，是一类无铅高硼熔块，在满足一定条件的基釉中加入一定量的这类熔块就可获得分相花釉效果。表8－11为一分相花釉组成，烧成温度1150～1180℃。

表 8－11　　分相花釉组成实例

原料	长石	方解石	石英	苏州土	氧化锌	碳酸钡	B1熔块	氧化铜	B2熔块	氧化钴
组成	30	10	5	5	4	2	36	3	5	1.5

（4）T9熔块、T101熔块、BF253熔块　主要成分为 SiO_2、B_2O_3、Li_2O、K_2O、Na_2O、CaO、TiO_2，是一类无铅含钛熔块。适用温度1000～1200℃。通过该类熔块引入 TiO_2，可提高 TiO_2 作用的稳定性，可配置中低温钛乳白釉。同时作为分相助剂，也可用于分相花釉中。95%T9熔块加上5%的苏州土即可得到烧成温度为1050℃的钛白釉。

（5）锆乳浊熔块（BF251、BF254、BFT236）　主要成分为 SiO_2、B_2O_3、K_2O、

Na_2O、CaO、MgO、ZrO_2（SnO_2）、ZnO。紫砂内用的高白釉就可用高白熔块加少量黏土获得。由于该类熔块中含有一定量的锆，故高温黏度较高，在池炉中熔制较困难。在釉中引入一定量的该类熔块，可较大程度提高釉的乳浊性，并改善釉面质量，适用温度1050～1220℃。

（6）透明熔块（BFT238、BFT229、BFT240、BFT213A、BFT246、BFT225、BFT230）一般外加5%左右黏土就可组成釉料，也可外加色剂后组成色釉。BFT238中铅无锌透明熔块，适用于精陶及红泥陶，烧成温度1000～1200℃；BFT229低铅无锌透明熔块，适用于精陶及白云石陶，烧成温度1050～1150℃；BFT240无铅无锌透明熔块，适用于精陶及白云石陶，烧成温度1050～1120℃；BFT213A骨质瓷无铅中锌透明熔块，适用于骨质瓷，烧成温度1000～1180℃；BFT246高温透明熔块，适用于炻器与瓷器的熔剂，烧成温度1200～1300℃；BFT225中铅无锌透明熔块，适用于唐三彩釉等，烧成温度950～1100℃；BFT230低铅低锌透明熔块，适用于大红基釉等，烧成温度1050～1150℃。

（7）无光熔块（BF255、BF256、BF257）　为内墙砖用无光熔块。BF255、BF256适用于1100～1150℃的一次烧成；BF257适用于1050～1100℃的二次烧成，也可用于一般无光釉中作熔剂。

任务　釉料配方设计

（一）任务题目

根据釉料性能要求和坯体的性质等，查阅相关资料以及参考成功经验，设计一个符合任务要求的釉料配方。

例题参考：

例（1）江苏宜兴某陶器嫩红釉釉式如下，计算其化学组成、并以纯粹的原料计算配方组成。

$$\left.\begin{matrix}0.134\ K_2O\\0.052\ Na_2O\\0.773\ CaO\\0.041\ MgO\end{matrix}\right\}\cdot\left.\begin{matrix}0.284\ Al_2O_3\\0.180\ Fe_2O_3\end{matrix}\right\}\cdot 2.16\ SiO_2$$

例（2）下面是一个无铅陶器熔块釉的实际配方，求其釉式。

熔块：碳酸钙12%；硼砂19%；硼酸4%；长石57%；石英8%。

釉：熔块88%；高岭土12%。

（二）主要内容

（1）掌握釉料配方计算的方法。

（2）制定合理的制备工艺流程。

（3）根据不同坯料性质，调整好釉料配方。

（三）主要内容和要求

（1）掌握好熔块的配合规则。

（2）烧成温度为 1150～1200℃。

（3）提交一份任务说明书（包括配方组成计算过程，计算结果，制备工艺流程等）。

（四）工艺流程

参考项目七、项目八。

（五）注意事项

（1）釉料配方设计必须以产品的理化性质与使用性能要求为依据，参照已有的产品配方，并全面了解各种原料对产品品质与工艺性能的影响。

（2）本实验料方计算是以釉料的化学组成为基准，用原料逐项去满足以求得原料用量。

（3）计算时，都采用纯粹的原料。

思考题

1. 制釉的主要原料有哪些？它们在釉中各起什么作用？
2. 釉料配方的设计原则是什么？
3. 生产中通常采用哪些方法拟定釉料的配方组成？
4. 什么是熔块釉？配制熔块的目的何在？熔块组成为什么要求满足配合规则？
5. 釉料制备的工艺要求有哪些？

附　录

附录1　我国典型黏土原料的矿物组成表

黏土名称	产　地	主　要　矿　物　组　成
明沙高岭（水选）	江西省景德镇市东郊高岭村	高岭石70%～80%，埃洛石（多水高岭石）5%～10%，白云母类10%～20%
星子高岭（水选）	江西省星子县	高岭石约70%，石英约14%，白云母类约16%
星子高岭（淘、红色）	江西省星子县	高岭石约70%，石英约13%，白云母类约15%
贵溪高岭余家淘不	贵溪市余家牛泉岭	高岭石约50%，长石类约35%，白云母类约20%
临川高岭（已选）	江西省临川县	高岭石约90%，石英约5%，长石约5%
枫沅高岭（淘不）	江西省乐平县枫沅村	高岭石约20%，石英约40%，绢云母类约31%
南港瓷石	江西景德镇	石英58%～62%、绢云母25%～28%、高岭石10%
唐山碱矸	河北省唐山市	高岭石约96%，石英约2%，其他约2%
唐山碱石	河北省唐山市	高岭石约93%，杂质约1%，其他约6%
唐山三节	河北省唐山市	高岭石约87%，石英约3%，长石约6%
唐山四节	河北省唐山市	黏土矿物约60%，石英约27%，长石约11%
唐山紫木节	河北省唐山市	高岭石约87%，杂质约4%，长石约2%
宽城土（淘洗后）	河北省唐山宽城	黏土矿物约72%，石英约20%，长石约8%
唐山树皮黏土	河北省唐山市	黏土矿物约66%，石英约20%，长石约8%
辽宁黑山膨润土	辽宁黑山	蒙脱石主量，石英少量
林东叶蜡石	辽宁省巴林右旗	叶蜡石约80%，石英约9%
上店土	陕西铜川	高岭石主量，水铝英石少量
清远浸潭泥	广东清远	高岭石主量，石英较多，长石、水云母少量
大埔探简戈洗泥	广东省大埔县	黏土矿物42.54%，石英20.34%，长石22.59%，水云母7.36%
飞天燕瓷土	广东省潮安县	高岭石为主，含有较多的石英和一定量的水白云母
飞天燕土胆	广东省潮安县	高岭石与水白云母为主
湛江禾寮土	广东湛江	高岭石为主，含有大量石英
祁门瓷石	安徽祁门	绢云母50%～60%，其余为石英和少量方解石
青田玉	浙江青田	叶蜡石主量，石英、长石少量

续表

黏土名称	产　地	主　要　矿　物　组　成
烟台复州黏土	山东烟台	高岭石个别样品有游离石英
博山高岭土	山东淄博	结晶较差的高岭石
焦宝石	山东淄博	高岭石主量
界牌泥	湖南衡阳	杆状结构的高岭石和石英，高岭石占60%～65%
衡阳马迹泥（块状）	湖南衡阳	高岭石约70%，石英约20%
南京栖霞山土	江苏南京	高岭石、多水高岭石、石英等
南京王府山土	江苏南京	无序混合层伊利石－蒙脱石，其中伊利石的含量较蒙脱石高
苏州2#	江苏省苏州市	高岭石主量、多水高岭石余量
无锡白泥	江苏省无锡市	水云母及石英
叙永埃洛石	四川省叙永县	多水高岭石（埃洛石）

附录2　我国主要黏土原料的化学组成表

单位：%

原　料　名　称	化　学　组　成								
	SiO_2	Al_2O_3	Fe_2O_3	TiO_2	CaO	MgO	K_2O	Na_2O	I. L
江西明砂高岭（精泥）	47.69	36.01	0.99	0.04	0.40	0.25	2.51	0.95	11.12
江西马鞍山碱石	44.23	38.29	0.72	2.38	微量	0.26	0.35	0.21	14.13
江西星子高岭（精泥）	54.60	41.30	1.46	—	0.15	0.22	2.01	0.19	—
河北唐山碱干	43.50	40.09	0.63	0.30	0.47	—	0.49	0.22	14.28
河北唐山紫木节	46.15	32.58	1.32	1.32	1.27	0.43	0.70	0.74	16.16
河北灵山土	44.66	34.28	0.58	0.30	0.22	0.52	0.25	0.40	17.78
河北上庄土	42.25	36.94	0.66	0.90	1.23	—	0.70	0.19	16.20
山西大同黏土	43.44	39.44	0.27	0.09	0.24	0.38	微量	微量	16.07
福建同安高岭土	52.73	33.93	0.02	—	0.68	0.59	5.60	0.44	9.95
广东飞天燕土胆	46.58	36.47	0.46		1.03	0.11	4.96	0.38	9.54
湖南新宁高岭土	45.41	35.71	0.34		0.80		2.00	2.39	13.27
陕西铜川上店土	46.08	37.62	1.08	1.36	0.36	0.15	0.06	0.23	13.46
江苏苏州高岭（阳西）	46.43	39.87	0.50	—	0.32	0.10	—	—	12.30
江苏苏州高岭（阳东）	46.01	39.84	1.51	—	0.15	0.14	—	—	12.11
河南巩县钟岭	40.09	37.42	0.77	0.88	0.49	0.38	0.55	0.83	10.71
山东新纹碱石	47.68	35.55	0.48	0.49	0.48	0.58	0.10	0.15	14.17
山东博山焦宝石	44.39	38.70	0.89	1.60	0.23	—	微量	0.01	14.42

续表

原料名称	化学组成								
	SiO_2	Al_2O_3	Fe_2O_3	TiO_2	CaO	MgO	K_2O	Na_2O	I. L
吉林舒兰七道河子	57.98	29.79	1.53	—	0.24	0.46	—	—	9.85
辽宁复州湾	45.37	36.94	2.30	—	0.28	0.48	—	—	14.09
四川叙永	47.68	38.80	0.30		0.82	0.20	0.11	0.13	15.40
江西贵溪上清乡	48.28	35.05	1.58	—	0.17	0.37	2.41	0.28	12.31
辽宁沈阳王家沟	61.28	24.25	2.35	—	1.14	2.15	—	—	6.80
江苏南京栖霞山土	40.31	35.65	1.12	—	0.49	0.12	0.35	0.40	21.58
贵州贵阳高坡	46.42	39.40	0.10	0.03	0.09	0.09	0.05	0.09	13.80
内蒙古清水河白蜡石	45.01	37.78	0.26	0.49	0.67	0.52	0.15	0.34	15.48
辽宁锦西	47.95	21.43	3.86	—	1.79	2.07	1.00	0.30	21.48
吉林九台	69.57	16.60	3.34	—	2.02	2.42	—	—	6.97
吉林桦甸	73.99	14.82	1.27	—	1.49	1.62	—	—	6.69
黑龙江穆陵县	52.48	22.96	3.86	—	2.72	0.54	1.69	4.47	9.95
河北易县膨润土	70.06	14.54	0.16		2.36	3.75	0.14	0.23	7.76
河北宣化	62.73	13.15	0.88	—	6.57	2.35	3.47	—	11.32
浙江余杭	60.74	14.33	2.58	—	1.56	2.57	0.09	—	12.23
福建连城	71.75	19.65	0.10	—	2.93	2.84	—	—	19.46
四川达县	61.32	13.65	4.52	—	3.63	6.70	—	—	9.31
江苏溧阳	63.54	16.06	1.15	—	2.00	2.49	2.50	0.45	12.18
浙江温州蜡石	62.71	29.92	0.33	0.32	—	微量	0.15	0.17	6.17
浙江青田蜡石	67.46	27.40	0.20	—	0.03	0.08	0.12	—	5.03
安徽祁门瓷石（精泥）	69.93	17.65	0.66	0.07	2.11	0.40	4.61	0.54	4.31
江西屋柱槽釉果	74.43	14.64	0.62	0.06	1.97	0.16	2.90	2.38	2.85
江西南港瓷石	76.12	14.97	0.76	—	1.45	—	2.77	0.42	3.71
江西青树下釉果	74.85	14.66	1.30	—	1.52	0.21	3.11	2.39	2.28
江西三宝蓬瓷石	73.70	15.34	0.70	—	0.70	0.16	4.13	3.79	1.13
江西余干瓷石	77.50	14.72	0.43	—	0.37	0.18	2.65	0.24	3.72
湖南醴陵马颈坳瓷石	76.35	14.21	0.71		0.75	0.43	4.04	0.23	3.19
福建小岭山瓷石	78.03	14.65	0.67	0.06	0.16	0.16	5.44	0.56	2.19
福建观音歧瓷石	79.04	14.20	0.34	0.04	0.69	0.19	3.80	0.15	2.65

续表

原料名称	化学组成								
	SiO_2	Al_2O_3	Fe_2O_3	TiO_2	CaO	MgO	K_2O	Na_2O	I. L
江苏吴县光福瓷石	79.90	19.58	1.48	—	0.26	0.43	4.09	0.24	2.36
浙江龙泉宝溪瓷石	70.50	19.24	0.39	—	0.53	微量	5.35	0.25	4.25
云南易门瓷土	70.26	16.61	0.30	—	0.36	0.14	0.37	5.24	4.00
河北徐水县黏土	69.50	18.98	0.40	0.20	—	0.67	3.55	0.18	7.03
江苏宜兴茗岭瓷土	73.54	17.04	0.45		0.46	0.41	1.25	3.00	4.02
江苏新沂瓷土	78.35	12.76	0.96		0.34	0.14	1.44	0.20	2.89
江西乐平桥头垳	64.93	21.38	1.02	0.80	0.62	—	1.55	0.20	8.73
青海鄂博梁地区	37.19	16.45	9.64	0.50	3.71	2.95	1.00	1.20	24.00
陕西郃县	48.50	22.09	10.74	0.54	0.33	3.52	3.44	0.02	
甘肃镇源	48.12	22.77	10.24	0.64	0.30	3.63	3.75	0.14	
河北邢台章村土	41.88	40.92	0.36	0.43	0.66	1.37	5.95	2.85	4.94
山东坊子黏土	56.52	30.05	0.69	0.16	0.28	0.35	1.37	0.09	10.68
山西朔县土	55.70	27.48	0.90	0.10	0.98	—	2.81	2.43	9.77
吉林水曲柳黏土	50.80	31.50	1.50		0.20	0.50	1.50	1.50	14.00
吉林烟筒山黏土	52.40	30.10	2.40	—	1.50	1.50	2.50	2.50	9.90
辽宁锦州紫木节	48.79	32133	1.87	—	0.72	0.33	0.80	0.26	12.78
广东东莞二顺泥	52.62	31.39	1.59	—	0.30	0.84	2.08	0.76	9.56
广东佛山石湾黑泥	51.52	23.27	2.51	—	0.49	0.73	—	—	22.64
广东潮安双白土	48.45	35.58	0.23	—	微量	0.32	1.27	总量	11.79
台湾北投耐火黏土	49.80	34.83	1.47						13.63
台湾北投县北投瓷土	73.34	17.96	0.44		0.26	0.55	1.75	2.34	4.95
浙江龙泉宝溪紫金土	46.58	28.29	7.82	1.57	1.16	0.78	3.84	0.35	9.66
浙江宁海黏土	56.73	25.78	3.50		0.80	1.15	2.85	—	9.18
浙江台州木节土	57.33	24.58	2.90	0.69	0.62	1.22	2.75	0.09	10.14
云南永胜跑楼黏土	75.46	15.80	0.25	—	0.33	0.40	3.49	0.32	1.78
江苏无锡白泥	68.31	22.93	0.70	—	0.73	0.15	2.13	2.13	3.97
江苏宜兴东山白泥	70.25	20.90	1.80	—	0.45	0.39	1.02	0.30	5.08
江苏宜兴西山面头	65.57	20.80	4.29	—	0.22	0.35	0.32	0.44	7.27
江苏宜兴东山甲泥	68.18	18.20	5.96	0.45	0.78	0.22	0.20	0.10	5.87
江苏宜兴本山紫泥	49.86	28.80	8.42	—	0.36	0.48	0.24	0.24	10.76

附录3 普通陶瓷按所用原料及坯体致密程度分类表

类别	陶器			瓷器		
	粗陶器	普通陶器	精陶器	炻器	半瓷器	细瓷器
特征	坯体未烧结，粗松多孔，吸水性大，有色，不施釉	坯体未烧结，粗松多孔，但较土器致密，有色，施釉或不施釉	坯体未烧结或只部分烧结，有孔隙，一般白色，也有有色的，施釉	坯体烧结，致密，接近瓷器，但多呈色，施釉或不施釉，不受酸侵蚀	介于精陶器与瓷器之间，仍有一定吸水率	坯体完全烧结，有半透明性，断面致密，呈贝壳状，色白，施釉、耐酸碱
使用原料	易熔黏土	可塑性高的难熔黏土、石英、熟料等	可塑性高的难熔黏土、石英、熟料等	同精陶器	高岭土、瓷石、可塑性高的难熔黏土、石英、长石等	同半瓷器
烧成温度/℃	850～1100	900～1200	素烧 1100～1300 釉烧 1000～1200	1200～1300	1250～1320	1320～1450 1250～1320 1120～1250 1200～1300
颜色	黄色、红色 青色、黑色	黄色 红色 灰色	白色 浅色	乳黄色 浅褐色 灰色 紫色	白色	白色
吸水率/%	＞15	＜15	＜12	＜3	＜1	＜0.5
用途	砖、瓦、盆、罐	日用器皿、美术陶、紫砂陶	日用器皿、彩陶、面砖、卫生用具	日用器皿、建筑制品、耐热制品、化工陶	日用器皿、建筑制品、卫生和医疗制品	日用器皿、艺术瓷、电瓷、化学瓷

附录4 标准测温锥的锥号与温度对照表

赛格尔锥 SK	国内采用的编号 WZ	上海锥 SK 宜兴锥 SK	温度 /℃	赛格尔锥 SK	国内采用的编号 WZ	上海锥 SK 宜兴锥 SK	温度 /℃
022	60	60	600	8	125	6	1250（1250）
021	65	65	650	9	128	7	1280（1270）
020	67	67	670	10	130	8	1300（1290）
019	69	69	690	11	132	9	1320（1310）
018	71	71	710	12	135	10	1350（1330）

续表

赛格尔锥SK	国内采用的编号WZ	上海锥SK 宜兴锥SK	温度/℃	赛格尔锥SK	国内采用的编号WZ	上海锥SK 宜兴锥SK	温度/℃
017	73	73	730	13	138	11	1380（1350）
016	75	75	750	14	141	12	1410（1370）
015a①	79	79	790	15	143	13	1430（1390）
014a	81	81	810	16	146	14	1460（1410）
013a	83	83	830	17	148	15	1480（1430）
012a	85	85	850	18	150	16	1500（1450）
011a	88	88	880	19	152	17	1520（1470）
010a	90	90	900	20③	153	18	1530（1490）
09a	92	92	920	26	158	19	1580（1510）
08a	94	94	940	27	161	20	1610（1530）
07a	96	96	960	28	163	21	1630（1550）
06a	98	98	980	29	165	22	1650（1570）
05a	100	100	1000	30	167	23	1670（1590）
04a	102	102	1020	31	169	24	1690（1610）
03a	104	104	1040	32	171	25	1710（1630）
02a	106	106	1060	33	173	26	1730（1650）
01a	108	108	1080	34	175	27	1750（1670）
1a	110	110	1100	35	177	28	1770（1690）
2a	112	112	1120	36	179	29	1790（1710）
3a	114	1	1140（1150）②	37	182	30	1820（1730）
4a	116	2	1160（1170）	38	185	31	1850（1750）
5a	118	3	1180（1190）	39	188	32	1880（1770）
6a	120	4	1200（1210）	40	192	33	1920（1790）
7	123	5	1230（1230）	41	196	34	1960（1810）
				42	200	35	2000（1830）

注：①SK015～SK6 的末尾加 a 的记号，表示可用于还原气氛中，无 a 者含有 Fe_2O_3，用于还原气氛中时会胀大，故只能用于氧化气氛中。

②（）内的温度为上海齿科材料厂及宜兴头阳厂产测温锥所对应的温度。

③SK21～SK25 因其熔点太接近，现在已不再制造了。

附录5　常用矿物原料数据表

矿物名称	化学式	成分	相对分子质量	质量分数/%	颜色	硬度	密度
一水硬铝石	$Al_2O_3 \cdot H_2O$	Al_2O_3	101.9	85.0	灰、白	6.5～7	3.4
		H_2O	18.0	15.0			
			119.9	100.0			
三水铝石	$Al_2O_3 \cdot 3H_2O$	Al_2O_3	101.9	65.4	灰、白	3	2.3～2.4
		H_2O	54.0	34.6			
			155.9	100.0			
方解石	$CaCO_3$	CaO	56.1	56.0	白	3	2.7
		CO_2	44.0	44.0			
			100.1	100.0			
方石英	SiO_2	SiO_2	60.1	—	无色	6～7	2.4
水镁石	Mg $(OH)_2$	MgO	40.3	69.1	无色、浅白	3	2.71
		H_2O	18.0	30.9			
			58.3	100.0			
水铝英石	$Al_2O_3 \cdot (1～2) SiO_2 \cdot 5H_2O$	Al_2O_3	—	—	白色、黄色	—	2.3～2.6
		SiO_2					
		H_2O					
白榴石	$K_2O \cdot Al_2O_3 \cdot 4SiO_2$	K_2O	94.2	21.6	灰、白	5.5～5.6	2.46
		Al_2O_3	101.9	23.3			
		SiO_2	240.4	55.1			
			426.5	100.0			
石英	SiO_2	SiO_2	60.1	—	透明、白、青、紫	7	2.65
石膏	$CaSO_4 \cdot 2H_2O$	CaO	56.1	33.4	无色、白	2	2.32
		SO_3	80.1	47.6			
		H_2O	32.0	19.0			
			168.2	100.0			
正长石	$K_2O \cdot Al_2O_3 \cdot 6SiO_2$	K_2O	94.2	16.9	无色、白色、浅玫瑰色、肉红色	6	2.57
		Al_2O_3	101.9	18.3			
		SiO_2	360.6	64.8			
			556.7	100.0			
白云石	$CaCO_3 \cdot MgCO_3$	CaO	56.1	21.9	白色、浅红色	3.5～4	2.8
		MgO	40.3	30.4			
		CO_2	88.0	47.7			
			184.4	100.0			
叶蜡石	$Al_2O_3 \cdot 4SiO_2 \cdot H_2O$	Al_2O_3	101.9	28.3	白色	1～1.5	2.84
		SiO_2	240.4	66.7			
		H_2O	18.0	5.0			
			360.3	100.0			

续表

矿物名称	化学式	成分	相对分子质量	质量分数/%	颜色	硬度	密度
尖晶石	$MgO \cdot Al_2O_3$	MgO Al_2O_3	40.3 101.9 142.2	28.3 71.7 100.0	青、绿、褐	8	3.6
伊利石	—	K_2O Al_2O_3 SiO_2 H_2O	—	—	白色	1	2.7
多水高岭石	—	Al_2O_3 SiO_2 H_2O	—	—	白色	1～2	2.6
红柱石 蓝晶石 硅线石	$Al_2O_3 \cdot SiO_2$	Al_2O_3 SiO_2	101.9 60.1 162.0	62.9 37.1 100	红、灰、褐、绿	7.5	3.1～3.2
赤铁矿	Fe_2O_3	Fe_2O_3	159.7	—	钢灰、红褐	5.5～5.6	4.9～5.3
明矾石	$K_2O \cdot 3Al_2O_3 \cdot 4SiO_2 \cdot 6H_2O$	K_2O Al_2O_3 SiO_2 H_2O	94.2 305.7 320.2 108.0 828.1	11.4 37.0 38.6 13.0 100.0	无色、灰、黄、白	3.5～4.0	2.7～2.8
金红石	TiO_2	TiO_2	80.0	—	赤褐、带黄紫褐	6	6.5
钙钛矿	$CaO \cdot TiO_2$	CaO TiO_2	56.1 80.1 136.2	41.1 58.9 100.0	黄、红、褐	5.5	4
钙长石	$CaO \cdot Al_2O_3 \cdot 2SiO_2$	CaO Al_2O_3 SiO_2	56.1 101.9 120.2 278.2	20.2 36.6 43.2 100.0	灰白	6	2.75
钙镁橄榄石	$CaO \cdot MgO \cdot SiO_2$	CaO MgO SiO_2	56.1 40.3 60.1 156.5	35.9 25.7 38.4 100.0	灰	5～5.5	3.2
钛铁矿	$FeO \cdot TiO_2$	FeO TiO_2	71.8 80.1 151.9	47.3 52.7 100.0	黑、褐	5.5～6	4.3
钠长石	$Na_2O \cdot Al_2O_3 \cdot 6SiO_2$	Na_2O Al_2O_3 SiO_2	62.0 101.9 360.6 524.5	11.8 19.4 68.8 100.0	无色	6	2.6

续表

矿物名称	化学式	成分	相对分子质量	质量分数/%	颜色	硬度	密度
钡长石	$BaO \cdot Al_2O_3 \cdot 2SiO_2$	BaO Al_2O_3 SiO_2	153.4 101.9 120.2 375.5	40.9 27.1 32.0 100.0	白	6	3.3
重晶石	$BaSO_4$	BaO SO_3	153.4 80.1 233.5	65.7 34.3 100.0	无色、白、浅褐	3	4.5
高岭石	$Al_2O_3 \cdot 2SiO_2 \cdot 2H_2O$	Al_2O_3 SiO_2 H_2O	101.9 120.2 36.0 258.1	39.5 46.5 14.0 100.0	白	2～2.5	2.61～2.65
莫来石	$3Al_2O_3 \cdot 2SiO_2$	Al_2O_3 SiO_2	305.7 120.2 425.9	71.8 28.2 100.0	无色、浅红		3.03
铁尖晶石	$FeO \cdot Al_2O_3$	FeO Al_2O_3	71.8 101.9 173.7	41.3 58.7 100.0	绿、黑	7.5	4.39
铁橄榄石	$2FeO \cdot SiO_2$	FeO SiO_2	143.6 60.1 203.7	40.5 29.5 100.0	黄绿	6.5	4.3
堇青石	$2MgO \cdot 2Al_2O_3 \cdot 5SiO_2$	MgO Al_2O_3 SiO_2	80.6 203.8 300.5 584.9	13.8 34.9 51.3 100.0	白、青、浅紫	7～7.5	2.57～2.66
萤石	CaF_2	CaF_2	78.1	—	无色、白色、浅绿、浅青	4	3.18
透锂长石	$Li_2O \cdot Al_2O_3 \cdot 8SiO_2$	Li_2O Al_2O_3 SiO_2	29.9 101.9 480.8 612.6	4.9 16.6 78.5 100.0	浅红、浅绿、白	6.5	2.42
透辉石	$CaO \cdot MgO \cdot 2SiO_2$	CaO MgO SiO_2	56.1 40.3 120.2 216.6	25.9 18.6 55.5 100.0	白、浅绿	5～6	3.275
菱镁矿	$MgCO_3$	MgO CO_2	40.3 44.0 84.3	47.8 52.2 100.0	白、黄	3.5～4	3
黄铁矿	FeS_2	FeS_2	120.0	—	浅黄铜、黄	6～6.5	4.95～5.10

续表

矿物名称	化学式	成分	相对分子质量	质量分数/%	颜色	硬度	密度
硅锌矿	$ZnO \cdot SiO_2$	ZnO SiO_2	81.4 60.1 141.5	57.5 42.5 100.0	白、绿、黄、黄褐	5.5	3.9～4.1
硅灰石	$CaO \cdot SiO_2$	CaO SiO_2	56.1 60.1 116.2	48.3 51.7 100.0	白、灰	4.5～5	2.9
假蓝宝石	$4MgO \cdot 5Al_2O_3 \cdot 2SiO_2$	MgO Al_2O_3 SiO_2	161.2 509.5 120.2 790.9	20.4 64.4 15.2 100.0	青、绿	7.5	3.4～3.5
绿柱石	$3BeO \cdot Al_2O_3 \cdot 6SiO_2$	BeO Al_2O_3 SiO_2	75.1 101.9 360.6 537.6	14.0 19.0 67.0 100.0	绿、青白	7.5～8	2.65～2.9
硬硼钙石	$2CaO \cdot 3B_2O_3 \cdot 5H_2O$	CaO B_2O_3 H_2O	112.2 208.8 90.0 411.0	27.3 50.8 21.9 100.0	无色、乳白色、灰色	4	2.42
硬石膏	$CaSO_4$	CaO SO_3	56.1 80.1 136.2	41.2 58.8 100.0	白、浅紫、浅青、无色	3	2.93
锆英石	$ZrO_2 \cdot SiO_2$	ZrO_2 SiO_2	123.0 60.1 183.1	67.2 32.8 100.0	黄、褐、灰	7.5	4.7
滑石	$3MgO \cdot 4SiO_2 \cdot H_2O$	MgO SiO_2 H_2O	120.9 240.4 18.0 379.3	31.9 63.4 4.7 100.0	带绿、白色	1	2.83
锂霞石	$Li_2O \cdot Al_2O_3 \cdot 2SiO_2$	Li_2O Al_2O_3 SiO_2	29.9 101.9 120.2 252.0	11.9 40.4 47.7 100.0	无色、白色	6.5	2.67
锂辉石	$Li_2O \cdot Al_2O_3 \cdot 4SiO_2$	Li_2O Al_2O_3 SiO_2	29.9 101.9 240.4 372.2	8.2 27.4 64.4 100.0	红、紫、灰	6～7	3.0～3.2

续表

矿物名称	化学式	成分	相对分子质量	质量分数/%	颜色	硬度	密度
锌尖晶石	$ZnO\cdot Al_2O_3$	ZnO	81.4	44.3	绿、黑	7.5～8	4.4～4.6
		Al_2O_3	101.9	55.7			
			183.3	100.0			
蒙脱石	$Al_2O_3\cdot 4SiO_2\cdot 6H_2O$	Al_2O_3	101.9	22.6	白	1	2.7～2.8
		SiO_2	240.4	53.4			
		H_2O	108.0	24.0			
			450.3	100.0			
榍石	$CaO\cdot TiO_2\cdot SiO_2$	CaO	56.1	28.6	褐、黄、灰、绿、黑	5～5.5	3.4～3.6
		TiO_2	80.1	40.8			
		SiO_2	60.1	30.6			
			196.3	100.0			
硼砂	$Na_2O\cdot 2B_2O_3\cdot 10H_2O$	Na_2O	62.0	16.3	无色、白	2	1.71
		B_2O_3	139.2	36.5			
		H_2O	180.0	47.2			
			381.2	100.0			
磁铁矿	$FeO\cdot Fe_2O_3$	FeO	71.8	31.1	黑	5.5～6.5	5.2
		Fe_2O_3	159.7	68.9			
			231.5	100.0			
镁橄榄石	$2MgO\cdot SiO_2$	MgO	80.6	57.2	茶、褐、浅桃红	6.5～7	3.7
		SiO_2	60.1	42.8			
			140.7	100.0			
镁蔷薇辉石	$MgO\cdot 3CaO\cdot 2SiO_2$	MgO	40.3	12.3	无色	6	3.15
		CaO	168.3	51.1			
		SiO_2	120.2	36.6			
			328.8	100.0			
霞石	$Na_2O\cdot Al_2O_3\cdot 2SiO_2$	Na_2O	62.0	21.8	白、灰、浅绿	5.5～6	2.6
		Al_2O_3	101.9	35.9			
		SiO_2	120.2	42.3			
			284.1	100.0			

注：本表以矿物名称第一字笔画为序。

附录 6　常用化工原料数据表

原料名称	化学式	相对分子质量	原料名称	化学式	相对分子质量	原料名称	化学式	相对分子质量
硝酸银	$AgNO_3$	169.89	氢氧化铁	$Fe(OH)_3$	106.8	氧化镍	NiO	74.7

续表

原料名称	化学式	相对分子质量	原料名称	化学式	相对分子质量	原料名称	化学式	相对分子质量
碳酸银	Ag_2CO_3	275.77	硫化铁	FeS	87.9	三氧化镍	Ni_2O_3	165.4
氧化铝	Al_2O_3	101.9	四氧化三铁	Fe_3O_4	231.4	氧化铅	PbO	223.2
氢氧化铝	$Al(OH)_3$	78	氧化钾	K_2O	94.2	二氧化铅	PbO_2	239.2
氧化硼	B_2O_3	69.6	硝酸钾	KNO_3	101.1	四氧化三铅	Pb_3O_4	685.6
硼酸	$B_2O_3 \cdot 3H_2O$	123.7	氢氧化钾	KOH	56.1	碳酸铅	$PbCO_3$	267.2
氧化钡	BaO	153.4	氯化钾	KCl	74.5	铅白	$2PbCO_3 \cdot Pb(OH)_2$	775.6
碳酸钡	$BaCO_3$	197.3	铬酸钾	K_2CrO_4	194.2	铬酸铅	$PbCrO_4$	323.2
氢氧化钡	$Ba(OH)_2$	171.3	重铬酸钾	$K_2Cr_2O_7$	294.2	氯化铅	$PbCl_2$	278.1
氧化铍	BeO	25.0	过锰酸钾	$KMnO_4$	158.0	硫酸铅	$PbSO_4$	303.3
氧化钙	CaO	56.4	氧化锂	Li_2O	29.9	硫化铅	PbS	239.3
碳酸钙	$CaCO_3$	100.1	碳酸锂	Li_2CO_3	73.9	二氧化镨	PrO_2	172.9
氯化钙	$CaCl_2$	101.98	氧化镁	MgO	40.3	三氧化镨	Pr_2O_3	329.8
硫酸钙	$CaSO_4$	136.2	碳酸镁	$MgCO_3$	84.3	氧化锑	Sb_2O_3	291.4
氟化钙	CaF_2	78.1	氧化钼	MoO_3	143.9	五氧化二锑	Sb_2O_5	323.4
正磷酸钙	$Ca_3(PO_4)_2$	310.2	氧化锰	MnO	70.9	氧化锡	SnO_2	150.6
氧化镉	CdO	128.4	三氧化锰	Mn_2O_3	157.9	氧化亚锡	SnO	134.6
碳酸镉	$CdCO_3$	172.4	碳酸锰	$MnCO_3$	114.9	氯化锡	$SnCl_4$	260.4
氧化钴	CO_2O_3	165.9	四氧化三锰	Mn_3O_4	228.8	氧化硒	SeO_2	110.9
氧化亚钴	CoO	74.9	二氧化锰	MnO_2	86.9	氧化锶	SrO	103.6
四氧化三钴	Co_3O_4	240.8	氧化钠	Na_2O	62.0	碳酸锶	$SrCO_3$	147.6
碳酸钴	$CoCO_3$	118.9	氯化钠	$NaCl$	58.5	氧化钛	TiO_2	80.0
硅酸钴	$CoSiO_4$	209.9	碳酸钠	Na_2CO_3	106.0	氧化铀	UO_2	270.0
氧化铬	Cr_2O_3	152.0	碳酸氢钠	$NaHCO_3$	84.0	三氧化二钒	V_2O_3	149.9
铬酐	CrO_3	99.99	硝酸钠	$NaNO_3$	85.0	五氧化二钒	V_2O_5	181.9
氧化铜	CuO	79.5	氟化钠	NaF	42.0	氧化锌	ZnO	81.4
氧化亚铜	Cu_2O	143.1	氧化钕	Nd_2O_3	336.4	碳酸锌	$ZnCO_3$	125.4
氢氧化铜	$Cu(OH)_2$	97.5	氯化铵	NH_4Cl	53.5	氧化锆	ZrO_2	123.2
三氧化二铁	Fe_2O_3	159.7	硝酸铵	NH_4NO_3	80.0	硅酸锆	$ZrSiO_4$	183.3
氧化亚铁	FeO	71.8	硫酸铵	$(NH_4)_2SO_4$	132.0			

注：本表以化学式英文第一字母为序。

附录 7　陶瓷坯釉料配方实例

以下所有配方实例均按质量分数列出。

(一) 坯料配方实例

【实例 1】　烧成温度 1320～1350℃日用细瓷坯料配方

石英	贵溪高岭土	长石	星子高岭土	硅灰石
25	30	20	20	5

【实例 2】　烧成温度 1100℃日釉面砖坯料配方

硅灰石	黏土	叶蜡石	长石	白泥	石英
25	15	20	10	25	5

【实例 3】　烧成温度 1200℃日外墙砖坯料配方

石英粉	红黏土	紫木节	废匣钵	四级铝矾土	废素砖	方解石
43	5	19	10	15	5	3

【实例 4】　我国几个主要卫生陶瓷坯料配方

(1)

石英	界牌土	章村土	废瓷坯	紫木节	滑石	彰武土
25	12	26	2	17	1	17

(2)

石英	碱矸	章村土	阳泉白矸	大同土	膨润土	烧大同土	滑石	紫木节
27	5	27	2.5	10	0.5	12	1	15

(3)

石英	紫木节	长石	黏土	章村土	碱矸	大同土	滑石
28	11	6	11	18	9	15	2

(4)

石英	滑石	大同土	低温白泥	紫木节	中山黑泥
13	1	10	56	8	12

【实例 5】　烧成温度 1080～1100℃一次低温快烧内墙砖坯料配方

硅灰石	黑泥	叶蜡石	长石	透辉石	方解石	石英砂	滑石	白泥	白黏土
20	20	15	5	8	2	6	4	15	5

【实例 6】　烧成温度 1080～1100℃硅灰石质釉面内墙砖坯料配方

硅灰石	石英	叶蜡石	黏土	瓷砂
35	10	15	30	10

【实例 7】　烧成温度 1120～1140℃黏土质釉面内墙砖坯料配方

焦宝石	石灰石	石英	滑石	黏土	长石
40	7	30	5	15	3

【实例8】 烧成温度1100～1120℃红坯釉面内墙砖坯料配方

页岩红土	硅灰石	石英	滑石	石灰石
50	20	15	5	10

【实例9】 烧成温度1200～1220℃瓷质砖坯料配方

木节土	瓷砂	长石	石英	滑石	黑泥
25	26	24	10	5	10

【实例10】 烧成温度1130～1150℃半瓷质砖坯料配方

页岩红土（砂质）	页岩红土（泥质）	钾长石	石英岩
30	30	25	15

（二）釉料配方实例

【实例1】 烧成温度1170℃无光釉配方

石英	石灰石	长石	滑石	苏州土	烧氧化锌	大同土	锆英石粉
7	11	50	3	5	2	12	10

【实例2】 烧成温度1020～1080℃透明釉配方

熔块	石英	外加黏土	锆英石
100	5	6	4

熔块配方	石英	硼酸	长石	铅丹	硼砂	方解石
	24	7	26	30	3	10

在上述配方中，加入不同金属氧化物或色料可得到多种颜色釉。

【实例3】 烧成温度1250～1280℃卫生陶瓷透明釉配方

(1)	石英	叶蜡石	长石	滑石	方解石	氧化锌	苏州土
	31	5	36	6	8	4	10

(2)	石英	苏州土	长石	马迹泥	石灰石	烧氧化锌	白云石
	27	4	39	4	16	5.5	4.5

(3)	石英	苏州土	长石	烧氧化锡	石灰石	烧氧化锌	烧滑石
	16	5	46	7	15	3	6

【实例4】 烧成温度1300～1330℃日用陶瓷釉料配方（还原焰烧成）

(1)	石英	高岭土	长石	方解石	滑石粉	氧化锌
	27	9	48	2	12	2

(2)	石英	高岭土	长石	白云石	滑石	瓷石	碳酸钡
	23.5	4	50	1.5	12	8	1

【实例5】 烧成温度1200℃锦砖釉配方

石英	苏州土	长石	石灰石
19	4	64	13

【实例 6】 白色不透明光泽釉（烧成温度 1180～1200℃，适用于卫生洁具的白色不透明光泽釉）

熔块	石英	高岭土	石灰石	长石	锌白	碳酸钡	氧化锡
30.1	25.7	11.8	5.5	8.1	7.9	4.5	6.4

熔块配方	石英	碱灰	长石	高岭土	硼砂	石灰石
	23.7	11.5	16.6	11	22.2	15

【实例 7】 结晶釉（烧成温度 1300℃，蓝绿晶花）

玻璃粉	石英	长石	滑石	氧化锌	氧化铜	氧化钴
32	14	10	8	36	0.2	0.03

【实例 8】 结晶釉（烧成温度 1250℃，翠蓝晶花）

石英	长石	砂石	石灰石	氧化锌	碳酸钡	氧化钴
25	40	3	15	10	14	1

【实例 9】 结晶釉（烧成温度 1220℃，1080℃保温 4h，黄褐色晶花）

玻璃粉	长石	方解石	氧化锌	氧化铁	氧化钛
45	20	7	28	5	1

【实例 10】 锰结晶釉（烧成温度 1250～1280℃，氧化焰）

石英	生滑石	长石	二氧化锰	石灰石
19.4	4.6	47.1	25.9	3

【实例 11】 橘红釉（烧成温度 1180～1220℃，氧化焰）

长石	石英	方解石	白泥	氧化锌	玻璃粉	咖啡色料（Cr/Fe/Al）
22.2	18.4	19.6	12.4	13.2	10.9	3.3

【实例 12】 艺术青瓷釉（烧成温度 1300℃，还原焰）

长石	石英	高岭土	滑石	石灰石	氧化铁
36	36	10	8	10	0.4

【实例 13】 烧成温度 1180～1200℃无光釉配方

熔块	石英	烧高岭土	石灰石	霞石	烧氧化锌
17	15	21	11	15	21

熔块配方	石英	铅丹	长石	高岭土	硼砂	石灰石
	30.2	27	8.6	7.9	12.8	13.5

【实例 14】 无光釉（烧成温度 1150～1180℃，氧化焰）

熔块	苏州土
96～95	4～5

熔块配方	石英	铅丹	长石	苏州土	硼砂	氧化锌
	3	28	35	3	29	2

附录8 陶瓷原料准备工国家职业标准（摘要）

1. 陶瓷原料准备工（初级）工作要求

职业功能	工作内容	技能要求	相关知识
一、制备前准备	（一）工具设备准备	1. 能准备原料加工的相关工具 2. 能对常用的工具进行维护和保养 3. 能准备原料加工设备	1. 工具的使用常识 2. 原料加工设备的使用知识
	（二）原料准备	1. 能通过外观识别石英、长石及常用黏土原料 2. 能按要求准备原料	原料名称、外观特征
二、制备	（一）配料	1. 能识读配料单 2. 能根据配料单按要求称量物料	1. 计量器具的使用知识 2. 质量单位换算方法
	（二）细碎	1. 能按工艺要求完成装磨操作 2. 能按工艺要求完成出磨操作	装磨、出磨操作规程
	（三）练泥	1. 能根据工艺文件进行除铁、过筛的操作 2. 能按工艺文件完成泥浆均化处理	除铁器、搅拌机操作规程
	（四）制粉	能完成喷雾干燥塔伺服罐、柱塞泵的操作	伺服罐、柱塞泵操作规程
三、检验	（一）泥、釉浆检验	1. 能检验泥料、釉料的密度 2. 能检测泥料、釉料的pH	1. 泥料、釉料的密度测定方法 2. 泥料、釉料的pH检测方法
	（二）泥段检验	1. 能完成泥段取样操作 2. 能完成泥段水分测定操作	1. 泥段取样规则 2. 泥段水分检验方法
	（三）粉料检验	1. 能完成粉料取样操作 2. 能完成粉料水分测定	1. 粉料取样规则 2. 料料水分的检验方法

2. 陶瓷原料准备工（中级）工作要求

职业功能	工作内容	技能要求	相关知识
一、制备前准备	（一）工具设备准备	1. 能判断生产工具的性能是否正常 2. 能通过感官判定原料加工设备的运行是否正常	1. 生产工具的性能知识 2. 主要生产设备的性能 3. 原料加工工艺流程
	（二）原料准备	1. 能通过外观特征判断黏土类原料的质量 2. 能对黏土原料进行筛选	1. 黏土原料的开采、运输、储存知识 2. 黏土原料筛选方法

续表

职业功能	工作内容	技能要求	相关知识
二、制备	（一）配料	1. 能根据要求测定原料水分 2. 能根据配料选择称量器具	1. 原料水分测定方法、取样方法 2. 各种计量器具的特性及精确度
	（二）细碎	1. 能根据工艺文件对研磨介质进行定期调整 2. 能根据工艺文件完成泥料、釉料的过筛、除铁等操作	1. 甩磨、配磨的方法 2. 泥料、釉料过筛的方法 3. 除铁的方法
	（三）练泥	1. 能按工艺文件完成滤泥、练泥操作 2. 能按工艺文件储存泥饼、泥段	1. 过筛、滤泥、练泥的方法 2. 泥饼、泥段的储存方法和要求
	（四）制粉	1. 能完成喷雾干燥塔热风炉、喷枪等设备的操作 2. 能按工艺文件调节泥浆压力和流量	1. 热风炉、喷枪操作方法 2. 调节泥浆压力和流量的方法和要求
三、检验	（一）泥、釉浆检验	1. 能完成泥料、釉料水分测定 2. 能完成泥料、釉料颗粒细度测定	1. 天平使用知识 2. 泥料、釉料水分检测方法 3. 泥料、釉料颗粒细度测定知识
	（二）泥段检验	1. 能完成对泥段真空度的检验 2. 能完成对泥段均匀性的检验	1. 泥段真空度要求 2. 泥段均匀性要求
	（三）粉料检验	1. 能完成粉料颗粒级配情况的检验 2. 能按要求定期更换筛分设备	1. 颗粒级配检验方法 2. 筛分设备使用知识

3. 陶瓷原料准备工（高级）工作要求

职业功能	工作内容	技能要求	相关知识
一、制备前准备	（一）工具设备准备	1. 能解决生产工具故障 2. 能确定设备发生故障的部位，排查设备安全隐患	1. 各生产设备之间的联系，设备基本结构及工作原理 2. 设备结构、状态和运行情况对产品质量的影响
	（二）原料准备	1. 能通过原料外观特征判定各种原料的质量 2. 能查找产品缺陷产生的原因	1. 各种原料的基本作用及特性 2. 原料对产品质量的影响
二、制备	（一）配料	1. 能对研磨介质进行外观质量检查 2. 能调整料、研磨介质、水的比例	1. 研磨介质外观质量要求 2. 料、研磨介质、水的比例的调整方法
	（二）细碎	1. 能根据工艺文件确定每磨添加研磨介质的数量 2. 能根据工艺文件选择适宜的助磨剂	1. 研磨介质添加方法 2. 助磨剂的知识

续表

职业功能	工作内容	技能要求	相关知识
二、制备	（三）练泥	1. 能按工艺文件调整双缸泵、滤泥机压力参数 2. 能根据工艺文件调整泥料水分和真空度	1. 双缸泵、滤泥机压力参数调整方法 2. 泥料水分、真空度、泥料均匀程度与练泥操作之间的关系
	（四）制粉	1. 能操作喷雾干燥塔系统进行制粉 2. 能对喷雾干燥塔系统的运行情况进行监控	喷雾干燥塔及其附属设备的结构和工作原理
三、检验	（一）泥、釉浆检验	能检验泥、釉浆的流动性、触变性、悬浮性、渗透性等工艺性能	泥、釉浆性能要求
	（二）泥段检验	能判定加工的泥段是否符合生产要求	塑性泥料工艺要求
	（三）粉料检验	能判定粉料水分和颗粒级配是否符合工艺文件要求	粉料工艺要求

4. 陶瓷原料准备工（技师）工作要求

职业功能	工作内容	技能要求	相关知识
一、制备前准备	（一）配料	1. 能根据生产情况调整装料次序 2. 能根据工艺文件的要求进行配料计算和换算	1. 原料物理、化学性能对研磨效率的影响 2. 研磨过程对某些特殊原料的影响
	（二）细碎	1. 能通过调整工艺参数优化颗粒级配和研磨效率 2. 能分析处理原料细碎过程中出现的常见技术问题	1. 陶瓷泥料制备物理化学理论知识 2. 原料细碎基本知识
	（三）练泥	1. 能控制泥段的水分、塑性等工艺性能 2. 能分析处理练泥操作中常见的技术问题	1. 练泥工艺知识 2. 滚压成型工艺相关知识
	（四）制粉	1. 能调整喷雾造粒系统优化粉料的颗粒级配、水分、流动性、容重 2. 能解决喷雾造粒系统中常见的技术问题	1. 制粉工艺知识 2. 粉料质量与各工艺参数之间的关系 3. 半干压成型工艺相关知识
二、检验	（一）泥、釉浆检验	能根据泥、釉浆的工艺性能检验情况，分析查找本工序存在的质量问题	注浆成型、施釉缺陷与泥、釉浆性能之间的关系
	（二）泥段检验	能根据泥段的工艺性能检验情况，分析查找本工序存在的质量问题	1. 滚压成型缺陷与泥段性能之间的关系 2. 加工工艺条件对泥段性能的影响
	（三）粉料检验	能根据粉料的工艺性能检验情况，分析查找本工序存在的质量问题	1. 成型缺陷与粉料性能之间的关系 2. 加工工艺条件对粉料性能的影响

续表

职业功能	工作内容	技能要求	相关知识
三、培训与指导	（一）培训	1. 能对初级、中级、高级工进行理论知识培训 2. 能编写培训大纲	1. 陶瓷泥、釉料制备工艺技术知识 2. 陶瓷成型工艺知识 3. 培训大纲编写知识
	（二）指导	能对初级、中级、高级工进行技能操作指导	1. 陶瓷原料加工工艺规程 2. 工艺参数对泥、釉料性能的影响

主要参考文献

1. 陆小荣主编. 陶瓷工艺学［M］. 长沙：湖南大学出版社，2005.

2. 郭文华主编. 陶瓷工业机械设备［M］. 南昌：江西高校出版社，2004.

3. 刘属兴，刘维良，夏光华等编著. 陶瓷矿物原料与坯釉料配方应用［M］. 北京：化学工业出版社，2008.

4. 同继锋主编. 建筑卫生陶瓷［M］. 北京：化学工业出版社，2001.

5. 李家驹主编. 陶瓷工艺学［M］. 北京：中国轻工业出版社，2001.

6. 中国硅酸盐学会陶瓷分会建筑卫生陶瓷专业委员会，中国建材咸阳陶瓷研究设计院编著. 现代建筑卫生陶瓷技术手册［M］. 北京：中国建材工业出版社，2010.

7. 朱永平主编. 陶瓷砖生产技术［M］. 天津：天津大学出版社，2009.

8. 徐建华，邱永斌等编著. 陶瓷花釉与装饰技术［M］. 北京：中国轻工业出版社，2011.

9. 钦征骑主编. 新型陶瓷材料手册［M］. 北京：江苏科学技术出版社，1996.

10. 潮州市劳动和社会保障局，广东省陶瓷职业技术学校编. 陶瓷原料［M］. 广州：广东经济出版社，2007.

11. 江苏省宜兴陶瓷工业学校编著. 陶瓷工艺学［M］. 北京：中国轻工业出版社，1985.

12. 沈一丁，李小瑞编著. 陶瓷添加剂［M］. 北京：化学工业出版社，2004.

13. 张柏清，林云万编著. 陶瓷工业机械与设备［M］. 北京：中国轻工业出版社，1999.

14. 石棋主编. 建筑陶瓷工艺学［M］. 武汉：武汉理工大学出版社，2007.

15. 陆小荣主编. 陶瓷生产检测技术［M］. 北京：中国轻工业出版社，2011.

16. 顾幸勇主编. 陶瓷制品检测及缺陷分析［M］. 北京：化学工业出版社，2006.